CIENCIA PROHIBIDA

Grupo ROBIN BOOK
Barcelona - México
Buenos Aires

CIENCIA PROHIBIDA

Desde la tecnología antigua
a la libre energía

Traducción de Ana Riera
Ed. por J. Douglas Kenyon

nueva CIENCIA
ROBIN BOOK

Título original: *Forbidden Sience*

Diseño de cubierta: Regina Richling

Composición: Pacmer

Imágenes de cubierta: iStockphoto (Volker Kreinacke, Felix Möckel, Xavi Arnau, Felix M., Paul LeFevre).

ISBN: 978-84-96924-60-4

Depósito legal: B-22.622-2009

Impreso por Limpergraf, Mogoda, 29-31 (Can Salvatella), 08210 Barberà del Vallès

Impreso en España - *Printed in Spain*

ÍNDICE

Introducción

J. Douglas Kenyon

Este libro investiga algunos de los pasillos menos visitados y más oscuros del resplandeciente edificio de la ciencia académica. En estas páginas encontrarás pruebas de que, a pesar de lo que afirmen los de arriba, la verdad no es ni mucho menos ejemplar, o puede rebatirse fácilmente. En estas páginas encontrarás muchas ideas polémicas supuestamente desacreditadas por razonamientos convencionales, eso si han llegado a ser analizadas. Descubrirás que, desde la verdadera función de la Gran Pirámide y los megalitos de Playa Nabta hasta las percepciones astronómicas de Imannuel Velikovsky, desde la energía del punto cero y la fusión fría hasta los estudios de Rupert Sheldrake sobre telepatía y percepción extrasensorial, los hechos son ligeramente distintos a lo que te habían hecho creer. Si al final te preguntas por qué todo ese material no ha llegado al gran público —por qué se han «olvidado» prácticamente de hablar de ello— te estarás haciendo las mismas preguntas difíciles que se han hecho los autores de este libro.

Aquellos que hablan un idioma determinado no tienen problemas para extraer significado de sus expresiones, pero los que lo desconocen tan solo perciben un sinfín de ruidos sin sentido. Cuando era pequeño oí hablar en una lengua desconocida y pensé que podía engañar a los demás y hacerles creer que les entendía si inventaba mi propia jerga. Pero la táctica no funcionó y lo único que conseguí fueron un montón de miradas interrogantes. Con el tiempo aprendí que la elocuencia era un tipo de jerga. La diferencia es que se entiende.

Recientemente, un par de estudiantes de postgrado del MIT (Instituto Tecnológico de Massachussets) han llevado el tema de la confusión entre idiomas hasta el límite y lo han hecho en el mundo académico real. Según Reuters, los estudiantes consiguieron hacer pasar una serie de jergas generadas por ordenador como artículo académico. Usaron un programa que habían creado para confeccionar estudios falsos que se completaban con textos, gráficos y esquemas sin sentido y presentaron dos de sus artículos a la Conferencia Mundial de Cibernética e Informática (WMSCI), que iba a tener lugar en Orlando, Florida. Para su sorpresa, una de las ponencias, «Rooter: A Methodology for the Typical Unification of Access Points and Redundancy», fue seleccionada.

Dicho episodio me recuerda una experiencia personal: hace muchos años, en mi primer curso universitario (de una facultad que no voy a mencionar aquí), critiqué la calidad de la escritura de la revista de poesía del campus. Alguien me dijo que ya que era tan listo debería presentar algo escrito por mí. Le dije que así lo haría. De inmediato escribí lo que consideraba un poema realmente malo, uno que se parecía a los que solían aparecer en la revista, y lo mandé. Para mi sorpresa, mi trabajo apareció en la revista, concretamente en la portada. Yo tenía razón.

La intención no es solo sugerir que muchos de los supuestos árbitros del conocimiento que ocupan los puestos de autoridad dentro de la comunidad científica podrían estar falsificándolo, sino también señalar que sus críticas de muchos de los miembros de la comunidad científica alternativa —muchos de los cuales *sí* saben algo— quizás no deberían tomarse al pie de la letra.

Con los años me he dado cuenta de que muchos de los que piensan que conocen realmente los fundamentos de la ciencia alternativa a menudo responden con temas de conversación que esquivan los aspectos reales y se centran mayoritariamente en las trivialidades. Los supuestos escépticos del CSICOP (Committee for Scientific Investigation of Claims of the Paranormal) y otras organizaciones parecidas parecen incapaces de entender el lenguaje que están ofreciéndose a traducir. O tal y como le gusta decir a John Anthony West, «simplemente, no lo pillan». Y todo ello se usa como prueba de su ignorancia.

Otro de los problemas se debe al mundo de los negocios, donde al ver una publicación como esta algunos solo ven lo que ellos consideran un simple objeto hueco. Desconcertados por el propio contenido, estos observadores llegan a la conclusión de que se puede conseguir un resultado parecido limitándose a recopilar una colección de galimatías y etiquetándola con los clichés apropiados. Parece ser que no entienden la coherencia fundamental de los puntos de vista y los estudios científicos presentados y piensan que pueden equipararlos a los galimatías. Se sorprenderían si descubrieran lo que tú ya sabes: que nuestro objetivo es que lo que decimos tenga sentido, no ganar dinero, a pesar de que nuestro público sea cada vez mayor.

Los medios de comunicación dominantes intentan convencer a todo el mundo de que los temas tratados en este volumen deberían considerarse elementos marginales de la ciencia, pero resulta que lo que la comunidad científica consigna como marginal, para la inmensa mayoría de la gente está mucho más cerca de lo que le interesa. De hecho, según una encuesta Gallup reciente «tres de cada cuatro americanos profesa como mínimo una creencia paranormal». La más popular es la percepción extrasensorial (ESP). En este campo, por lo menos, podemos revocar las declaraciones de la elite científica sobre lo que debemos y lo que no debemos creer gracias al testimonio de nuestros sentidos. El viejo rollo publicitario que dice lo de «¿A quién vas a creer? ¿A mí o a tus ojos engañosos?» puede fracasar de nuevo. Muchos de nosotros hemos sido testigos de cosas que la ciencia ortodoxa no puede explicar.

La encuesta Gallup no es el único indicador reciente de la fragilidad del edificio científico. Según el instituto Louis Finkelstein for Social and Religious Research, más de un 60 por ciento de los médicos rechazan la creencia darviniana de que «los humanos evolucionaron de forma natural sin ninguna intervención sobrenatural». Los doctores Michael A. Glueck y Robert J. Cihak, que colaboran en la versión para Internet del *Jewish World Review,* opinan que actualmente los médicos saben demasiado sobre el funcionamiento del cuerpo como para dejarse impresionar por la simplicidad que ofrece la visión darwiniana. Citan por ejemplo el ojo humano —-un órgano increíblemente complejo que muestra todos los contrastes de un sistema de diseño que el modelo evolutivo estándar no puede explicar.

Los datos de encuestas que más problemas han causado a la ciencia oficial, sin embargo, son probablemente los provenientes de la Health Partners Research Foundation, en Minnesota. Según un informe publicado por la revista británica *Nature,* en una encuesta anónima uno de cada tres científicos estadounidenses admitía haber roto en los último tres años alguna de las reglas establecidas para garantizar la honestidad de su trabajo. Los comportamientos poco ortodoxos, según el *Minneapolis Star Tribune,* irían desde atribuirse el mérito del trabajo hecho por otro hasta cambiar el resultado de un estudio debido a las presiones ejercidas por el patrocinador. Los autores afirman: «Los datos sugieren que los científicos estadounidenses tienen una serie de comportamientos que van mucho más allá de la falsificación, la invención y el plagio y que pueden dañar la integridad de la ciencia».

¿Son las prioridades de dicha falsa ciencia más importantes que la propia ciencia? ¿Es posible que el objetivo sea alguna clase de poder político?

En el reciente proceso judicial federal de Dover, Pensilvania, que consiguió atraer la atención del mundo entero y que trataba sobre si el «diseño inteligente» (ID) debía enseñarse en los colegios, pudimos ver cómo se representaban las tácticas y las estrategias clásicas para sacar provecho político. Una vez más quedó claro que hay cosas que no cambian nunca.

Consideremos, por ejemplo, el uso que se da a la palabra *evolución.* No hay nada en la actual teoría del diseño inteligente que niegue la realidad de la evolución. De hecho, la mayor parte del trabajo serio sobre el diseño inteligente tiene que ver con determinar la evolución que sería necesaria para funcionar. Hace falta una gallina para obtener un huevo y un huevo para conseguir una gallina, de modo que está claro que la evolución a veces necesita algo de ayuda (es decir, un diseñador inteligente), pero eso no significa que la *evolución* (es decir, el cambio progresivo) no esté sucediendo. Todo lo contrario, está claro que dicho cambio es un hecho, y los defensores serios del diseño inteligente no lo discuten.

Para nosotros, el diseño inteligente —a pesar de las acusaciones de que va en contra de la evolución y la ciencia— parece ofrecer una opción a medio camino bastante más clara que las opciones falsas. Hasta el momento nos habían dicho que debíamos escoger entre el creacionismo bíblico y la evolución. Pero lo que se pone en duda en el presente debate no es la evolución; es el «darwinismo», la idea de que la evolución pudo ocurrir como consecuencia únicamente de fuerzas materiales y aleatorias, sin la participación de ninguna fuerza inteligente. Paradójicamente, los que «creen» esto último han adoptado una postura metafísica en la que creen por medio de la fe y sin pruebas (es decir, se aferran a un dogma) y promueven una religión virtual creada por ellos mientras reivindican el rechazo de la autoridad de cualquier religión.

A nosotros nos parece que el culto al darwinismo ha usurpado el papel de sacerdocio que aparentemente ha derrocado, y sugiere que él y solo él puede proporcionar las respuestas que el mundo anda buscando. Además, sus partidarios adoptan un aire de inocencia herida cuando se cuestiona su integridad y se desafía su autoridad.

Para los no creyentes, la forma de pensar de los miembros superiores de la religión darwiniana puede resultar difícil de descifrar, pero podemos estudiar su influencia en un nivel inferior menos informado de la jerarquía eclesiástica y hacer algunas observaciones útiles. Así por ejemplo, cuando se trata de defender la causa «sagrada» de la «ciencia» —-que creen amenazada por la influencia creciente de la teoría del diseño inteligente— gran parte de la prensa secular se precipita obedientemente hacia su bastión defensivo. La denuncia estridente, incluso histérica, de la ID como un frente a favor del creacionismo fundamentalista bíblico y la profecía del juicio final —un retorno virtual al oscurantismo— revela, sin embargo, algo más que ignorancia por parte de los acusadores. De hecho, sospechamos que los gritos de alarma sobre la inminente «muerte de la ciencia» reflejan una disminución de la certeza y un aumento de la ansiedad con respecto a la autoridad de toda la postura darwinista. En dicho estado, un argumento basado únicamente en el mérito resulta demasiado intimidatorio y debe abandonarse.

Los autores de este libro —entre otros— han observado una profunda desconexión en los mecanismos ortodoxos para detectar la verdad de nuestra sociedad. La dificultad no se debe tanto a una conspiración como a un cisma que está destrozando el espíritu mismo de la civilización. Podría aducirse que como consecuencia han surgido un sinfín de problemas: enajenación, guerras, colapso medioambiental, etcétera. Uno de los síntomas del desorden es el ascenso de gente indigna a cargos de autoridad desde los que —en un esfuerzo interminable para conservar su posición privilegiada— manipulan los hilos del poder. Y según parece, ahí donde existe la oportunidad de corrupción, existe siempre gente dispuesta a corromperse. Es algo intolerable y muy extendido. Pero, con un poco de suerte, en la polémica actual sobre el diseño inteligente, estemos siendo testigos de uno de esos pocos momentos en los que el sistema, en interés de su propio equilibrio, está entrando en un período de autocorrección más que necesario. Si eso es lo que está ocurriendo, es posible que encontremos una intensa resistencia.

¿Así pues, qué más hay de nuevo?

En la sección de cine del *Chicago Sun Times* apareció una crítica de la película recién estrenada en Hollywood *Eragon.* La crítica de cine Miriam Di Nuncio se quejaba de que no entendía por qué el mago negro Durza «no podía simplemente hacer un gesto con las manos y recuperar» la piedra azul desaparecida que estaban buscando el rey maléfico y sus secuaces. Y luego cuestionaba la lógica de una historia en la que el villano se sorprende al descubrir que hay fuerzas hostiles al rey que debería haber sido exterminado. «No entiendo por qué Durza no puede simplemente adivinarlo mágicamente» comentaba exasperada. La respuesta a esta queja de Di Nuncio, no obstante, es muy posible que aparezca en la propia película, cuando Brom, papel que encarna Jeremy Irons, dice: «La magia tiene sus propias reglas» (*reglas* en el sentido de *leyes*).

Mencionamos el caso de *Eragon* no porque consideremos que es una película especialmente notable, sino más bien para demostrar algo. Di Nuncio parece estar entre los que atribuyen cualquier cosa paranormal a un reino que no tiene ninguna base real. Según eso, cualquier historia mágica sería, por definición, una obra de ficción en la que las únicas reglas son las establecidas por el autor. Dicho de otro modo, si decides contar un cuento chino, ¿qué razón hay para dejar que la lógica sea un problema?

En la actualidad hay un dominio del pensamiento simplista tanto en los medios de comunicación convencionales como en otras partes. Paradójicamente, es desde ese círculo desde donde más frecuentemente se utiliza el epíteto «sobrenatural». Damos por sentado que existe un mundo natural conocido que obedece las leyes físicas básicas tal y como las conocemos; todo lo demás es «sobre» natural —no regido por las leyes de la naturaleza— y, por supuesto, no es real. Según esta forma de pensar, todo aquello que no entendemos se convierte en «sobrenatural», es decir, en «estrictamente imaginario». Aquí, la línea de batalla más evidente es entre aquellos que creen que lo sobrenatural *existe,* como los fundamentalistas religiosos (su «Dios», que creó la ley de la naturaleza, no tiene por qué obedecer si no quiere), y aquellos seculares militantes que creen que *no existe* y que nuestra concepción «científica» presente de la realidad no debe cuestionarse. Parece que tan solo unos pocos están dispuestos a sostener que en última instancia la propia razón depende de que el concepto de *orden,* se entienda o no, es supremo, y que la aparición de cualquier fenómeno inexplicable al final nos dice más acerca de los límites de nuestro «entendimiento» que acerca de los límites del orden natural.

Por extraño que parezca, sin embargo, muchos de esos autodesignados guardianes de nuestra actual colección de principios que afirman comprender la ley natural (también conocidos como «los guardianes del paradigma», fundamentalistas también pero de otra iglesia) parecen no estar dispuestos o ser incapaces de percibir las posibilidades que puedan existir fuera del arca de nuestro entendimiento actual. A estos «sumos sacerdotes» de la ciencia reduccionista consensuada les encanta clasificar a todo aquel que no acepta los límites impuestos por ellos sobre la realidad como personas que creen en lo «sobrenatural» o cosas peores. Para decirlo de otro modo, consideran a aquellos que ven las cosas de otro modo como ignorantes o supersticiosos, o como aficionados a la magia negra.

Sin embargo, tal y como señaló Arthur C. Clarke, «cualquier tecnología lo suficientemente avanzada es indistinguible de la magia». Está claro que muchas de nuestras actuales tecnologías pueden producir efectos que incluso nuestros antepasados inmediatos habrían considerado mágicos; entonces, ¿por qué nuestro orgullo desmesurado nos impide ver que las cosas que no podemos comprender en la actualidad quizás no serían tan incomprensibles si supiéramos un poco más? ¿No sería razonable sugerir que muchas de nuestras más preciadas certezas —las reglas que creemos que rigen la realidad— necesitan expandirse y revisarse, y que incluso nuestros antepasados remotos quizás entendieran cosas que hemos olvidado pero que algún día, con un poco de suerte, volveremos a entender?

En momentos como estos, vale la pena recordar —si se me permite mezclar dos viejos refranes— que «ahora vemos a través de un cristal oscuro» pero «más adelante entenderemos más».

Cuando los supuestos expertos en sabiduría revelada del orden actual se indignan, deberían preguntarse qué es exactamente lo que tanto les irrita. Si están tan seguros de la credibilidad de su argumento, ¿por qué les preocupan tanto nuestros «delirios»? A mi entender ellos, que tienen dudas acerca de su postura pero no están dispuestos a discutir sobre ello, se quejan demasiado.

En un debate reciente online sobre la realidad de la vida después de la muerte, el defensor de la postura escéptica le dijo a su adversario: «Yo no puedo demostrar que (la vida después de la muerte) *no exista*, pero tú no puedes demostrar que *exista*». Hemos visto comentarios parecidos en las pegatinas de los parachoques. Parece que cualquiera que reivindique saber algo que va más allá de lo que afirman los «escépticos» no puede ser sincero y por tanto está mintiendo y posee motivos ocultos. Los desacreditadores utilizan esta clase de retórica de forma habitual, tanto cuando se habla de la vida después de la muerte como cuando el tema es el diseño inteligente, tanto para hablar de la energía del punto cero como para tratar el tema de la antigravedad, y se aplica con un fervor emocional que es difícil ignorar. Y nosotros nos preguntamos, ¿qué se puede deducir de dicho comportamiento?

¿Pudiera ser que la mística institucional que suscita dicho temor reverencial en los medios de comunicación y en la mayor parte del público no sea más que un subterfugio de lo más elaborado para ocultar la fragilidad y la ceguera de estos elitistas obcecados, algo de lo que, como en el caso del traje nuevo del emperador, incluso un niño se daría cuenta? Vamos a dejar para otros la teoría de la conspiración, pero parece evidente que, al menos inconscientemente, la mayor parte de las posturas, o de las tácticas de matón, revelan lo que en el mejor de los casos sería una profunda inseguridad acerca de la validez real de sus afirmaciones. La rapidez con la que se ofenden algunos de los más francos exponentes ante cualquier sugerencia de que el paradigma básico de la ciencia reduccionista materialista pudiera cuestionarse revela, sospechamos, dudas profundamente arraigadas en su propia capacidad para discernir, y por supuesto para discutir sobre, la verdad.

Voy a explicarlo de otro modo. Supongamos que los supuestos desacreditadores y sus acólitos fueran daltónicos y se dieran cuenta de su desventaja frente a aquellos que pueden distinguir los colores. Su necesidad de igualar el terreno de juego —negar la realidad del color y exigir que aquellos que pueden percibir los objetos y relaciones que ellos no pueden percibir (como que el semáforo está rojo y no verde) fueran considerados charlatanes o algo peor— puede ser comprensible, pero no defendible. La propuesta, por supuesto, sería desechada mientras dichos escépticos estuvieran alejados del poder, pero si su tribu se hiciera con el control y luego decidieran respaldar su punto débil con la fuerza de la ley, ¿acaso no nos convertiríamos todos aquellos que pudiéramos ver el arco iris en proscritos?

Por ahora, seguimos gozando de libertad para promover el conocimiento de los muchos matices que embellecen nuestro mundo, algunos de los cuales son difíciles de ver a menos que se observen adecuadamente. Pero los libros como este son vistos como una amenaza por aquellos que perciben el mundo estrictamente en blanco y negro, o como mucho en tonos grises. Confiemos en que no les permitan imponer sus inseguridades.

Por otro lado, para aquellos que encuentren los peligros inherentes a nuestro tiempo un poco abrumadores, siguen existiendo muchas razones para ver las cosas de un modo más positivo. Los descubrimientos y conocimientos citados en estas páginas, además del heroísmo, pueden mostrarnos el camino de la liberación que hemos estado buscando. De hecho, si el camino que tenemos delante nos parece peligroso, vale la pena recordar que siempre ha sido así. Como dijo un sabio en una ocasión: «Todo cambio tiene lugar a través de un episodio dramático».

Primera parte

Asegurarse un resultado favorable

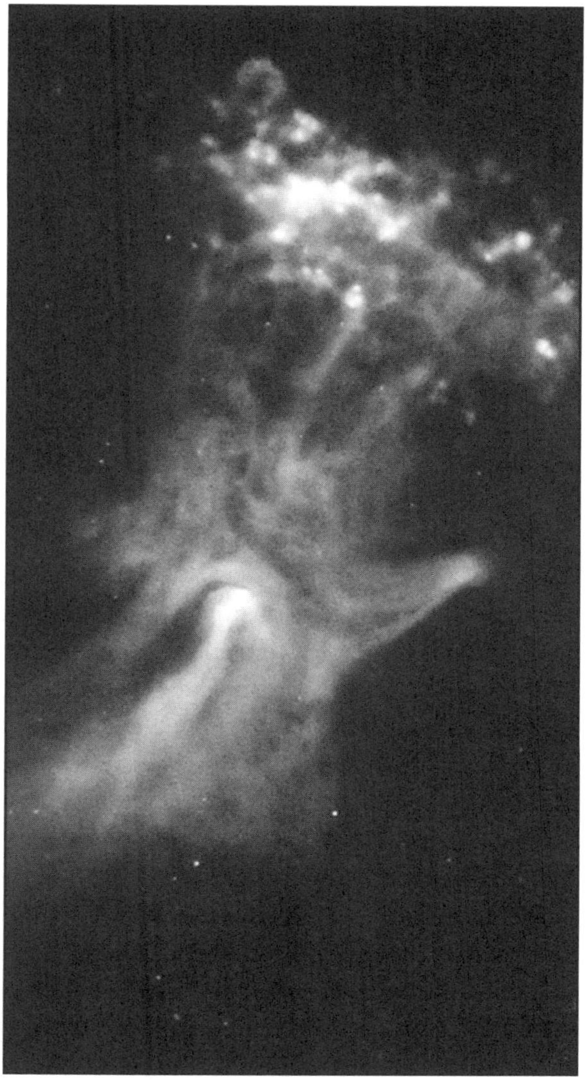

Según la NASA, esta extraña forma tiene su origen en los electrones e iones emitidos por un púlsar, «una estrella que gira tan rápidamente en el espacio que crea estructuras complejas e intrigantes».

Ese púlsar, conocido como B1509, es uno de los generadores electromagnéticos más poderosos de la galaxia, pese a ser relativamente joven, con 1.700 años de antigüedad.

1 DESACREDITAR A LOS DESACREDITADORES

¿Poseen los denominados escépticos un programa secreto?

David Lewis

Si crees en lo paranormal, o en la vida después de la muerte, será mejor que vigiles. La policía puede llamar a tu puerta en cualquier momento, me refiero a la *policía psíquica (la que se encarga de los fenómenos paranormales),* es decir a los miembros del CSICOP (Committee for Scientific Investigation of Claims of the Paranormal). Se trata de gente escéptica que dedica mucho tiempo y energías a desacreditar cualquier cosa científicamente original o de naturaleza extrasensorial. Trabajan incasablemente, intentando imponer la «ley» que dice que ningún fenómeno puede existir más allá de la idea de una realidad basada en lo puramente físico. Y actualmente tienen mucho trabajo con todos esos *best sellers* que tratan sobre experiencias extracorpóreas de personas clínicamente muertas, sobre ángeles y sobre civilizaciones perdidas.

El crimen está fuera de control.

A Paul Kurtz, presidente del CSICOP, le ponen muy nervioso los libros que afirman que el Universo tuvo un origen consciente, fruto de la nueva física basada en la conciencia. En una conferencia que los escépticos dieron hace poco en la ciudad de Nueva York, Kurtz afirmó que los posmodernistas (los seguidores del nuevo movimiento físico) negaban el conocimiento científico absoluto y que ello comportaba un «desgaste del proceso cognitivo, que podía *minar la democracia*» (dicho con énfasis). Suena terriblemente mal.

Según Kurtz, admitir lo paranormal es cuestionar la visión científica imperante del cosmos, y eso es algo demasiado espeluznante para la policía psíquica. En un congreso del CSICOP en el que participó John Mack, un célebre psiquiatra (actualmente fallecido) de la Universidad de Harvard que investigaba casos de abducciones alienígenas, el debate adoptó un cariz inquisitorial.

Para sorpresa de Mack, una escéptica declaró que ella se había infiltrado entre sus abducidos, la buena policía psíquica; con ello pretendían disminuir la credibilidad de Mack por haber aceptado dicha farsa. Mack se llevó muchos palos ese día, y está claro que resultó muy embarazoso. Pero él cuestionó la vehemencia y el dogma de los policías psíquicos, y les recordó que había muchas culturas que sabían desde siempre de «otras realidades, otros seres, otras dimensiones... que podían entrar en nuestro propio mundo». Con ello Mack molestó todavía más a los escépticos. Más tarde Kurtz se lamentaba de este modo: «Si hacemos caso de lo que sugiere Mack, deberíamos creer en los ángeles y en las vidas pasadas. ¿Dónde nos llevaría eso?».

El crimen está en las calles, no hay duda.

En la visión cósmica de los desacreditadores no hay lugar para la reencarnación, la astrología y la espiritualidad, como tampoco lo hay para la homeopatía o para Linus Pauling, y la lista sigue y sigue. Incluso las teorías de la conspiración sobre el asesinato de JFK hieren la sensibilidad de los desacreditadores. Como expertos en el método científico de Francis Bacon, un sistema para sacar conclusiones a partir de hechos visibles y no de suposiciones, estos «escépticos» se presentan a sí mismos como sacerdotes de la ciencia pura. Pero resulta que practican aquello que más condenan, un «sistema de creencias» conocido como materialismo científico, la doctrina en la que el método de Bacon delega cuando los científicos cambian el pensamiento libre y la investigación por el dogma del materialismo absoluto.

Un materialista científico cree que la materia es la única verdad, que todo lo que hay en el Universo, incluida la conciencia, puede explicarse por medio de leyes físicas, es decir, nada de causa trascendente, ni de propósito, ni de sentido de la vida.

Resumiendo, nuestros pensamientos, nuestros sentimientos, nuestras genialidades, nuestra identidad, el propio Universo, son meras reacciones químicas muy evolucionadas. El alma, por supuesto, no existe para el materialista científico, ni tampoco ningún conocimiento más allá del cerebro, ni nada de naturaleza vaga-

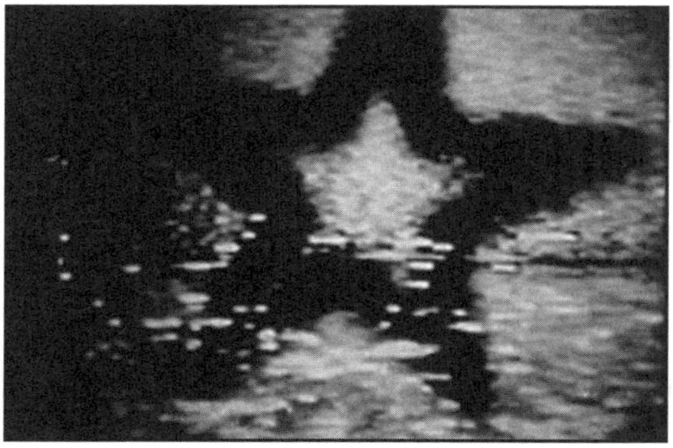

La famosa «estrella Zener» que dio pie a profundizar en el ordenamiento de las manchas caóticas luminosas obtenidas en los monitores.

mente espiritual, cosas a las que se refiere con el término despreciativo de «superstición». Este cinismo se aplica a cualquier ámbito que desafíe la visión académica imperante, incluidas las teorías de civilizaciones avanzadas perdidas, la medicina alternativa y lo paranormal. Así, por ejemplo, la teoría sugerida por Robert Schoch, de la Universidad de Boston, y John Anthony West acerca de que la Esfinge podía ser mucho más antigua de lo que se pensaba, como evidencia la erosión provocada por el agua, se encontró con un torrente de críticas; unas críticas que no respondían a motivos necesariamente científicos, sino que surgieron porque la teoría ponía en duda las suposiciones imperantes acerca de la prehistoria. Los escépticos consideran que todos aquellos paradigmas que nos obligan a replantearnos nuestros orígenes, desde la realidad basada en la conciencia hasta las teorías sobre civilizaciones avanzadas perdidas, son meras tonterías. A pesar de que hay pruebas de lo contrario, ellos afirman que dichas teorías son un fraude o son erróneas, y que violan la regla principal del método de Bacon porque hacen suposiciones a priori; y mientras reivindican el más alto nivel de pureza intelectual.

¿Cómo lo expresaron Wayne y Garth ante la fama de *Saturday Night Live*? «No nos lo merecemos... no nos lo merecemos».

Para proporcionar dinamismo a su movimiento, la policía psíquica reclutó gente como Carl Sagan, el ex mago convertido en desacreditador James Randi, el humorista Steve Allen y toda una colección de académicos que compartían sus creencias nihilistas. Su propósito era convencer a los «supersticiosos» que estaban dispuestos a creer en cualquier cosa de que el materialismo era una tontería, y así salvarnos a nosotros, y a la democracia, de nuestros mejores instintos. Su escepticismo es absoluto y, por supuesto, no puede probarse; sin embargo, la mayor parte de la comunidad académica y científica lo presenta como si fuera un hecho. Este escepticismo absoluto es la premisa que se esconde tras cada una de las posturas que adoptan los desacreditadores, que hacen caso omiso de preguntas molestas como: «¿Para empezar, de dónde salió toda la energía del Big Band?».

El problema, afirma John Beloff, un psicólogo escocés de la Universidad de Edimburgo, reside en su «postura escéptica». Hay que decir en su favor que Kurtz publicó un artículo que Beloff escribió para el periódico del CSICOP, el *Skeptical Inquirer*. Teniendo en cuenta que Beloff era muy conocido en el campo de la parapsicología, hay que admitir que se trataba de un hecho muy poco usual. En su artículo Beloff analizaba la postura escéptica, poniendo de manifiesto que a priori sus creencias excluían la validez de los fenómenos que no encajaban con las leyes físicas conocidas, o adoptadas —eso significa que la policía psíquica impone su postura desde el principio. Beloff resume la postura escéptica afirmando: «Los hallazgos parapsicológicos (para Kurtz) podrían...a su debido tiempo juzgarse en sentido literal, pero siempre con el acuerdo tácito de que estos pudieran llegar a ser compatibles con una visión del mundo fisicalista». Y más adelante añade: «Por lo tanto, él (Kurtz) rechaza específicamente el término *paranormal* siempre que implique cualquier clase de dimensión espiritual, mental o idealista». Beloff nos cuenta asimismo que la postura de «escepticismo absoluto» adoptada por Kurtz no tiene nada de rara. De hecho, está muy extendida tanto en la comunidad académica como científica. Pero cada vez se encuentra con más problemas.

Paradójicamente, los avances en el campo de la medicina han precipitado un conjunto de pruebas que sugieren, y quizás demuestran, que la conciencia sigue existiendo después de la muerte. El testimonio de cientos de personas, que el doctor Raymond Moody recopiló de un modo muy original en su obra *Life After Life,* dan fe de una realidad trascendente más allá del cuerpo. Se trata de testimonios de gente clínicamente muerta que regresa a la vida en las salas de urgencias de los hospitales, algo que obliga a los escépticos a aplicar sus visiones materialistas de formas nuevas y más creativas. Los programas televisivos que abordan el tema de las experiencias extracorpóreas vividas por personas clínicamente muertas suelen echar mano de los escépticos, que relegan con condescendencia estos episodios profundamente espirituales al campo de los neurotransmisores, las alucinaciones y el fraude, seguros de que la única fuente de la conciencia es el cerebro. A pesar de ser más bien pocos, esos escépticos aparecen en los medios de comunicación con frecuencia. Presentan el punto de vista opuesto obligado ignorando las pruebas que contradicen sus suposiciones, como el hecho de que un paciente clínicamente muerto sea capaz de recordar conversaciones que tuvieron lugar en la sala de espera después de que él, el paciente, *expirara* en la sala de urgencias y antes de que regresara a la vida.

La obra del doctor Kenneth Ring, *Vida en la Muerte (Life at Death: A Scientific Investigation of the Near-Death Experience),* señala un cambio de paradigma que lleva al reconocimiento del papel primordial de la conciencia en la realidad. Sus conclusiones amenazan la esencia del materialismo científico y del escepticismo absoluto, haciendo que la policía psíquica se tambalee. Ring afirma: «El mundo de la física moderna y el mundo espiritual parecen reflejar una *sola* realidad» (el énfasis es cosa suya). También advierte que la ciencia material tiene sus límites y que la búsqueda del conocimiento absoluto es cosa de la religión, la filosofía y la espiritualidad. Su postura no es nueva. Místicos, intelectuales y científicos influyentes habían llegado antes a la misma conclusión. Albert Einstein lo dijo de forma poética: «Lo más bonito que podemos llegar a experimentar es lo misterioso. Es la fuente del verdadero arte y la verdadera ciencia. El que desconoce dicha emoción, está muerto: tiene los ojos cerrados... para saber que aquello que nos parece impenetrable realmente existe, manifestándose como la sabiduría más elevada y la belleza más radiante que nuestras capacidades más torpes tan solo pueden comprender en sus formas más primitivas; este conocimiento, este sentimiento, es la esencia de la verdadera religiosidad».

Debemos intentar parecernos más a Einstein y tratar de comprender el misterio de la vida a pesar de las voces críticas del materialismo científico, que probablemente tan solo reflejan nuestra propia desconfianza colectiva de la intuición y la inspiración. Por otro lado, no deberíamos ignorar lo que los escépticos pueden ofrecernos, una aplicación rigurosa del pensamiento crítico en campos propensos a la superstición y la charlatanería. El método científico bien entendido nos ha servido y nos servirá siempre. Nos sacó del oscurantismo y nos llevó a la era espacial, acabó con la polio, etcétera (aunque la ciencia reconoce que los descubrimientos a menudo son accidentales). Pero a veces el materialismo científico se asocia con aquellos que atacan a todo el que adopta sistemas no tradicionales. Dado que el culto al materialismo absoluto encuentra la forma de colarse en nuestras vidas, escuelas y salas de justicia, existe el riesgo de acabar reduciendo la libertad personal y el pensamiento libre, la *verdadera* amenaza de la democracia. En nombre de la ciencia, los desacreditadores, escépticos y «expertos» se atavían con la toga de la autoridad, aparentemente con la aprobación de la comunidad científica.

En el ejemplar de enero/febrero de 1995 de la revista *Skeptical Inquirer* aparece uno de esos «expertos». En dicho ejemplar, Joseph Szimhart escribe de forma despreciativa sobre la novela más vendida de James Redfield, *The Celestine Prophecy*, que Szimhart analiza, por alguna extraña razón, como si no fuera una novela. Si a Szimhart no le hubiese gustado el libro o su contenido, no habría nada que decir. Si el *Skeptical Inquirer* hubiese presentado con exactitud sus antecedentes, tampoco habría nada que decir. Pero Szimhart cuestiona la personalidad de Redfield sin aportar ninguna prueba y sugiere que la única motivación del autor para escribir la historia ha sido el dinero; también ataca la tradición mística y religiosa y a sus máximos exponentes, entre ellos el yogui Maharishi Mahesh, Baird Spalding, Guy Ballard y Carlos Castañeda. Como en el caso de Redfield, da por sentado que la única motivación de todos ellos es el dinero. Afirma que el informe de Nicholas Notavich sobre el viaje de Jesucristo a la India es «falso», difamando una tradición con más de dos mil años de antigüedad, aunque bastante más reciente en Occidente. A continuación califica la conocida obra *A Course in Miracles* de «mamotreto reaccionario... y dictatorial».

Ilumíname, Joe.

Pero los prejuicios intelectuales de Szimhart no son su único problema. Como presunto «desprogramador» se había metido en asuntos más feos. Ante los sistemas de creencia *new age* había reaccionado como un loco, intimidando y deteniendo por la fuerza a personas involucradas en lo que algunos intelectuales denominan «nuevos movimientos religiosos». Szimhart fue acusado de secuestro en Idaho; se libró a duras penas de ser condenado, pero sus cómplices no. Más tarde, sus colaboradores acabarían denunciando sus métodos fanáticos. Según un estudio realizado por la Universidad de Siracusa, su actitud podría haber provocado un trastorno de estrés postraumático a aquellos a los que coaccionaba y detenía, provocando muchos más daños que si los hubiera dejado tranquilos.

Su agenda, confiscada por las autoridades, revelaba sus razones para trabajar con secuestradores: el dinero. Su artículo del *Skeptical Inquirer* pone de manifiesto otra razón: su peculiar antipatía por cualquier cosa que tenga que ver con el «despertar a esa realidad interior, o gnosis» (según sus propias palabras). Su intolerancia y su trato desagradable hicieron que de algún modo se le otorgara el título de «especialista en nuevas religiones polémicas» en una nota a pie de página del artículo. Probablemente el propio director del *Skeptical Inquirer* aplicara su escepticismo de un modo más sereno.

Afortunadamente, son pocos los escépticos que comparten las tácticas y el fanatismo de Szimhart. No es un científico, y es muy probable que los escépticos genuinos se preguntaran por qué había aparecido su trabajo en el *Skeptical Inquirer*. Además, muchos científicos, algunos de los cuales se autodenominan escépticos, abordan el tema de los fenómenos paranormales con auténtica objetividad. Otros investigan activamente lo misterioso, lo inusitado y lo trascendental. Las teorías y las pruebas de una realidad basada en la conciencia han captado la atención de profesionales y científicos destacados, como el mencionado John Mack, de Harvard, y el físico ganador del premio Nobel Brian Josephson, que ha escrito «The Next Grand Union, Physics and Spirituality».

Evidentemente, los escépticos se quedan petrificados cuando profesionales distinguidos se pasan a la zona prohibida del estudio de la conciencia. John Mack tuvo la audacia de estudiar casos de abducciones alienígenas, informes estrafalarios de personas que afirmaban haber sido secuestradas por extraterrestres y sometidas a experimentos mientras les controlaban telepáticamente, unos informes que sugerían una fusión del subconsciente y las realidades físicas. Una vez agotadas todas las demás explicaciones, Mack decidió tomarse los informes, recordados bajo hipnosis, en sentido literal, y desarrolló la teoría de que la *realidad* tenía que ser más de lo que parece a simple vista. Como consecuencia su puesto en Harvard fue reconsiderado y algunos de sus colegas le denunciaron, mientras otros profesionales aclamaban su valentía.

Brian Josephson dejó pasmados a sus colegas cuando empezó a dedicarse al estudio de la conciencia después de haber descubierto en la Universidad de Cambridge, a la temprana edad de 22 años, una propiedad cuántica mágica que actualmente se conoce como el efecto Josephson (fenómeno que se manifiesta por el flujo de una corriente eléctrica entre dos materiales superconductores que están separados entre sí por un aislante muy fino). Entonces recibió un puesto permanente en el legendario laboratorio Cavendish de Cambridge. Eso fue en 1972. Un año después ganó el premio Nobel. Posteriormente, renunció al mundo de la ortodoxia por la búsqueda de la comprensión de lo místico. La comunidad científica consideraba a Josephson un genio, hasta que se pasó a la «zona prohibida». Pero él ya había manifestado antes sus inclinaciones, cuando siendo solo un estudiante de postgrado reveló su reconocimiento de las realidades invisibles. El descubrimiento del efecto de Josephson surgió como consecuencia de una teoría suya en la que afirmaba que los «túneles» de electrones podían atravesar barreras aisladas en circuitos superconductores del mismo modo en que los fantasmas atraviesan las paredes en las películas.

Basándose en sus lecturas sobre mecánica cuántica, el funcionamiento interno del Universo, adivinó que en dicho circuito la corriente podía en realidad fluir en ambas direcciones a la vez, creando una especie de onda regular que sería especialmente sensible a las influencias magnéticas y eléctricas. Los laboratorios Bell validaron las teorías de Josephson, aumentando su ya creciente reputación como innovador y prodigio. En un ejemplar reciente de *Scientific America*, afirmaba que la mecánica cuántica permite tener en cuenta «sincronicidades» que «producen la aparición de fenómenos psíquicos». Eso implica una realidad física basada en la conciencia en vez de lo contrario. Él afirma que en sus conferencias dadas en el laboratorio Cavendish, sus ideas habían sido bien recibidas. En el mismo artículo Josephson sugiere que los científicos pueden mejorar sus capacidades practicando la meditación.

Brian Josephson, físico y ganador de un premio Nobel, fue director del Proyecto de Unificación de Mente-Materia en el laboratorio Cavendish de Cambridge, Inglaterra.

Podría decirse que los escépticos más rígidos no poseen la agudeza mental de Josephson. Eso no significa que todos los escépticos rechacen sin más las teorías de Josephson. Al contrario, algunos buscan la verdad en serio, les lleve donde les lleve; es el caso de Michael Epstein, químico y vicepresidente de un grupo de escépticos. Epstein comentó en un informe para la Society for Scientific Exploration que los «desacdreditadores suelen autodenominarse escépticos. Sin embargo, un verdadero escéptico es aquel que está dispuesto a analizar de forma crítica todas las pruebas que existen de afirmaciones insólitas, y para hacer justo eso está aquí la SSE».

La sociedad, un grupo de científicos y académicos, se reunieron hace poco en Huntington Beach, en California. Los temas que analizaron iban desde experiencias extracorpóreas de gente clínicamente muerta hasta indicios de casos de reencarnación, en cualquier caso lo suficiente como para dejar hecho trizas a cualquier policía psíquico. También se trataron otros temas como las reacciones biológicas para predecir terremotos, la influencia de la luna sobre el comportamiento humano, las estructuras artificiales en Marte, la edad de la esfinge, los lugares sagrados y la ciencia sagrada, las propiedades acústicas de antiguos escenarios ceremoniales, la arqueoastronomía, la energía alternativa, la pérdida de inercia en las naves espaciales y la telepatía y la psicoquinesia. Los miembros de la sociedad no tienen por qué estar de acuerdo con las posturas presentadas. Más bien aplican una visión científica que ni rechaza ni acepta las teorías sin más. El profesor Lawrence Frederick, por ejemplo, secretario de la sociedad y antiguo secretario de la American Astronomical Society, rechaza la metodología que se ha utilizado para reunir pruebas de que hay estructuras artificiales en Marte, pero no descarta del todo la teoría. Frederick habla con franqueza acerca de la teoría de los monumentos de Marte: «No puedo demostrar que sea mentira, pero me parece una bobada». A menos que se realice un análisis *double blind* (en el que ni el analizador ni el analizado están al tanto), utilizando otros lugares de Marte con los que comparar la geometría de las supuestas estructuras artificiales, no puede extraerse una conclusión científica.

Al menos, Frederick y los otros miembros de la sociedad investigan con la mente abierta, algo que otros no hacen. Abogan por la investigación libre en una gran variedad de teorías y afirmaciones, por muy insólitas que sean. En sus voces, uno encuentra una mezcla de fascinación y escepticismo, quizás la mezcla ideal del rigor científico y del asombro humano. Al referirse a uno de los miembros, del que no da el nombre, Frederick dice que es una «persona instructiva y encantadora», profesor de un instituto politécnico importante. La razón por la que no da su nombre es la siguiente: A pesar de estar de acuerdo con la policía psíquica en la mayor parte de temas, está convencido de que el monstruo del lago Ness existe... de verdad. Su postura, por supuesto, representa un serio problema. Hace que nos hagamos muchas preguntas.

¿Qué va a ser de la democracia?

2 ANÁLISIS DE LA «CIENCIA VUDÚ»

Desafío al tribunal no autorizado de las altas esferas de la ciencia alternativa

Eugene Mallove

Es posible que los futuros historiadores consideren que la obra *Ciencia o vudú (Voodoo Science)*, publicada por primera vez en el año 2000, no es más que un rescoldo de la pira funeraria en la que se ha convertido la física oficial de finales del siglo XX, que se lanza hacia una supuesta «teoría del todo» mientras ignora las profundas grietas que hay en sus mismísimos cimientos. Pero a su autor, Robert L. Park, un profesor de física que trabaja en la Universidad de Maryland, las cosas le van muy bien en la actualidad. Lleva años siendo el preferido de los editores, que desean conseguir los comentarios tajantes del principal representante de la American Physical Society (APS), posición que ocupa desde 1982.

Ya sea para clamar contra los vuelos espaciales con tripulación, la defensa con misiles antibalísticos, la asistencia sanitaria alternativa, los estudios sobre percepción extrasensorial, las investigaciones sobre ovnis o contra su tema preferido, la fusión fría, Robert Park suele aparecer injuriando en las editoriales del *New York Times* y del *Washington Post*, entre otros. Parece increíble que la APS tolere su columna científica semanal, que se publica en Internet bajo el título *What's New* (www.opa.org/WN), sobre todo porque Park, demostrando una cara dura sorprendente, termina la columna con un falso descargo: «Las opiniones son del autor y la APS no tiene por qué estar necesariamente de acuerdo con ellas, aunque debería». Se trata de Park en estado puro, del Park que confía en que sus lectores acabarán viendo el mundo a través del filtro de las certezas científicas que él y muchos de sus arrogantes colegas físicos reivindican poseer.

Park acaba de recopilar sus «conocimientos» en un breve volumen en el que asegura haber descubierto una nueva clase de ciencia, «la ciencia vudú». Su definición de la ciencia vudú queda resumida en el subtítulo, «De la ingenuidad al fraude científico». Existe una progresión desde el «error sincero», afirma, que evoluciona desde «el autoengaño hasta el fraude». Y explica todavía con más detalle la definición: «La línea que separa la ingenuidad y el fraude es muy delgada. Dado que no siempre es fácil distinguir cuando se ha cruzado dicha línea, utilizo el término 'ciencia vudú' para referirme a todas ellas: la ciencia patológica, la ciencia basura, la pseudociencia y la ciencia fraudulenta».

Afirma haber «descubierto» la ciencia vudú mientras trabajaba como relaciones públicas para la APS: «Siguen chocando con las ideas científicas por lo que reivindico que son totalmente, indiscutiblemente y extravagantemente erróneas». Así está de convencido, como para usar tres adverbios, de que muchas de las cosas que él denomina «ciencia vudú» no pueden ser correctas. La mayoría de las veces extrae sus conclusiones de teorías fundamentales que se consideran sacrosantas. A ello se debe el fracaso fundamental de Park y tantos de sus colegas de las altas esferas del mundo de la física: han abandonado la poca curiosidad que hayan podido tener al principio de su carrera científica por los experimentos científicos. Atacan los datos de aquellos experimentos que a primera vista parecen estar en conflicto con la teoría, llegando a una de estas dos conclusiones: 1) La teoría no necesita la modificación fundamental que haría posible que el fenómeno ocurriera, o 2) Es inconcebible que la teoría existente pueda aplicarse para hacer posible el fenómeno. Hace falta ser muy arrogante para contestar afirmativamente a alguno de estos dos puntos, especialmente cuando tanto los datos experimentales como la teoría que explica el fenómeno anómalo apuntan claramente en contra de los escépticos; el estudio de la fusión fría es un claro ejemplo de ello.

Park cree que sabe lo que tanto él como las altas esferas del mundo de la física están haciendo, pero no es así. Escribe: «[...] no importa lo plausible que una teoría pueda parecer, la última palabra la tiene la experimentación». Pero para Park, la teoría dictamina qué experimentos se va a dignar a considerar. Mostrando una total ignorancia acerca de las sangrientas batallas que se han producido dentro de la ciencia por los cambios de paradigma (del mismo tipo que los que él está impidiendo), Park reivindica: «Cuando se dispone de mejor información, los libros de texto científicos se reescriben con apenas una mirada hacia atrás». ¡Tonterías!

En la obra *Ciencia o vudú,* Park rechaza la fusión a la primera de cambio: «La teoría desacreditada de la 'fusión fría' hecha hace varios años por Stanley Pons y Martin Fleischmann».* Afirma que una «pequeña banda de partidarios» siguen reuniéndose todos los años «en algún despampanante complejo internacional» en

* El 23 de marzo de 1989, en Salt Lake City, los científicos Stanley Pons y Martin Fleischmann dieron a conocer su descubrimiento de la «fusión fría», unas reacciones nucleares que se producen prácticamente a temperatura ambiente y que pueden generar energía eléctrica.

un intento de «resucitar» la fusión fría. Y se pregunta: «¿Por qué esta pequeña banda cree tan fervientemente en algo que el resto de la comunidad científica descartó como fantasía hace años?» Más adelante especula: «Quizás algunos científicos encontraron en la fusión fría una forma de escapar del aburrimiento».

Park se ensaña con la fusión fría a lo largo del libro y nos cuenta lo que realmente piensa de ella: «El 6 de junio de 1989, justo 75 días después de la declaración de Salt Lake City, la fusión fría había traspasado claramente la línea que separa la ingenuidad del fraude». Afirma que Fleischmann y Pons «exageraron o fabricaron las pruebas». (Solo especula acerca de si James Patterson de Clean Energy Technologies Inc., que investigó la fusión fría, «traspasó la línea que separa la ingenuidad del fraude».)

Park no se ha molestado en estudiar los datos que él mismo había exigido muchos años antes como prueba de la fusión fría, concretamente los datos sobre la ceniza nuclear del helio-4, ni siquiera después de que dichos datos consiguieran colarse en las obras revisadas por sus colegas. El 14 de junio de 1989, en la *Chronicle of Higher Education,* Park opinaba lo siguiente: «Lo más frustrante de esta polémica es que podría haberse resuelto hace semanas. Si la fusión se produce al nivel que los dos científicos dicen, entonces el helio, el producto final de la fusión, debe estar presente en los cátodos de paladio usados». «No hay porqué preocuparse por el calor si no hay helio» fue lo que me dijo en primavera de 1991, tal y como aparece recogido en mi libro *Fire from Ice.* Aparte de su flagrante error al no tener en cuenta el helio que pueda encontrarse en el gas de la cobertura procedente de las reacciones en superficie (este helio de la fusión fría se había detectado ya en 1991 y más tarde), es curioso que Park no haya mencionado nunca ninguna de las obras publicadas sobre el helio en experimentos de fusión fría.

El 23 de marzo de 1989, en Salt Lake City, los científicos Stanley Pons y Martin Fleischmann dieron a conocer su descubrimiento de la "fusión fría", unas reacciones nucleares que se producen prácticamente a temperatura ambiente y que pueden generar energía eléctrica.

Como mínimo desde 1991, científicos colegas del APS, como Scout Chubb, habían informado a Park sobre la detección de helio-4 en los cátodos y corrientes de gas de los experimentos de fusión fría. Dichos experimentos independientes fueron publicados en Estados Unidos y Japón en publicaciones especializadas y revisadas por colegas. Está claro que Park lo sabía. Pero la obra *Ciencia o vudú* no menciona ninguno de estos datos, lo que representa un fraude atroz para con los periodistas y el público en general.

Así pues, en el tema de la fusión fría, el propio Park ha pasado, según sus propias palabras, de la ingenuidad al fraude. Desestimando los hechos que no le interesan, tales como las pruebas experimentales de carácter sólido que apoyan la tesis de la fusión fría, Park afirma: «Diez años después del anuncio de la fusión fría, los resultados no son más convincentes que los obtenidos durante las primeras semanas». Reescribe la historia de la fusión fría con absurdas meteduras de pata pensadas para despistar: «Me pregunto cómo pudieron Fleischmann y Pons dedicar cinco años a su idea de fusión fría, tal y como aseguran, sin haber ido a la biblioteca para averiguar lo que ya se sabía sobre el hidrógeno en los metales». ¿El electroquímico Martin Fleischmann, miembro de la Real Academia de Ciencias, no sabía mucho acerca del hidrógeno en los metales? Es ir un poco demasiado lejos, incluso en el caso de un ofuscador sin ética como Park. Es Park el que tendría que haber ido a la biblioteca. Habría descubierto que los principales científicos defensores de la fusión fría como Fleischmann y Bockris son los mismos que habían escrito sobre el hidrógeno en los metales. Fleischmann consiguió su puesto en la Real Academia de Ciencias, que se podría considerar la academia científica más prestigiosa del mundo, gracias precisamente a sus excelentes investigaciones en este campo. En otros casos, Park exige honestidad para establecer la teoría y los conocimientos de las máximas autoridades; en este caso, ni siquiera tiene claro quiénes son las máximas autoridades.

Si Park no obtiene la información sobre la fusión fría de publicaciones técnicas, lo habitual en el campo de la ciencia, ¿de dónde la saca? Por lo visto, recibe la información del crítico Douglas Morrison, del CERN (European Organization for Nuclear Research), que participó en las conferencias internacionales sobre fusión fría donde hizo básicamente preguntas poco inteligentes, demostrando que él, al igual que Park, no había leído los libros existentes sobre la fusión fría. Morrison ha «echado un vistazo a la fusión fría por todos nosotros», dice Park. El resultado de todo ello es que Morrison, el principal proveedor de la teoría que considera la fusión fría una «ciencia patológica», pasa información errónea a Park, que a su vez la adorna con observaciones sarcásticas pensadas para los habitantes de las zonas marginales de Washington.

Morrison es el único escéptico que publica realmente algo para poner en duda cuestiones cuantitativas de la calorimetría y la electroquímica de la fusión fría, y en cada párrafo de su documento hay algún error elemental. He aquí algunos ejemplos: Sustrae dos veces el mismo factor. Afirma que Fleischmann y Pons utilizaron un método de «análisis de regresión no lineal muy complicado» que no habían usado. Recomienda un método alternativo, de hecho el que ellos habían utilizado. Confunde la potencia (vatios) con la energía (julios). Asegura que el hidrógeno que se escapa de un híbrido de paladio de 0,0044 moles puede producir 144 vatios de potencia y 1,1 millones de julios de energía, mientras que los libros de texto dicen que la potencia máxima sería de 0,005 vatios y un simple cálculo demuestra que el máximo de energía que podría producir sería de 650 julios. Este es el «experto» en el que Park confía para obtener información sobre la fusión fría.

Pero Park sabe muy bien que la propaganda puede convertir un tema serio en algo ridículo. En su informe sobre los inicios de la fusión fría comenta: «la fusión fría se estaba convirtiendo en algo más bien ridículo y eso suele ser fatal en Washington».

Después de atacar el grueso de la investigación sobre la fusión fría, Park decide atacar a Randell Mills, de la empresa Mills of Blacklight Inc. (véase *Infinite Energy*, p. xx). Dice que Mills no ofrece «ninguna prueba experimental» que demuestre sus afirmaciones del exceso de energía provocado por la formación hidrina catalítica. Park no habla de los múltiples canales de datos experimentales y astrofísicos que Mills había citado para defender su teoría. Y oculta los resultados positivos y serios que el Centro de Investigación Lewis de la NASA había publicado en su informe oficial acerca de la réplica de Mills. Park razona básicamente a partir de la teoría: «Pero aquellos que apuestan por el hidrinos apuestan en contra de las leyes físicas más firmemente consolidadas y eficaces». Don Seguro pregunta retóricamente: «¿Qué probabilidades hay de que Randall [sic] Mills tenga razón? Lo más probable es que cero probabilidades, y no creo equivocarme de mucho». Yo contaba con que Park echara por tierra las anomalías científicas, pero no esperaba descubrir su gran ignorancia acerca de los vuelos espaciales y su futuro. Comentando el hecho de que a principios de los noventa había prestado testimonio en el Congreso a favor de las misiones espaciales sin tripulación, recuerda: «Quería explicar por qué la era de la exploración del espacio por parte de los humanos había terminado hacía 25 años y era muy poco probable que regresara». ¿No había ninguna posibilidad de que el hombre estuviera en el espacio? ¿Hablaba Park en serio? Terminaba su ofuscada letanía con una poesía inepta que contenía un mensaje absurdo: «Los astronautas americanos se han quedado tirados en la órbita terrestre baja, como si fueran pasajeros que están esperando junto a un tramo abandonado de vía un tren que nunca llegará, sobrepasados por los avances de la ciencia».

El astronauta amateur Park nos ofrece entonces una metedura de pata impresionante: «Si hubiera oro en la órbita terrestre baja, no valdría la pena intentar conseguirlo». ¡Increíble! Cuando hace esta y otras afirmaciones parecidas parece no comprender conceptos tan elementales como el pequeño coste energético propulsor de deorbitar con cohetes y aerofrenado. En la era emergente del transporte espacial comercial, esta metedura de pata será recordada como un fallo garrafal de finales del siglo xx, equiparable a las declaraciones hechas por el astrónomo Simon Newcomb en un período anterior de ese mismo siglo acerca de que los vuelos con aparatos más pesados que el aire eran una mera quimera.

En su cruzada contra los vuelos espaciales con tripulación, Park ataca incluso al astronauta héroe John Glenn: «Tanto Ham (un chimpancé que iba a bordo de uno de los primeros vuelos espaciales de los EE.UU) como Glenn iban a acabar en Washington: Glenn en el senado de los EE.UU, Ham en el zoo de la ciudad. Ham murió al poco tiempo sin regresar nunca al espacio».

Ataca al «ingeniero mesiánico» Robert Zubrin, que había presentado propuestas concretas y bien preparadas para misiones espaciales de bajo coste en su libro *The Case for Mars*. Parks dice que Zubrin empezó «su propio culto: a la sociedad de Marte». Park se burla de las aspiraciones que han llevado a personas como Robert Goddard y otros muchos en este siglo a trabajar a favor de la exploración del espacio con tripulación: «Zubrin ha aprendido bien la lección. No era más que un sueño. Sus seguidores podían sentir la arena de Marte bajo sus pies, pero los desafíos técnicos más abrumadores se sorteaban con soluciones simplistas».

En la sobrecubierta del libro, Park pone la «terapia imán» junto a la fusión fría, como paradigma de «las afirmaciones científicas ingenuas y fraudulentas». En el único «experimento» que decidió dirigir personalmente para comprobar cualquiera de sus opiniones, llevó a cabo un insensato esfuerzo para refutar la supuesta eficacia terapéutica de los imanes en contacto con el cuerpo humano. Compró unos cuantos imanes en una tienda y luego pego uno en un armario de acero lleno de archivadores. Luego empezó a colocar hojas de papel debajo del imán y descubrió que si ponía diez hojas el imán se desprendía. Entonces exclamó exultante: «¡Las tarjetas de crédito y las mujeres embarazadas están a salvo! El campo de estos imanes apenas puede atravesar la piel y por tanto es imposible que llegue a los músculos». Lo único que Park había encontrado era el punto en el que la fricción estática (causada por la fuerza magnética) es insuficiente como para sujetar el imán contra la fuerza de la gravedad. ¡Y a partir de eso llega a la conclusión de que el campo magnético no puede penetrar en la piel! Es algo completamente erróneo, como los estudiantes de física de segundo año del MIT, y se supone que también de la Universidad de Maryland, deberían saber. Park suspende este examen. «Y si penetrara tampoco pasaría nada», dice. Park siempre tiene alguna idea teórica a priori acerca de por qué algo «no es posible». Este relaciones públicas de la American Physical Society necesita un curso para refrescar los principios de la ciencia.

Dado el juicio incompetente de Park con respecto a la fusión fría y sus problemas con la metodología científica elemental, no podemos esperar que haga una valoración útil de otros temas polémicos, tales como si hay o no lagunas o extensiones en la termodinámica clásica, si los campos magnéticos de bajo nivel pueden influir en los sistemas biológicos, como la «memoria del agua», o las bases científicas de la medicina alternativa. Independientemente de sus méritos individuales, Park hace a todos estos temas el mismo caso que hace a la fusión fría.

No se trata de que uno nunca pueda estar de acuerdo con Park. Así por ejemplo, algunas de las payasadas propias de charlatanes que hizo Dennos Lee, de Better World Technologies, de las que Park se encargó de hacer la crónica, son espantosas y no tienen nada que ver con la investigación científica seria de fenómenos energéticos anómalos. Y Park afirma que «actualmente hay pruebas científicas aplastantes de que nosotros mismos podemos influir en el clima de la Tierra». Algunos científicos estarían de acuerdo con eso; yo no. Yo estoy de parte de los científicos atmosféricos que creen que los modelos informáticos distan mucho de ser una representación adecuada de todos los factores que influyen en el clima.

Por otro lado, Park se muestra más bien compasivo con cosas como el dinero que el gobierno se gastó en la fusión caliente de Tokamak, que la mayoría, incluso entre aquellos que no tienen nada que ver con la fusión fría, considera una investigación negativa desde el punto de vista económico. No dice absolutamente nada de nada acerca del nefasto Superconductor Supercolisionador (SSC), que se empezó y luego fue cancelado, antes incluso de que pudiera gastar más dinero del contribuyente. No hemos oído hablar del reciente coste escandaloso de las pruebas hechas

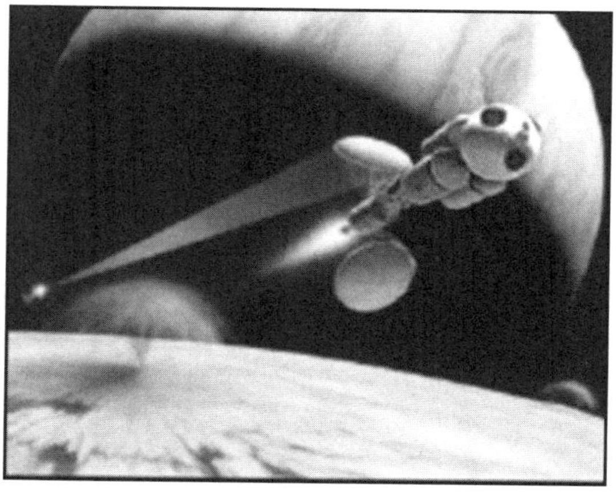

Park se burla de las aspiraciones que han llevado a personas como Robert Goddard y otros muchos en este siglo a trabajar a favor de la exploración del espacio con tripulación.

con armas de simulación de la fusión láser realizadas en ICF (Inertia Confinement Fusion) por un físico que ni siquiera había sido sincero acerca de sus credenciales académicos. Para Park, este gasto queda aparentemente «en familia», es la clase de dinero que a la comunidad física de guante blanco se le suele perdonar.

Uno siente la tentación de pensar que Park sufre quizás un problema psicológico conocido como proyección, o alguna disonancia cognitiva. De alguna manera, este hombre confundido con todos sus años de estudio debe darse cuenta de que se encuentra fuera de su elemento al analizar las pruebas de la fusión fría. No sabe realmente si las pruebas son válidas o no. Es evidente que solo la ha estudiado superficialmente, pero sin embargo corre muchos riesgos atacándola; no tiene el valor suficiente para volver atrás. Si admitía que había estado muy equivocado, podrían ponerse en duda otros muchos de sus juicios, desde los realizados acerca de los viajes espaciales tripulados hasta aquellos que tenían que ver con la terapia con imanes. Pensaba que la fusión fría desaparecería hace muchos años, pero no ha sido así; y por eso ha creado el mito de que la fusión fría solo la sustentan los «seguidores que ven lo que esperan ver». Lo cierto es que es Park el que está viendo lo que quiere ver: ¡Falta de pruebas ahí donde hay pruebas! La siguiente valoración solemne de Park acerca de los «científicos del vudú» parece hacer referencia más bien a su persona: «Aunque no se debe subestimar la capacidad humana de autoengañarse, en algún momento deberán empezar a darse cuenta de que las cosas no están funcionando como ellos suponían». Se hará justicia cósmica ante estas críticas profundamente ridículas y malintencionadas cuando, gracias a los avances científicos, todas las mentiras y toda la intolerancia que él ha dirigido hacia otros, demuestren la clase de persona que es.

3 Las altas esferas atacan de nuevo

Por muchas pruebas que haya, da igual. El Learning Channel quiere erradicar la amenazante herejía de la Atlántida

Frank Joseph

Nuestros tiempos están siendo testigos de un interés general sin precedentes por la Atlántida. El estreno en verano de 2001 de la película *Atlántida, el imperio perdido,* de los estudios Walt Disney, fue un reflejo de esta fascinación universal. Investigadores serios y competentes que utilizan la tecnología más moderna están realizando descubrimientos que rompen los esquemas establecidos, desde en las aguas que rodean las Bahamas y Cuba hasta en el Altiplano boliviano y en mitad del océano Atlántico. La simple aparición de la revista, así como su nombre descriptivo en la que apareció por primera vez este artículo, *Atlantis Rising* (El resurgir de la Atlántida), lo dicen todo. La Atlántida está resurgiendo («rising») en la conciencia de millones de personas, más que nunca antes en la historia moderna. Por tanto es natural que dicho resurgimiento provoque la reacción de los académicos convencionales que consideran cualquier mención a un «mundo antediluviano» como la peor de las herejías. Está claro que la popularidad creciente de la «palabra que empieza por A» les ha provocado una profunda frustración, después de tantos años de intentos organizados por desacreditarla delante de audiencias, tanto en las aulas como en el terreno televisivo. Mortificados pero con la cabeza bien alta, los defensores de la arqueología tipo «torre de marfil» están continuamente poniendo en antena un nuevo «especial» titulado «Descubriendo la Atlántida» («Uncovering Atlantis») en el Learning Channel.

Quiero dejar claro desde el principio que ni siquiera los detractores más fanáticos de la Atlántida se oponen a discutir públicamente las opiniones contrarias; es más, de hecho disfrutarían enfrentándose a ellas a modo de sanos desafíos. Yo, al igual que mis colegas que investigan sobre la Atlántida, aprovecho cualquier oportunidad para contrastar nuestros datos e ideas con el dogma deteriorado de los uniformitarios. Las diferencias de opinión honestas y el debate acalorado son catalizadores del descubrimiento. La oposición más estridente es bien recibida, siempre que sea con el espíritu de la verdadera curiosidad científica. Pero cuando dicha oposición se propone vilipendiar deliberadamente un punto de vista y a sus partidarios con mentiras descaradas, debemos desenmascararlo y condenarlo.

Durante los cinco primeros minutos «Descubriendo la Atlántida» engatusa a los espectadores con insinuaciones de cierta credibilidad histórica a favor del reino sumergido. Se dice que fue descrito por una de las mentes más privilegiadas del mundo occidental, el filósofo griego Platón. El narrador sigue diciendo que las similitudes culturales entre el antiguo Oriente Próximo y la América precolombina sugieren una fuente desaparecida que estaba en medio del océano común a ambos. Pero esta actitud engañosamente amable en seguida degenera en una negación rotunda con la aparición de Kenneth Feder, que da clases en la Central Connecticut State University.

Escandalizado al descubrir que cuatro de cada cinco de sus nuevos alumnos contemplaban la posibilidad de que la Atlántida hubiese existido realmente, Feder decidió tomar todo tipo de precauciones contra esa intolerable actitud. Antes de entrar en los aspectos básicos de la arqueología, Feder somete siempre a su cautiva audiencia universitaria a una clase de adoctrinamiento contra la Atlántida, que aparece reproducida en el programa televisivo. En una presentación parcial que no deja lugar al debate ridiculiza punto por punto la mera idea de una civilización perdida. Feder dice con voz emocionada: «Que no exista ninguna referencia a la Atlántida antes de Platón, si es que dicho lugar realmente existió, resulta absolutamente increíble». La voz incorpórea del narrador añade: «La Atlántida fue olvidada tras la muerte de Platón durante más de dos mil años. La primera persona en mencionar o quizás inventar esa palabra fue Platón».

Pero lo cierto es que distintas versiones de la historia de la Atlántida eran conocidas literalmente por todo el mundo entre docenas o quizás cientos de sociedades dispares varios siglos antes de Platón. En muchas de esas tradiciones indígenas, está claro que se hace referencia a la Atlántida pero adaptándola a la cultura propia, como en el caso de Aztlan, una «Isla Blanca» volcánica situada en el «Mar por donde sale el sol» desde la que los ancestros de los aztecas llegaron a las costas orientales de México. En las grandes epopeyas indias *Mahabharata* y *Puranas* se describe otra «Isla Blanca» como Attala, la tierra natal montañosa de una raza poderosa y muy civilizada ubicada en el «Mar Occidental», al otro lado del mundo desde la India. El *Vishnu Purana* sitúa Attala en la «zona siete», que corresponde a unos 24-28 grados de latitud, en línea con las Islas Canarias. Allí los habitantes guanches hablaban de Atara, mientras que Atemet era el lugar donde moraba una diosa egipcia responsable de una inundación del mundo.

En la tradición cheroqui de América del Norte, Atali es el lugar desde el que sus ancestros se dispersaron por todo el mundo inmediatamente después de un diluvio catastrófico. Atitlan, que recibe el nombre de la tierra natal de los primeros ancestros de los mayas, es una región de lagos situada en el departamento de Sololá, las tierras altas centrales del suroeste de Guatemala, donde la civilización Quiché-Maya alcanzó su máximo esplendor. En euskera, la lengua de los vascos, Atlaintika es el nombre del reino sumergido desde el que los antepasados de los vascos llegaron al Golfo de Vizcaya. Atlatonan era la «Hija de Atlaloc», una virgen vestida de azul que se ahogaba ritualmente para venerar al dios azteca de la lluvia. Su destino y el parecido filológico con la Atlántida, literalmente «Hija de Atlas», son demasiado notables como para ser considerados mera coincidencia.

En contra de lo que dice el narrador de «Descubriendo la Atlántida», la civilización que desapareció bajo las aguas no fue olvidada durante más de dos mil años después de Platón. Durante la época clásica, era tema de conversación entre los principales pensadores del mundo greco-romano, entre ellos Aristóteles, Estrabón, Posidonio, Krantor, Proclo, Plutarco y Diodoro de Sicilia, la mayoría de los cuales, por cierto, creían en la realidad histórica de la Atlántida. Y también lo creían los grandes pensadores del siglo VII, Athanasius Kircher de Alemania y Olor Rudbeck de Suecia. El narrador pregunta: «¿Cuál es el veredicto de los arqueólogos (sobre la Atlántida)?» Distintos arqueólogos responden sarcásticamente, uno tras otro, delante de la cámara: «¡Tonterías!» «¡Insidioso!» «¡Un engaño!» «¡Absurdo!» «¡Una fantasía!». Pero en realidad lo que estas exclamaciones describen más fielmente es el pseudo documental del Learning Channel. Está claro que la narración es «absurda» en cuanto aparece la descripción de su supuesto desacreditador: «Ken Feder se ha convertido en un experto capaz de reconocer el tipo de prueba que demostraría si la Atlántida fue o no el origen de toda civilización». Luego aparece el profesor examinando piezas de cerámica originarias de los pueblos nativos americanos, entre las que encuentra objetos de la primera época colonial. Como fue incapaz de encontrar pruebas de una intrusión parecida por parte de los habitantes de la Atlántida en su pequeña excavación informal y superficial, llega a la conclusión de que no existen pruebas de que hubiese visitantes antiguos procedentes del «continente perdido» en la Connecticut rural. Por desgracia, esta clase de razonamiento miserable no llega a demostrar «si la Atlántida fue o no el origen de toda civilización».

Estos intentos patéticos de desacreditar el imperio perdido están respaldados por una narración que asegura que cualquier posible parecido entre las pirámides del Viejo Mundo y las del Nuevo Mundo son mera coincidencia. Tal y como Feder pontifica: «Puede descartarse definitivamente cualquier relación entre las pirámides y la Atlántida». Niega que las pirámides mesoamericanas se puedan comparar con los zigurats sumerios o con las primeras pirámides egipcias escalonadas. Pero la pirámide de la tercera dinastía construida por el faraón Zoser en Saqqara se parece en muchos detalles a la pirámide maya de Palenque, en el Yucatán. Además del evidente parecido externo, ya que ambas son pirámides escalonadas, las dos contienen cámaras subterráneas con pasillos descendentes. La pirámide de Palenque contiene la tumba de un monarca maya conocido como Pacal. Las creencias y los ritos funerales que le acompañaron fueron increíblemente parecidos a los conocidos en el Viejo Mundo. Los ocho niveles que el alma de este rey debía atravesar en su camino hacia el otro mundo eran prácticamente idénticos en los sistemas de creencias de Egipto y Mesoamérica. En Mesoamérica el tercer nivel está vigilado por un cocodrilo, el *Sibak; cipak* en el lenguaje simbólico Nahuatl es el barco-caimán funerario de los aztecas.

El alma humana era concebida de la misma forma en el pensamiento egipcio y mesoamericano. El arte de los templos del Valle del Nilo representaba el *ba* como un pájaro con cabeza humana, a menudo remontando el vuelo a través de un agujero en una tumba. En un relieve que hay en un templo maya, en Izapa, también aparece un pájaro con cabeza humana remontando el vuelo desde un lugar de sepultura. Las pinturas murales de Palenque recuerdan sorprendentemente la técnica egipcia. Las figuras mayas, como las egipcias, estás dispuestas en filas, mientras que los pies y las cabezas de la mayoría de nobles se representan de perfil plano. En los ritos funerarios, muy parecidos a los de un faraón, el sarcófago de Pacal y sus pendientes estaban decorados con jeroglíficos, y llevaba un collar de cuentas hecho con piedras preciosas cortadas en forma de flores y frutos que podrían haber pasado perfectamente como trabajos del Nilo. Imitando a los faraones, Pacal llevaba incluso una máscara funeraria. La base de su sarcófago, como la del sarcófago del faraón Zoser, estaba confeccionada de forma que toda la pieza podía ponerse de pie en posición vertical apoyada sobre ella. Pacal llevaba asimismo una perilla falsa, como la que llevaban todos los faraones.

El topógrafo americano Hugo Harleston descubrió en 1974 que el Templo de las Inscripciones de Palenque no encajaba con las medidas estándar de 1.059 metros del sistema de medidas maya *hunab.* Descubrió en cambio que la estructura había sido perfectamente trazada utilizando «codos reales» egipcios. Contenía una estancia grande, de 23 pies de alto con un suelo de 13 por 29 pies, y tenía un techo hecho de vigas de piedra parecido a los de la Cámara del Rey de la Gran Pirámide de Egipto. Alberto Ruz Lhuillier, un cauteloso arqueólogo mexicano que descubrió la última morada de reposo de Pacal, admitió que dicha cámara se parecía en muchos detalles a su equivalente egipcia. Alrededor del sarcófago de piedra de Pacal, tallado muy elaboradamente, había estatuas de jade del dios solar Kinich-Ahau, «Señor del Ojo del Sol». Son muy parecidas a los *Ushabti,* o «replicantes», unas pequeñas estatuas hechas con loza fina que se incluían en los entierros egipcios reales. Curiosamente, el dios solar egipcio, Horus, también se conocía como «Señor del Ojo del Sol» y era venerado como la encarnación deificada de la monarquía.

El jade era la piedra ceremonial más importante en Mesoamérica, porque su color simbolizaba las aguas del Atlántico a través de las cuales los ancestros portadores de la cultura maya llegaron a las costas de Yucatán. En la versión azteca del Diluvio, entre los ancestros se encontraba la princesa Chalchiuhtlicue, que se identificaba personalmente con el jade. Las estatuas de jade de Pacal eran, de hecho, conocidas como *chalchiuhtlicues.*

Pero hay algo peor que la negación de las correspondencias culturales evidentes entre el Nuevo Mundo y el Viejo Mundo. Los productores de «Descubriendo la Atlántida» tratan de equiparar a cualquiera que abrigue la posibilidad de la existencia de una Atlántida histórica con un asesino en serie en potencia. Mientras se muestran imágenes de Adolf Hitler y sus seguidores, el narrador dice: «Los Nazis más destacados creían que la raza superior tenía su origen en la Atlántida. Uno de los que más apasionadamente creía en esa teoría era Heinrich Himmler, jefe de las SS. Himmler ordenó a los científicos de Alemania que buscaran a los descendien-

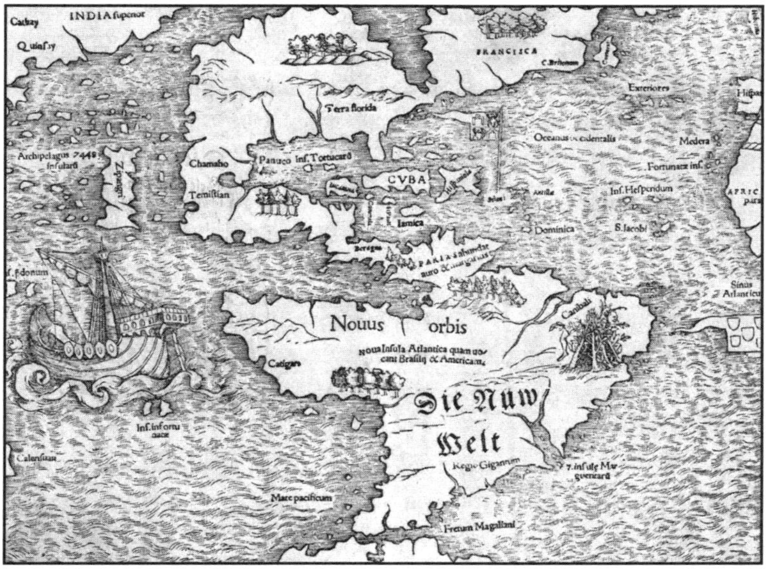

La civilización que desapareció bajo las aguas no fue olvidada durante más de dos mil años después de Platón.

tes de la superraza de la Atlántida desde los Andes hasta el Tíbet. Escudriñaron los rasgos físicos de los nativos en busca de la más mínima prueba que apoyara la idea de Himmler de que sus ancestros arios, los habitantes de la Atlántida, habían vivido allí. Estas afirmaciones acerca de una herencia ancestral procedente de la Atlántida alimentaron la creencia nazi sobre la supremacía de la raza aria».

¡Y luego habla de «fantasías»! Después de más de veinte años investigando sobre el tema, no he conseguido identificar ni uno de los «Nazis más destacados que creían que la raza superior tenía su origen en la Atlántida». En ningún lugar de la vasta bibliografía sobre el Tercer Reich aparece la palabra «Atlántida», salvo muy raramente y de forma casual. No se menciona en *Mein Kampf (Mi lucha),* ni tampoco en ninguno de los cientos de discursos de Hitler. En su voluminoso *Table Talk,* lo cita una vez de pasada, durante una conversación de sobremesa sobre las leyendas prehistóricas. Himmler ni conocía ni tenía ningún interés por nada que procediera de la Atlántida; a él solo le importaba, tal y como revela cualquier biografía sobre su persona, Alemania. Alfred Rosenberg, el principal filósofo nazi, no dice nada acerca de la Atlántida en su obra más importante, *El mito del siglo xx.* Se ha acusado a los nazis de muchas cosas, pero no son culpables de intentar justificar «la supremacía de la raza aria» demostrando que sus orígenes estaban en la Atlántida.

Siguiendo con esta farsa perversa de los atlantologistas nazis, Feder explica: «Cuando se trata de algo como el continente perdido de la Atlántida, hay que tener claro que las civilizaciones se desarrollaron más o menos independientemente, de modo que nadie puede decir 'que unas personas son mejores que otras, que unas son más listas que otras', porque sabemos lo que ocurre cuando creemos eso. Así pues, no pretendo decir que creer en la Atlántida es necesariamente el primer paso hacia el genocidio o el holocausto. Lo que digo es que el que cree en fantasías se mueve por un terreno muy movedizo, y que dichas fantasías nos llevan hasta sitios a los que no deseamos ir».

Dicho de otro modo, cuando empezamos a cuestionar la doctrina predominante acerca de la Atlántida, «nos situamos en un terreno muy movedizo» que nos lleva hacia el racismo genocida. Esta calumnia intolerable contra las personas que se atreven a poner en duda la postura oficial tan solo puede ser el resultado de un miedo profundo por parte de algunos académicos convencionales. Sienten que el creciente conjunto de pruebas irresistiblemente convincentes que han presentado los atlantologistas modernos pone en peligro su dedicación a ideas fosilizadas acerca del pasado humano. Es más que absurdo decir que alguien está usando la Atlántida para probar «que unas personas son mejores que otras, que unas son más listas que otras». Más bien ocurre todo lo contrario; los investigadores buscan ansiosamente las tradiciones folklóricas de los nativos en muchas partes del mundo para tener pruebas que sustenten y esclarezcan el drama de la Atlántida. Se trata de las mismas tradiciones que los académicos uniformitarios se niegan a tener en cuenta, rechazándolas con una sonrisa condescendiente y tachándolas de «mitos». Pretenden saber la historia de los indígenas mejor que ellos. ¿Quiénes son los verdaderos «racistas» aquí?

En algunas personas que no están emocionalmente preparadas para la objetividad se producen algunas secuelas indeseables a causa del mundo académico, tales como la arrogancia intolerante y la ignorancia autosuficiente. «Descubriendo la Atlántida» quizás no revela nada sobre la civilización perdida, pero dice algo acerca de los hombres pobres de espíritu que no vacilan en calumniar a otros para preservar su dogma. Pero es precisamente esta doctrina intolerante la que finalmente está empezando a ser desprestigiada a medida que la Atlántida resurge con más fuerza en la mente de hombres y mujeres de todo el mundo.

4 La inquisición • El proceso de Immanuel Velikovsky

La lucha de Velikovsky para conseguir la publicación de su obra seminal, Mundos en colisión

Peter Bros

Allá por los años cuarenta, Immanuel Velikovsky, un académico con buenas credenciales y un experto en idiomas nacido en Rusia, tropezó con un viejo manuscrito que le llevó a creer que las plagas mencionadas en la Biblia habían ocurrido realmente a lo largo de la historia. Sepultado bajo viejas consideraciones acerca de la realidad, encontró lo que pensó que podía ser la fuente de las plagas bíblicas, la aparición de un cometa enorme que, tal y como se representa en los antiguos sellos sumerios, luchó con la Tierra en su paso por el cielo. Velikovsky llegó a la conclusión de que el cometa era en realidad Venus, que entró en el sistema solar tarde —hace unos miles de años— y, al acercarse, había sacado a la Tierra y a Marte de sus órbitas actuales. Al final el intruso, acababa por ocupar su posición en una órbita casi curricular entre Mercurio y la Tierra.

Las investigaciones del académico se recogieron en un libro bajo el título *Mundos en colisión.* Velikovsky era perfectamente consciente de que sus conclusiones contradecían la «mecánica celestial» de Newton. Si todos los planetas estaban en su lugar cuando el sistema solar se formó, no había forma de que luego se añadiera un planeta adicional, y menos durante los últimos cinco o diez mil años. Dicha visión era algo más que una mera suposición, teoría o idea. De hecho se había convertido en un «hecho» virtual, uno más sólido que el hormigón con el que se construyeron las universidades cuyos profesores promulgaban muchos de esos «hechos» incuestionables.

Una de esas universidades era Harvard, en Boston, ese bastión de cielos despejados. Pero es posible que Boston no tuviera los cielos tan despejados como creía, ni siquiera en los años cuarenta; sin embargo, a veces, algún astrónomo eminente como Harlow Shapley, precisamente de Harvard, era capaz —si no tenía la mente nublada por las «realidades» y los «hechos» que constituyen los cimientos de muchas de nuestras teorías más duraderas— de ver la luz. Velikovsky, emocionado por sus hallazgos históricos, recurrió a Shapley simplemente porque el profesor era, de lejos, el astrónomo más destacado de la época. Shapley, que sentía aversión por leer los trabajos de otros, aceptó considerar las ideas de Velikovsky si una tercera persona a la que él respetara se encargaba de examinar su trabajo. Y decidió que el célebre filósofo de Harvard Orase Kallen, un colega suyo, serviría.

Shapley se evitó pues una parte considerable del trabajo. Cuando Kallen, en una carta de elogio en la que ensalzaba las virtudes del trabajo de Velikovsky, dejó caer la opinión de que si Velikovsky estaba en lo cierto, las creencias tradicionales sobre la astronomía, entre otras disciplinas, deberían ser reconsideradas, Shapley se subió por las paredes.

Empezó diciendo: «Las absurdas afirmaciones de Immanuel Velikovsky no me interesan porque resulta obvio que sus conclusiones están basadas en datos erróneos»; que era como decir: dado que sus conclusiones se oponen a la teoría imperante, los resultados no pueden estar basados en hechos.

Y Shapley no había hecho más que empezar. Si Velikovsky estaba en lo cierto respecto a su hipótesis cometaria, «entonces las leyes de Newton son falsas. Dicho de otro modo, si Velikovsky tiene razón, todos los demás estamos locos».

Podemos imaginar la lucha mental de Shapley al respecto, confrontando la realidad con la memoria. La mecánica celestial de Newton se situaba en el vértice de su jerarquía astronómica y proporcionaba el marco sobre el que todas las otras realidades debían probarse. He aquí un simple médico —Velikovsky— defendiendo sus hipótesis ante los eruditos, unas hipótesis que mostraban una visión de la realidad que contradecía la visión en la que Shapley, y el mundo entero, creían fervientemente. Frente a la visión establecida de la mecánica celestial de Shapley —un sistema solar pulcro y ordenado que seguiría moviéndose del mismo modo para siempre, como lo había estado haciendo durante toda la eternidad—, Velikovsky ofrecía una visión del sistema solar que para Shapley significaba una gran ofensa.

Y Shapley reaccionó ante dicho agravio como muchos suelen hacerlo. Primero comprobó quién era exactamente el que estaba ultrajándole de ese modo, y luego procedió a lanzar un ataque generalizado contra el desafortunado sujeto que le había ultrajado. Podría decirse que el que más y el que menos intenta canalizar de algún modo la ira; que cuando dicha ira es provocada por un conflicto entre la realidad y nuestro recuerdo de dicha realidad, y el conflicto parece ser la invención de un individuo, es normal que pensemos en eliminar a dicho individuo. Esta sería la explicación caritativa para justificar el posterior comportamiento de Shapley, pero no sirve para explicar los extremos a los que acabaría llegando el eminente científico.

Velikovsky, antes de contactar con Shapley, había tenido muchos problemas para encontrar un editor que publicara su trabajo. Después de que este mostrara su interés, Macmillan asignó al venerable editor James Putnam para que examinara las posibilidades de la obra. No solo debía realizar un estudio de mercado, que demostró que *Mundos en colisión* constituía una valiosa propiedad, sino que además debía contactar con científicos especializados en el tema para saber su opinión. También esto produjo resultados favorables; el director del planetario Hayden comentó, por ejemplo, que el libro de Velikovsky proporcionaba una buena oportunidad para reconsiderar «las bases de la ciencia moderna».

A partir de dichos informes, Macmillan firmó un contrato exclusivo con Velikovsky y *Mundos en colisión* fue preparado para su publicación. Como parte de la campaña publicitaria la revista *Harper's Magazine* pidió al periodista Eric Larrabee que preparara un resumen del libro, que fue publicado bajo el título *The Day the Sun Stood Still (el día que el Sol se quedó quieto)*. El *Reader's Digest*, el *Collier's*, incluso el *Paris-Match* publicaron distintas versiones del mismo, y la publicidad llegó a la portada del *Newsweek*.

Shapley respondió escribiendo una carta a Macmillan en el Harvard College Observatory, donde señalaba que el rumor de que Macmillan iba a cancelar la publicación de dicha obra le había producido un gran alivio. Shapley, la fuente del rumor, seguía adelante con seguridad, revelando que «unos cuantos científicos con los que he hablado sobre el asunto [estaban] sorprendidos de que la gran Macmillan... se aventurara en el terreno de la magia negra», añadiendo que la obra de Velikovsky era «el mayor disparate que he visto en toda mi carrera».

La carta era en realidad una amenaza implícita para boicotear las ventas de Macmillan, y Putnam le contestó en otra carta que no podía creer que la publicación de *Mundos en colisión* pudiera influir en su opinión sobre la excelencia de las publicaciones científicas de Macmillan. Shapley respondió en la misma fecha que dicha publicación haría que cortara las relaciones con la compañía Macmillan, que cuando se había tropezado con Velikovsky en Nueva York por casualidad, había «mirado a su alrededor para ver si tenía algún guardián».

Asustado, George Brett, el presidente de Macmillan, escribió a Shapley para comunicarle que se encargaría de que un grupo de académicos independientes revisara el libro antes de publicarlo. El grupo de expertos respaldó el trabajo de Velikovsky considerando que era honesto y mostraba un tema de interés científico general. Brett autorizó su publicación.

Esto hizo que Shapley y su grupo de defensores de Harvard enloquecieran. Shapley, como presidente del Science Service, controlaba la publicación de *Science News Letter* y empezó una campaña para desacreditar a Macmillan y a Velikovsky en sus páginas; sacó incluso anuncios muy caros en el *New York Times* para llamar la atención sobre su propio ataque. Decía a todo el que quisiera escucharle que Velikovsky era un excéntrico, y que su libro era «el mayor fraude jamás perpetrado en una publicación americana de éxito»; lo comparaba con los tratados que hablaban de la Tierra Plana (un mito creado por los evolucionistas en el siglo XIX para provocar a sus oponentes); se quejaba del actual «período de decadencia» científica y afirmaba que él era «amigo de frustrados y dementes», pero que las ideas de Velikovsky eran «disparates que estaban al mismo nivel que la jerigonza astrológica». Llegó a comparar a Velikovsky con el senador McCarthy, que había dedicado su tiempo a descubrir espías soviéticos dentro de su gobierno, una comparación que teniendo en cuenta las raíces rusas de Velikovsky, resultaba más bien irónica y extraña.

Pero los esfuerzos desesperados de Shapley fueron en balde. *Mundos en colisión* se publicó en abril de 1950 y se convirtió de inmediato en número uno en ventas. Shapley no podía amenazar a Velikovsky con quemarlo en la hoguera, como había hecho la Iglesia con Galileo y otros, pero al demostrar su habilidad para tomar represalias contra los apóstatas, quedó claro que la ciencia, que según él era justa y abierta, en realidad era tan dictatorial como la más fanática de las instituciones eclesiásticas.

La primera descarga fue dirigida a Gordon Atwater, director del planetario Hayden y presidente del departamento de astronomía del Museo de Historia Natural de América. Cuando le pidieron que se pronunciara en relación a Velikovsky, él contestó heroicamente: «que la ciencia debe investigar las ideas heterodoxas tranquilamente y con una mente abierta». La respuesta hizo que el jefe de Atwater y un colega se presentaran en su despacho del museo. El colega le escupió en la cara y su jefe le despidió allí mismo, obligándole a vaciar el despacho de inmediato.

Resulta que Shapley era miembro de la junta directiva del museo.

Con «el más absoluto terror y pánico» reinando en Hayden, la revista *This Week* recibió presiones para no publicar un artículo de Atwater. Al fracasar en eso, Shapley se dedicó a eliminar los posibles críticos del libro y a reemplazar su trabajo por análisis realizados por sus amigos; este estratagema lo utilizó primero en el *Herald Tribune* y luego lo extendió por todo el país, donde los pocos astrónomos dispuestos a escribir sobre el tema aportaban informes en los que trataban a Velikovsky de chiflado, mentiroso y de ser una amenaza general para la continuación de la civilización tal y como la conocemos.

Transcurridas siete semanas de ataques ininterrumpidos, Brett, el presidente de Macmillan, tiró la toalla y le pidió a Velikovsky que liberara a Macmillan del contrato porque tres cuartas partes de su negocio, que provenían de los libros de texto, estaban en peligro.

Velikovsky aceptó gentilmente y permitió que el contrato fuera traspasado a Doubleday, de orientación más propagandista, que no solo consiguió grandes beneficios con la obra, sino que además publicó seis obras más de Velikovsky. Macmillan, sin embargo, que creía que su odisea había terminado, descubrió que esta no había hecho más que empezar; el *New York Times* publicó los pormenores del asunto con todo tipo de detalles. Impertérrito ante la publicidad negativa, Shapley siguió adelante y exigió, como parte de la penitencia de Macmillan, la cabeza de James Putnam, que fue sumisamente despedido a pesar de llevar veinticinco años al servicio de la empresa.

Los periodistas, que se dieron cuenta del ataque a la libertad de prensa que eso significaba e intentaron poner en tela de juicio las razones y actuaciones de Shapley, acabaron actuando paradójicamente como la cola del escorpión de una comunidad científica que afirmaba haber salvado a la humanidad de una verdadera catástrofe. El crítico literario del *New Yorker*, por ejemplo, aseguraba, sin pizca de humor, que la obra *Mundos en colisión* era «una obra patética, inquietante y supersticiosa» cuyo propósito era establecer un nuevo orden mundial.

Las presentaciones hechas por sus seguidores fueron consideradas «una mezcla de adivinación, ignorancia, palabrería aruspicina y medias verdades seudocientíficas», o más directamente «meras tonterías». Las críticas eran de lo más pintorescas. «Desde que se notificara que el capitán Hasenpfeffer había entrado en el puerto de Nueva York con un cargamento de pasos subterráneos y pozos artesianos, no había habido un candidato mejor para el Hall of Fame del circense P.T. Barnum», se quejaba el *Christian Science Monitor*. «La mayor y más escandalosa colección de tonterías desde que se inventó la prensa escrita» (el *Indianapolis Star*). Velikovsky debería ser criticado por no incluir «los cuentos clásicos de Henny-Penny, la historia del huevo Humpty-Dumpty o a Paul Bunyan y su mascota Babe, el buey azul» (*The Toronto Globe and Mail*). «Un ejemplo perfecto de irresponsabilidad» (el *Saturday Review of Literature*).

En la lucha por la prominencia de la ciencia consensuada, los fervientes lacayos de la causa con frecuencia apelan a escritores con talento cuya orientación no es exactamente científica, porque se dejan impresionar también por los adjetivos pintorescos y las proposiciones sin sentido, y muchos de ellos pueden resultar bastante desagradables. La Asociación Americana para el Avance de la Ciencia (AAAS) organizó una conferencia sobre la responsabilidad de las publicaciones oficiada, por supuesto, por Harlow Shapley; en ella aparecieron los representantes de Macmillan para confesar la naturaleza exacta de sus pecados y para pedir la absolución. Las conferencias de la AAAS tienen muy poco que ver con la ciencia y mucho que ver con castigar a aquellos que no están de acuerdo con la ciencia consensuada.

La reacción frente a Velikovsky es la misma que se tiene frente a la apostasía de una ciencia/religión, cuando por ejemplo se niega la era del telescopio a los practicantes con credenciales que no consiguen confirmar la absurda teoría del Big Band hablando de una explosión que creó la materia. Del mismo modo, las publicaciones especializadas se niegan a imprimir cualquier artículo que critique la realidad consensuada y, de hecho, se niegan a publicar cualquier cosa que tenga que ver con los temas que se consideran prohibidos.

Para salir del paso ante la creciente preocupación pública acerca de que el edificio entero de la ciencia empírica hace aguas, la última estrategia, pensada para evitar la aparente intolerancia en casos como los de Velikovsky, consiste en limitarse a declarar que todo el campo que ha dado lugar a las teorías polémicas es un tema establecido, más allá del debate. Así se dicen cosas como: «La distancia hasta las estrellas ya se ha tomado y ahora está fuera de toda duda. Así pues, pasemos a temas más fructíferos como analizar qué está pasando en el agujero negro que hay al otro lado de Arturo».

Velikovsky, en respuesta al ataque, cambió de estrategia y empezó a jugar la partida como un científico empírico. Realizó varias predicciones basándose en su teoría; la más destacada fue que Júpiter emitía señales radiofónicas (algo que posteriormente se demostró que era correcto); también predijo que Venus sería ca-

La erupción del volcán Santorini produjo un escape de gas con gran cantidad de hierro que en contacto con el agua del Nilo ocasionó la desaparición del oxígeno. Los seres vivos que respiran a través del agua murieron y se pudrieron en la orilla. Las ranas al ser anfibias, salieron a saltos de esta inundando los valles y la ciudad.

liente, y calculó la que ha resultado ser su temperatura exacta. Todo ello fue recibido con gran mofa por parte de la comunidad empírica. A Carl Sagan se le permitió escribir un artículo preferencial antes de que la NASA enviara la sonda espacial a Venus para cubrir las espaldas a la ciencia empírica en caso de que Velikovsky tuviera razón. Pero la campaña no funcionó, y como el programa espacial despertó un mayor interés entre el público en los años sesenta, la popularidad de Velikovsky creció vertiginosamente.

Así pues, a principios de los años setenta, la AAAS se vio obligada a realizar una de sus investigaciones periódicas para exorcizar los posibles demonios, y organizó un simposio «objetivo» titulado «El desafío de Velikovsky a la ciencia». El simposio, al que Velikovsky, con toda su ingenuidad, acudió, y el cual fue presidido, aunque no organizado, por Sagan, fue una condena amañada de todo aquello que tuviera que ver con Velikovsky. Se llegó a la conclusión de que Velikovsky era un escritorzuelo, que nada de lo que decía era científico y que por tanto sus predicciones, aunque correctas, no eran «científicas». La técnica sigue al servicio de los propósitos de la ciencia consensuada. Si no, mira el debate actual sobre el diseño inteligente.

Segunda parte

Reconsiderar el pasado

La mitología dogón incluye un montón de símbolos e historias que tienen un gran parecido con los de la religión egipcia antigua, tal y como observaron académicos como Nicholas Grimal.

5 La alta tecnología de los antiguos

¿Hemos olvidado los secretos del pasado?

Frank Joseph

Derek J. de Solla Price tuvo la mayor sorpresa de su vida cuando descubrió lo que era en realidad el artefacto que estaba limpiando. El curioso objeto llevaba medio siglo en el Museo Nacional de Atenas, desde que había sido recogido a 120 pies de la superficie del mar Mediterráneo, en algún momento alrededor de la Semana Santa de 1900. Lo había encontrado Elias Stadiatos, un buzo griego especializado en la pesca de esponjas que trabajaba cerca de la costa de Antikitera, una pequeña isla cercana a Creta; el artefacto se encontraba entre los restos de una antigua nave de mercancías romana que llevaba estatuas y otros materiales del período cuyo naufragio habría tenido lugar hacia el año 80 a. C.

Mientras examinaba el objeto, el 17 de mayo de 1902, el arqueólogo griego Valerios Stais había encontrado una rueda dentada incrustada en lo que parecía ser un trozo de roca. En realidad se trataba de un mecanismo que estaba muy incrustado y muy corroído; constaba de tres partes principales y de docenas de fragmentos más pequeños.

El mecanismo de Antikitera, tal y como lo llamó, siguió siendo un enigma durante los siguientes cuarenta y nueve años, hasta que Price, profesor de historia de la ciencia en la Universidad de Yale, reconoció lo que era: un ordenador analógico mecánico, un instrumento miles de años adelantado a su tiempo.

Price escribió lo siguiente en un artículo publicado en junio de 1959 en *Scientific American:* «Fue como encontrar un turbo-jet en la tumba [sic] de Tutankamon, era un antiguo ordenador griego». Explicó que el Mecanismo de Antikitera utilizaba un engranaje diferencial —que no se había reinventado hasta mediados del siglo XVI— para calcular el ciclo sinódico lunar restando los efectos del movimiento del Sol a los efectos del movimiento lunar sidéreo; es decir, calculando los movimientos de las estrellas y los planetas. Esta función hace que el artefacto sea mucho más avanzado que el engranaje diferencial del siglo XVI, que sea más propio de la era espacial.

El funcionamiento de este mecanismo avanzado fue revelándose poco a poco tras décadas siendo examinado. Al poner una fecha pasada o futura por medio de una manivela, éste calculaba la posición del Sol, de la Luna y otra información astronómica, tal como la ubicación de otros planetas. El uso del engranaje diferencial permitía al mecanismo sumar o restar velocidades angulares. Su esfera frontal muestra el progreso anual del Sol y la Luna a través del zodíaco con respecto a un calendario egipcio. La esfera trasera superior muestra un período de cuatro años con otras esferas asociadas que muestran el ciclo metódico de 235 meses sinódicos, que equivale aproximadamente a 19 años solares. La esfera trasera inferior marca el ciclo de un solo mes sinódico, con una esfera secundaria que muestra el año lunar de doce meses sinódicos.

El Mecanismo de Antikitera, realizado en bronce y montado originalmente en un marco de madera, mide 31 cm de alto, 16,7 cm de ancho pero solo 8,7 cm de grosor; lleva inscritos más de 2.000 caracteres. La mayor parte del texto ha sido descifrada, pero todavía no se ha publicado su traducción completa. El complejo instrumento está expuesto en la Colección de Bronce del Museo Arqueológico Nacional de Atenas, pero los lectores de los Estados Unidos pueden ver una fiel reproducción de este antiguo artilugio analógico en el American Computer Museum de Bozeman, en Montana. El original constituía un artilugio de navegación extremadamente útil que permitía que la nave de mercancías romana en la que fue encontrado realizara viajes transatlánticos con éxito hasta América quince siglos antes de Colón. Y, seguramente, el Mecanismo de Antikitera no era el primero de esa clase, sino más bien el resultado de un desarrollo prolongado, muy anterior a que acabara descansando en el fondo del mar Mediterráneo en el año 80 a. C.

Reconstrucción del Mecanismo de Antikitera (Museo Arqueológico Nacional de Atenas) fabricado por Robert J. Deroski basándose en el modelo de D. J. de Solla Price.

El estadista romano Cicerón escribió que el cónsul Marcello había llevado dos artilugios a Roma procedentes de la ciudad saqueada de Siracusa. Uno de los aparatos trazaba el cielo en una esfera y el otro predecía los movimientos del Sol, la Luna y los planetas. Su descripción parece encajar con el Mecanismo de Antikitera, algo que resulta muy interesante, porque Siracusa fue el escenario de un ataque romano frustrado por Arquímedes. El genio matemático griego colocó una serie de espejos para reflejar la luz del Sol sobre los barcos atacantes, haciendo que se incendiaran. Aunque los escépticos modernos consideran que la historia no es más que una leyenda, un grupo de la MIT realizó sus propios análisis y llegó a la conclusión de que el reflector militar de Arquímedes era posible después de todo. El paso del tiempo borró hace mucho tiempo cualquier indicio de esta antigua «arma de destrucción masiva» y hallazgos como el del mecanismo de Antikitera son extremadamente raros. Pero sugieren que en el pasado más remoto la tecnología era mucho más avanzada de lo que los académicos dominantes quieren que creamos.

Entre los avances empleados por nuestros ancestros, el más sorprendente, pero bien atestiguado, es el submarino; recuerdos borrosos de este persistieron hasta la Edad Media, cuando una nave de ese tipo era impensable dada la mentalidad oscurantista de la época. *La Vrai Historie d'Alexandre (La verdadera historia de Alejandro)* es un manuscrito francés del siglo XIII en el que se describe un viaje realizado por Alejandro Magno «en un barril de cristal» que le llevó desde un puerto griego hasta otro pasando inadvertido por debajo de las quillas de su flota de buques de guerra en el año 332 a. C. Se dijo que había quedado tan satisfecho con el funcionamiento del submarino que ordenó que empezaran a producirlo para su armada. Si *La Vrai Historie d'Alexandre* fuera la única fuente de dicha historia, podríamos considerarla una fantasía medieval. Pero Aristóteles, el maestro de Alejandro, escribió sobre «cámaras sumergibles» utilizadas ese mismo año por marineros griegos durante el sitio de Tiro, en el que los artesanos pusieron a escondidas obstáculos bajo el agua y amarraron armas subterráneas de algún tipo.

Al poner una fecha pasada o futura por medio de una manivela, el Mecanismo de Antikitera calculaba la posición del Sol, de la Luna y otra información astronómica, tal como la ubicación de otros planetas.

Durante la primera invasión de Europa por parte de los Jerjes, un oficial griego, Scyllis, salió a la superficie durante la noche para pasar entre los barcos persas y cortó las amarras de todos los barcos. Su submarino disponía de un esnorquel, un tubo de respiración que sobresalía justo por encima de la superficie del agua. Después de dejar a la deriva la flota enemiga, Scyllis navegó nueve millas de regreso al Cabo Artemisa, donde volvió a reunirse con sus camaradas griegos. Algunos de los académicos más destacados de las civilizaciones clásicas relataron acciones parecidas, entre ellos Heródoto (460 a. C.) y Plinio el Viejo (77 d. C).

Alrededor de 200 a. C. las crónicas chinas informaron de una operación realizada con un artilugio submarino que había llevado con éxito a un hombre hasta el fondo del mar y luego de vuelta a la superficie.

Es verdad que hasta la fecha no se ha encontrado ningún submarino antiguo, pero han sobrevivido pruebas físicas de muchos tipos que demuestran que la tecnología antigua estaba muy avanzada a su tiempo. A finales de los años noventa Jay Enoch (facultad de optometría, Universidad de California, Berkeley) y Vasudevan Lakshminarayanan (facultad de optometría, Universidad de Missouri, St. Louis) examinaron los ojos de cristal de cuarzo de las estatuas pertenecientes a las primeras dinastías egipcias. Se quedaron sorprendidos con la complejidad de los detalles anatómicos encontrados en dichos ojos artificiales, tanto en la representación del príncipe Rahotep, de la cuarta dinastía, como de un escribiente de una tumba de la quinta dinastía hallado en Saqqara; los científicos intentaron reproducir dichos ojos con la ayuda de las tecnologías ópticas más avanzadas y descubrieron que las lentes egipcias antiguas eran de mejor calidad que las copias. Enoch y Lakshminarayanan llegaron a la siguiente conclusión: «Dada su excelente calidad y la complejidad de su diseño, es muy poco probable que las lentes usadas para recrear la estructura de los ojos en las antiguas estatuas egipcias fueran las primeras lentes que se creaban, aparte del hecho de que tienen 4.600 años de antigüedad».

Sus investigaciones se complementaron con una investigación que duró casi 30 años y que se publicó en 2001. Robert Temple escribió en la revista *New Dawn* de Australia: «Las primeras lentes que he localizado son unas de cristal que datan de la cuarta dinastía del antiguo reino de Egipto, alrededor de 2500 a. C. Pueden encontrarse en el museo del Cairo y dos de ellas en el Louvre, en París. Pero en las recientes excavaciones de Abidos, en el Alto Egipto, se han encontrado pruebas arqueológicas de que ya debían de existir como mínimo unos 700 años antes. En una tumba de un rey pre-dinástico se ha hallado el mango de marfil de un cuchillo con un tallado microscópico que solo puede haberse realizado con una lente de gran aumento (y que por supuesto solo es visible con una lupa muy potente en la actualidad).

Temple establece una conexión entre los espejos del faro de Faros y la construcción de la Gran Pirámide: «La tecnología necesaria para realizar la Gran Pirámide existía como mínimo desde 3300 a. C., y seguramente antes de esa fecha, ya que no podemos pretender que el mango de marfil fuera el primer objeto de ese tipo que se hacía; es demasiado sofisticado y sugiere la existencia de una larga tradición. Así pues, sabemos que la tecnología de los aumentos ya se usaba en Egipto en 3300 a. C. (La Gran Pirámide) está tan bien orientado con respecto a los puntos geográficos de la brújula que nadie ha sido todavía capaz de explicar cómo se hizo, ya que la precisión sobrepasa cualquier tecnología conocida hasta ahora del antiguo Egipto. Y luego existe la igualmente famosa pregunta de cómo se consiguió una precisión tan extrema en la construcción de la Gran Pirámide».

Flinders Petrie, el eminente egiptólogo británico, se quedó asombrado con «la precisión (de la Gran Pirámide) que es idéntica a la de las reglas de borde recto de esa longitud de las ópticas más modernas». Un siglo después fue secundado por Meter Lemesurier, quien observó que su revestimiento externo de 21 acres de piedra caliza pulida «estaba nivelada y afilada según el estándar de precisión normal en los trabajos ópticos modernos». Los propios documentos egipcios describen un nivel de tecnología reflexiva que los académicos siguen negándose a considerar. Con sus sesenta pies de altura, el obelisco de 121 toneladas de la Heliópolis erigido con motivo del primer aniversario del faraón Sesostris en el año 1942 a. C. es el más antiguo de esa clase y lleva inscrito un texto jeroglífico que describe lo siguiente: «13.000 sacerdotes salmodiando delante de un espejo enorme bruñido en oro».

En su obra *The Electric Mirror of the Pharos Lighthouse,* Larry Brian Radka demuestra de forma concluyente que en la civilización faraónica se usaban componentes electrónicos, algo que resulta más obvio en el famoso faro. Señala que la cantidad de combustible inflamable que se habría necesitado para encender el faro no se habría conseguido ni reuniendo todo el combustible disponible en Egipto; e importarlo habría resultado económicamente prohibitivo, pero es que además las reservas se habrían agotado en un año. Teniendo en cuenta estas y otras consideraciones igual de contundentes, Radka sostiene de forma verosímil que el faro de Faros estaba provisto de una lámpara con un arco entre electrodos de carbón en la que una chispa eléctrica saltaba entre los extremos afilados de unas barras cargadas positiva y negativamente produciendo una luz intensa y cegadora. Afirma que su fuente de energía era una pila de líquido, unas pilas primarias conocidas como Pila de Lalande, inventadas (¿reinventadas?) en el siglo XIX por Felix Lalande y Georges Chaperon. Los egipcios poseían todos los materiales (vidrio, cobre, mercurio y lejía) para crear su predecesor antiguo. Tal y como explica Radka: «Varias grandes pilas de Lalande colocadas en serie y en paralelo podían bastar para suministrar el voltaje y la corriente necesarios para encender la luz de Faros durante muchas horas sin que ninguno de sus componentes tuviera que ser reemplazado. Esta clase de pila no necesita una fuente externa de electricidad que la revitalice. Cuando se descarga, basta con reemplazar dos de sus componentes internos para que vuelva a funcionar a pleno rendimiento».

La existencia de dicha pila no es una mera especulación; la teoría está respaldada por la existencia de otras pilas más pequeñas, pero iguales en esencia, encontradas en otros lugares del antiguo Oriente Próximo. Entre ellas la más famosa es la que se conoce como Pila de Bagdad, que descubrió el arqueólogo Wilhelm Koenig en 1938, en Stuttgart, Alemania. La tinaja de loza se equipaba con un tapón de asfalto atravesado por una barra de hierro, con la sección inferior de dentro rodeada por un cilindro de cobre. Si se llenaba con zumo de fruta corriente, el artilugio generaba dos voltios de electricidad. En 1940, el profesor Koenig publicó un ensayo científico sobre dicho artefacto que se había encontrado por primera vez en Khujut Rabu, justo a las afueras de Bagdad, y que databa de 250 a. C., más de dos mil años antes de que Alejandro Volta inventara oficialmente la batería eléctrica, a principios del siglo XIX. Tras la Segunda Guerra Mundial, F.M. Gray, de General Electric High Voltaje Laboratory de Pittsfield, en Massachussets, construyó y probó varias reproducciones del hallazgo de Khujut Rabu; todas ellas generaron una producción eléctrica equivalente. Otro investigador alemán, Arne Eggebrecht, descubrió que sus reproducciones podían galvanizar determinados artículos. La galvanización de produce al aplicar una pequeña corriente eléctrica para derretir y adherir una fina capa de algún metal, como el oro, sobre la superficie de otro, como la plata. A partir de sus experimentos, Eggebrecht concluye que muchas de las estatuas clásicas y otros objetos que se creía eran de oro macizo en realidad solo llevan un baño de oro.

La existencia de la Pila de Bagdad y las piezas que la acompañan demuestra que los antiguos como mínimo tenían unos conocimientos básicos sobre electricidad y los aplicaban, incluso en un lugar relativamente atrasado como Khujut Rabu durante el siglo III a. C. Por aquel entonces Irán estaba gobernado por el Imperio Parto, que destacaba por su gran fuerza militar, pero no precisamente por su sofisticación científica. En cualquier caso, las pilas encontradas allí demuestran que la energía eléctrica era conocida en la época clásica, o incluso antes. Más que representar el inicio de la tecnología, la Pila de Bagdad estaría cerca del final de un proceso de desarrollo cuyas raíces se pierden en el pasado, tal y como sugiere una comparación de lo más reveladora. El faro de Faros tenía una altura de 280 codos reales del antiguo reino, o 481 pies, la misma altura que la Gran Pirámide. Una conexión tan notable no puede ser mera coincidencia; demuestra que ambas estructuras, a pesar de los milenios que las separan, fueron construidas a partir de los mismos principios de geometría sagrada.

Esta unidad organizativa empezó con las tres pirámides de Giza, que están conectadas por la Sección Dorada. La Sección Dorada, redescubierta por Leonardo da Vinci, el que le puso el nombre, es una espiral del canon de la geometría antigua que se usaba para el diseño de la arquitectura sagrada. Era considerada la proporción más apropiada porque se encuentra expresada en el diseño de las formas naturales. Entre estas las nebulosas cósmicas, las proporciones entre órbitas planetarias, los cuernos animales, los moluscos marinos, la formación del feto humano, las leyes de la genética mendeliana, el heliotropismo (el movimiento de las flores siguiendo el recorrido del sol) y los remolinos, junto con miles de otros ejemplos que podemos observar en la naturaleza. La Sección Dorada aparece en la concha de un nautilo, cuya barrera exterior desaparece para dejar al descubierto la espiral interior. Era la «Joya del Viento», el emblema personal que llevaba el Kukulcan maya y el posterior Quetzalcoatl azteca, la «Serpiente emplumada», que hace muchísimo tiempo llevó los principios de la civilización a México desde su reino sumergido a través del océano Atlántico.

Temple fue el primero en fijarse en que «la sombra proyectada por la segunda pirámide, conocida como la Pirámide de Khafre, sobre la Gran Pirámide al ponerse el Sol el día 21 de diciembre... si se trunca con una línea vertical por el centro de la cara sur de la Gran Pirámide, forma un triángulo dorado. Hay de hecho una pequeña hendidura de unos cuantos centímetros hecha con un fin determinado en el lateral de la pirámide, que fue descubierta por Petrie mientras realizaba las mediciones. Este 'apotegma', como llaman los geómetras a estas líneas verticales, forma el ángulo recto para transformar la sombra del solsticio en un perfecto Triángulo Dorado». Que esta sombra fuera arrojada sobre la Gran Pirámide por Khafre cada solsticio de invierno para formar «un Triángulo Dorado perfecto» no puede ser casualidad, y demuestra todavía más que las tres pirámides fueron construidas simultáneamente como parte de un plan unificado.

Las pruebas son aplastantes: los antiguos poseían una tecnología en muchos casos igual y en algunos más avanzada de la que tiene y alardea la humanidad moderna.

6 Un científico examina la Gran Pirámide

En un nuevo libro, el geólogo que sorprendió al mundo volviendo a fechar la esfinge dirige su atención a otro enigma cercano

Robert M. Schoch

Aunque ello significara tener que subir por una serie de escalones de madera desvencijados y unidos entre sí, tenía que ver con mis propios ojos esa «prueba definitiva» de que la Gran Pirámide había sido construida exclusivamente como una tumba para el faraón Khufu (Keops). Trepé por el extremo sur (superior) de la Gran Galería hasta alcanzar una altura de 30 pies, entré a gatas por una entrada que apenas tenía dos pies de ancho y, arrastrándome con las manos y las rodillas, avancé por un túnel horizontal de unos veinte pies de largo y luego subí por una serie de pequeñas escaleras, intentando que el polvo horrible no se me metiera en los ojos y los pulmones.

Estaba trepando en línea recta hacia arriba por un pasadizo que había sido abierto con pólvora en 1837 por los hombres que trabajaban para el coronel Howard Vyse. Pasé una cámara con el techo muy bajo, en la que solo se cabía agachado, y luego otra y una tercera, y una cuarta, hasta que finalmente llegué a la quinta cámara «secreta», la que Vyse había bautizado con el nombre de «Cámara de Campbell». Esta cámara no tiene el techo plano y bajo como las otras; en ella puedes ponerte de pie y estirarte. Eso sí, para entrar en ella debes arrastrarte como una serpiente por una abertura muy estrecha que Vyse abrió en una esquina.

¿Por qué había llegado hasta aquí? Era algo más que simple curiosidad por ver las cámaras, de hecho son muchos los egiptólogos profesionales que no las han visto nunca. Quería llegar al meollo de la cuestión, descubrir la razón de ser de la Gran Pirámide. ¿Eran simplemente «cámaras de construcción» o «cámaras de soporte» construidas para ayudar a soportar el enorme peso que hay sobre la llamada Cámara del Rey? Y si es así, por qué no hay cámaras de soporte sobre la Cámara de la Reina, o la Gran Galería? Estas dos estructuras, siendo inferiores dentro de la pirámide, soportan incluso más peso. ¿O es que son una especie de cámaras de resonancia, parte de una máquina gigantesca formada por la pirámide? ¿Son estas las Cimas Secretas, representativas de los Pasadizos de Amenti, el lugar del Dios Oculto, como sugiere W. Marsham Adams allá por el año 1895, que se describen en muchos textos sagrados antiguos?

Se supone que Howard Vyse descubrió algo en esta cámara principal, un cartucho (figura oval dentro de la que se escribía el nombre en jeroglífico de los reyes y reinas) toscamente garabateado en el techo por la mano de algún antiguo con pintura roja, donde aparece el nombre del faraón «Khufu». La presencia allí del nombre real de Khufu es presumiblemente la prueba irrefutable que algunos egiptólogos llevaban tiempo buscando para probar que la Gran Pirámide no era más que un enorme mausoleo destinado al ególatra faraón Khufu (Keops) de la cuarta dinastía, alrededor de 2550 a. C. Mientras me abría paso por encima de los bloques irregulares que configuraban el suelo de la Cámara de Campbell, usando como guía una copia de los dibujos originales de Vyse, encontré la tan largamente buscada figura oval en la esquina posterior, rodeada de espantosas pintadas del siglo XIX y XX. Pero la figura oval estaba allí, seguro, y decía «Khufu». ¿Así termina la historia? ¿Están los egiptólogos tradicionales en lo cierto cuando afirman que la Gran Pirámide no es más que la tumba gigantesca del faraón Khufu? Quizás no. En realidad, al ver la figura oval, supe que ese iba a ser el principio de una gran aventura.

Por alguna razón, esta figura oval en concreto estaba puesta de lado y pronto descubriría en las otras cámaras que muchas de las inscripciones pintadas de rojo están completamente al revés. ¿Qué es lo que pasa? Pues bien, en realidad nadie tenía que ver las inscripciones una vez que la pirámide estuviera terminada y el ac-

En muchos sentidos, averiguar la historia y el significado de la Gran Pirámide resulta clave para comprender nuestros orígenes como seres civilizados.

ceso a dichas cámaras cerrado. Vyse ha sugerido que no eran más que «marcas de la cantera» puestas en los bloques por las cuadrillas que cortaron, transportaron y colocaron la piedra. ¿Pero estaba Howard Vyse siendo completamente sincero? ¿Habían sido sus trabajadores, que derribaron y abrieron el camino hacia dichas cámaras los que habían dibujado estas toscas inscripciones «egipcias» en los bloques? ¿Eran simplemente falsificaciones? Al examinarlas atentamente me parecieron realmente antiguas. Podía ver los cristales minerales que se habían precipitado posteriormente sobre ellas, y ese es un proceso que tarda siglos o milenios en producirse; y las inscripciones siguen bajo los bloques superpuestos. Pero en las cámaras hay otras figuras ovales aparte de la de Khufu.

Mientras bajaba, sudando copiosamente y cubierto de mugre, exploré a fondo la cámara siguiente, más abajo, la «Cámara de Lady Arbuthnot». En ella se encuentran la mayoría de las figuras ovales, y probablemente las mejor conservadas, y en ninguna de ellas pone Khufu. Allí encontré dos tipos de figuras.

En una de las figuras que estaba completa se podía leer «Khnum-Khuf», donde «Khuf» o «Khufu» significan «él me protege», y «Khnum» es el nombre de un dios; así pues, la palabra entera podría interpretarse como «el dios Khnum me protege». ¿Pero quién o qué es lo que está siendo protegido? ¿Es el faraón Khufu o lo que quiere decir es que el dios Khnum está protegiendo la Gran Pirámide? Otra figura oval completa muestra simplemente el nombre del dios, «Khnum».

¿Quién o qué era Khnum-Khuf? Uno de los primeros egiptólogos, Flinders Petrie, sugirió allá por el año 1883 que quizás Khufu y Khnum-Khuf eran corregentes que compartían el trono de Egipto. También se ha llegado a sugerir que dichas figuras ovales o cartuchos no son ni siquiera los nombres de una o varias personas, sino distintos nombres de un mismo dios o los nombres de varios dioses distintos. El investigador William Fix lanzó la hipótesis siguiente, basándose en los atributos de varios dioses, su simbolismo y las similitudes etimológicas: «Khnum, Khnoum, Khufu, Souphis, Khnoubis, Chnouphis, Tehuti, Thoth, Mercurio, Enoch, Hermes y posiblemente «Christos» son simplemente distintas representaciones de la misma figura y poder que encuentra una expresión increíblemente parecida en cosmologías que abarcan varios miles de años».

¿Es la Gran Pirámide básicamente el Libro de Thoth conmemorado en piedra, como sostenía Marsham Adams? ¿Se adentraba el postulante, el iniciado y el adepto en el interior de la Gran Pirámide para ser sometido a pruebas físicas y espirituales, para finalmente (si las superaba con éxito) morir y volver a nacer, encontrando la iluminación? ¿Se usaban las cámaras de la Gran Pirámide para rituales de iniciación, del mismo modo que se usarían las criptas y los pasadizos del Templo de Hathor en Dendera, o el Templo de Osiris miles de años después?

Dejé las cimas ocultas de la Gran Pirámide y me propuse bajar hasta sus profundidades más recónditas. Fui hasta la Cámara Subterránea en las entrañas mismas de la roca bajo la Gran Pirámide.

Antes, sin embargo, volví a encontrarme en la inexplicable Gran Galería. En ninguna otra pirámide de Egipto hay nada parecido, ni en el resto del mundo tampoco. Se han sugerido muchas posibles explicaciones con respecto a la Gran Galería y la compleja geometría interna de la Gran Pirámide. ¿Era un grupo electrógeno antiguo o una bomba de agua gigante? ¿Fue diseñada como un mecanismo para conectar y servir de transición entre la vida y la muerte y hasta la vida eterna para el faraón? ¿O era la Gran Pirámide un producto del énfasis que ponían los antigüos egipcios en las estrellas, y la Gran Galería en su momento no tenía techo y servía como un enrome aparato astronómico que se usaba para observar el cielo nocturno en esos días anteriores al telescopio? ¿O era una galería que mostraba las imágenes de los dioses o los ancestros de los faraones? ¿Era una sala de juicios en la que el postulante era interrogado?

El misterio crece cuando consideramos los estrechos pasadizos y las dos cámaras, una por encima de la Gran Galería y otra por debajo de esta, que se conocen tradicionalmente como la «Cámara del Rey» y la «Cámara de la Reina» respectivamente. La Cámara del Rey, totalmente recubierta de granito que se trajo por el Nilo desde Aswan, no es solo un escenario magnífico para los ojos, sino también para el oído. Las cualidades acústicas y de resonancia de la cámara, y de hecho de toda la pirámide, son sorprendentes. Salmodiar y meditar en la Cámara del Rey resulta una intensa experiencia emocional, una experiencia que compartí indirectamente con Napoleón. Parece ser que el dictador despidió a sus edecanes y ordenó que le dejaran solo en la Cámara del Rey durante la noche. A la mañana siguiente salió pálido y tembloroso y se negó siempre a contar lo que le había pasado.

En un extremo de la Cámara del Rey hay un enorme «sarcófago» o «arca» sin tapa, hecho de granito sólido. Esto demuestra, afirman muchos de los egiptólogos tradicionales, que allí es donde fue enterrado el faraón. El problema es que en la Gran Pirámide no se han encontrado nunca adornos funerarios ni riquezas. Los turistas meditan y recitan en la Cámara del Rey y, si tienen la oportunidad, esperan turno para tumbarse en el sarcófago de granito. Es una experiencia difícil de describir. Yo sentí que era más un lugar de renacimiento que de muerte, y la caja de granito tenía más que ver con una pila bautismal que con un sarcófago.

En los muros norte y sur de la Cámara del Rey hay unas pequeñas aberturas que conducen a unos canales estrechos que ascienden y salen al exterior de la pirámide. Durante mucho tiempo se pensó que estos canales, descritos a veces como pozos de ventilación, eran meramente funcionales, para permitir la entrada de aire fresco a la cámara. ¿Pero si era una tumba, para qué necesitaba el difunto todo ese aire fresco? ¿Era utilizada esa cámara por personas vivas, quizás para rituales religiosos o de iniciación? ¿Y qué hay de la exactitud y la perfección con la que los pozos señalan directamente hacia el sur y hacia el norte del cielo? Hace 4.500 años el pozo norte señalaba la estrella Thuban de la constelación del Dragón y el pozo sur señalaba el cinturón de Orión (que los antiguos egipcios asociaban con Osiris).

Luego bajé por la Gran Galería y entré en la Cámara de la Reina, que es más pequeña, y posiblemente también más extraña, que la Cámara del Rey. Tiene un techo a dos aguas y un nicho en una pared que parece reflejar misteriosamente el corte transversal de la Gran Galería. ¿Qué había en el corazón mismo de la Gran Pirámide, una estatua o una momia? ¿Estaba diseñada para sostener un reloj de péndulo marcando el paso de la eternidad? ¿O estaba vacía, como la cámara vacía de una estupa budista, para representar el vacío divino que lo es todo y no es nada y escapa al entendimiento humano? Y luego están los pozos que salen de los muros norte y sur de la Cámara de la Reina. El pozo sur aparentemente señalaba hacia la estrella Sirio (que los antiguos egipcios asociaban con la diosa Isis) en el antiguo cielo nocturno, mientras que el pozo norte señalaba hacia la constelación actualmente conocida como Osa Menor. En el caso de la Cámara de la Reina, no hay duda de que los pozos no fueron usados nunca para el propósito mundano de ventilar. Originalmente estos pozos, que no fueron descubiertos hasta 1872, acababan unos cuantos centímetros antes de llegar a la piedra que recubre las paredes. En los años noventa, se metieron por ellos unos robots con pequeñas cámaras de video para examinarlos; ¡se descubrió que había unas pequeñas puertas que bloqueaban los pozos! Luego se taladró una de las puertas con un robot y se descubrió que detrás había otra puerta.

Luego bajé arrastrándome cientos de pies por el Pasadizo Descendente que lleva a la caótica Cámara Subterránea. Esta estancia, abierta en el lecho rocoso que se extendía por debajo de la Gran Pirámide, tiene un aspecto realmente caótico. Del suelo salen enromes trozos de roca y hay también un extraño «pozo» o «foso» en un extremo. Muchos egiptólogos tradicionales piensan que la Cámara Subterránea está sin terminar o fue abandonada. ¿Pero qué sentido tiene que haya una estancia inacabada en la que podría considerarse la estructura realizada y alineada con más exactitud del mundo? Tuve una sensación muy intensa y extraña estando en esta cámara. Otras personas también han percibido energías intensas, ¡y también las máquinas inanimadas las han percibido!

En el laboratorio Engineering Anomalies Research de la Universidad de Princeton, los científicos llevan desde 1979 realizando experimentos creíbles sobre temas tan calumniados como la percepción extrasensorial y las interacciones entre la conciencia y la materia. Puede medirse la influencia de la mente sobre la materia con unos generadores electrónicos, sofisticados, muy sensibles y graduados con gran precisión (REGs) que analizan acontecimientos al azar —la máquina recoge tendencias anómalas no aleatorias; dicho de otro modo, la psicoquinesia y los efectos de la conciencia sobre la materia. Roger Nelson, un experto en el uso de estos REGs, se llevó uno de estos generadores en un viaje a Egipto, allá por los años noventa, y descubrió muchas anomalías en los *sancta sanctorums* interiores de varios templos antiguos. Visitó asimismo la Gran Pirámide; Nelson encontró una actividad inusual relativamente pequeña en la Cámara del Rey o en la Cámara de la Reina, pero en la Cámara Subterránea la máquina se «excitó» muchísimo.

Algunos investigadores creen que la Gran Pirámide fue construida como un templo francmasónico o de la rosacruz. Quizás el «Rito de la pequeña muerte» en el que los iniciados pasaban tres días totalmente a oscuras sin agua ni comida, experimentando estados alterados de la conciencia, tenía lugar en la Cámara Subterránea. Los inesperados resultados obtenidos por Nelson son compatibles con dicha hipótesis, como lo son con una sugerencia que hizo Robert Bauval, una que también yo había considerado por mi parte. Quizás la Cámara Subterránea, y el montículo rocoso natural en la que está situada, un montículo rocoso que actualmente se encuentra cubierto por y encerrado en la Gran Pirámide, es mucho más antigua que la propia Gran Pirámide. ¿Era considerada sagrada miles de años antes de que se construyera la Gran Pirámide?

Se estaba haciendo tarde y las autoridades egipcias querían que saliera de la Gran Pirámide. Subí por el Pasadizo Descendente y salí a la oscura y fría noche con las luces de El Cairo a lo lejos. Mi cabeza estaba llena de ensoñaciones y empecé a recordar el final de la tarde, cuando había llegado a los pies de la Gran Pirámide. Antes de entrar había examinado los pocos bloques que quedaban de lo que había sido su hermosa, sumamente pulida y bien articulada fachada. Los cuatro lados están alineados con los puntos cardinales con un grado de exactitud que resulta casi imposible conseguir actualmente en un edificio de esas dimensiones. Muchas personas no se dan cuenta de ello, pero las cuatro caras de la Gran Pirámide no son completamente planas; están ligeramente metidas hacia dentro, un efecto que solo se aprecia cuando las condiciones son idóneas. Este hundimiento pudo usarse en la antigüedad para determinar el momento exacto de los equinoccios y los solsticios; se haría observando las sombras cambiantes sobre las distintas caras de la Gran Pirámide, una metodología increíblemente sutil y altamente sofisticada en un edificio cuya base ocupa treinta acres y que alcanza una altura de 450 pies.

Al día siguiente, en el avión que me llevaba de El Cairo hasta Nueva York, tenía la cabeza llena de sueños antiguos y pensé en lo que mi amigo egipcio Emil Shaker me había contado. Si se mira un mapa de Egipto se descubre que su contorno parece una persona, o más concretamente una persona resucitada con la apariencia de Osiris, con los brazos levantados y extendidos. La cabeza de Osiris es la Gran Pirámide, el cuerpo y las piernas son el río Nilo que se extiende hacia el sur, el delta son los brazos extendidos hacia arriba tocando el mar Mediterráneo, que representa el cielo. Osiris está recibiendo y reuniendo a sus hijos. La Gran Pirámide les llama haciendo señas. Egipto le atrae a uno. La búsqueda ha comenzado.

Una nota que no es exactamente final: Ya había estado antes en Egipto, y desde el viaje que describo aquí he vuelto a Egipto muchas más veces. La búsqueda todavía no ha terminado. Después de muchos estudios meticulosos, he llegado a la conclusión de que el origen de la Gran Pirámide se remonta a un período muy anterior a lo que suele pensarse, e implica un nivel de sofisticación desconocido para un período tan remoto. En muchos sentidos, averiguar la historia y el significado de la Gran Pirámide resulta clave para comprender nuestros orígenes como seres civilizados. La Gran Pirámide no es solo una mole anquilosada de rocas antiguas; es una estructura que expresa el espíritu humano, y tenemos mucho que aprender de ella en la actualidad.

7 Los dogón según los físicos

¿Muestran los símbolos de estos africanos enigmáticos un conocimiento de la física teórica?

Laird Scranton

Desde que se publicó el libro de Robert K.G. Temple, *El misterio de Sirio,* no ha dejado de debatirse sobre la cosmología de la tribu dogón de Malí. La pregunta clave gira en torno al conocimiento aparentemente anómalo por parte de esta tribu primitiva de detalles relacionados con el sistema estelar de Sirio, un conocimiento que algunos creen que es el resultado de haber contactado con alienígenas y que otros ven, en el mejor de los casos, como una información inculcada a la tribu por algún desconocido instruido. Los que intentan rebatir la hipótesis alienígena han llegado a poner en duda los métodos usados durante los años cuarenta por los antropólogos franceses Marcel Griaule y Germaine Dieterlen en su prolongado estudio de la tribu, el estudio que despertó precisamente el interés de Temple por el tema.

Hay otros atributos de la tribu dogón que han contribuido a la popularidad del tema de Sirio. Por un lado, la mitología dogón incluye un montón de símbolos e historias que tienen un gran parecido con los de la religión egipcia antigua, tal y como observaron académicos como Nicholas Grimal. Al mismo tiempo, los rituales religiosos de los dogón incluyen muchos elementos del judaísmo antiguo, tales como la práctica de la circuncisión y la celebración tradicional del año del jubileo cada 50 años. Estas similitudes hacen que algunos se pregunten si los conocimientos de los dogón deben interpretarse realmente como una simple intrusión de un conocimiento más moderno o si más bien deberían interpretarse como los restos de una tradición del saber muy antigua.

En este momento, las respuestas a los misterios que Temple plantea ya no pueden encontrarse en la propia cuestión de Sirio, porque el debate ha conseguido sembrar la duda en muchas de las afirmaciones de Temple. Sin embargo, quedan otros muchos aspectos fascinantes de la religión y la cosmología de los dogón que no se han visto envueltos en este debate y que aparentemente se han pasado por alto en los estudios, debido al brillo constante de la estrella Sirio. Entre los más prometedores están los símbolos dogón relacionados con la estructura de la materia.

La mitología dogón, como otras muchas mitologías antiguas, describe la formación del Universo a partir de un huevo que contenía todas las semillas o signos de la materia. Esta descripción se parece mucho a la típica descripción científica del Universo informe anterior al *Big bang*. Los dogón dicen que una fuerza espiral que había dentro del huevo hizo que este se abriera, liberando un torbellino que al final dio origen a las galaxias espirales de estrellas y planetas. Los dogón creían que el viento era el único dios verdadero, Amma. Lo primero que creó Amma fue una semilla diminuta llamada *po*. Los dogón describen esta semilla de un modo que recuerda bastante al átomo; dicen que Amma crea todas las cosas a partir de la suma acumulativa de elementos parecidos, empezando con el po.

Según los dogón, el propio po consta de unos componentes llamados semillas sene. Los dogón describen las sene de un modo que nos hace pensar en los protones, los electrones y los neutrones. Las sene se combinan en el centro del po, de forma muy parecida a como lo hacen los protones y los neutrones en el núcleo del átomo, y luego lo rodean y le dan forma y visibilidad cruzándose en todas direcciones, de un modo muy parecido a como los electrones giran alrededor de un núcleo. Los dogón representan las sene con un dibujo que parecen los cuatro pétalos ovales de una flor formando una X. Uno de los aspectos intrigantes de este dibujo es que se parece muchísimo a una de las formas más corrientes que forman los electrones cuando gira alrededor de un átomo.

Los dogón también hablan sobre la formación de las semillas sene, de la germinación de las sene, un proceso que los dogón representan con otro dibujo. Dicho dibujo consiste esencialmente en cuatro círculos con un número distinto de «espinas» que sobresalen. Un círculo tiene cuatro espinas, otro tiene tres, otro dos, todas colocadas simétricamente. El último círculo contiene una cantidad aleatoria de espinas que no siguen ningún orden en particular. Para que este dibujo tenga algún sentido, hay que saber un poco de las partículas cuánticas, los componentes básicos de los electrones, los protones y los neutrones, y sobre cómo los clasifica la ciencia moderna. Cada partícula cuántica posee una propiedad llamada «espín» que nos dice esencialmente qué aspecto tiene la partícula desde distintas direcciones. Los científicos agrupan las partículas cuánticas en cuatro categorías a partir de esta propiedad «espín». Las partículas de la primera categoría tienen el mismo aspecto desde todos los ángulos, como un globo. Las partículas de la segunda categoría son como una flecha: deben girarse 360° para tener el mismo aspecto. Las partículas del tercer grupo parecen una flecha de dos cabezas; deben girarse 180° para tener el mismo aspecto. Sorprendentemente, las figuras que aparecen en el dibujo dogón para explicar la germinación de las sene se parece mucho y describe estas cuatro categorías cuánticas.

Dado que gran parte de la ciencia cuántica moderna sigue siendo teórica y se encuentra todavía en fase experimental, nadie puede estipular el número exacto de partículas cuánticas que existen. Sin embargo, decir que hay más de 200 partículas fundamentales podría considerarse una buena estimación. La mitología dogón, por su parte, muestra una interpretación más precisa: define 266 semillas o signos elementales.

Para poder comprender la estructura de las partículas cuánticas, debemos recurrir a la ciencia de la teoría de cuerdas. Esta teoría se puso en la vanguardia del pensamiento científico a principios de los años ochenta. Según esta los componentes más pequeños de la materia son lazos/bucles diminutos de una sola dimensión que vibran como gomitas a distintas velocidades. Estas vibraciones, a su vez, dan lugar a distintos tipos de fuerzas y partículas cuánticas. En la actualidad, esta teoría todavía no ha sido probada, principalmente porque los componentes de las cuerdas son varias veces más pequeños que la partícula más pequeña que la tecnología científica pueda imaginar.

Según la teoría de cuerdas, una de las funciones de las cuerdas cuánticas es dar lugar a las cuatro fuerzas cuánticas: la fuerza gravitatoria, la fuerza electromagnética, la fuerza nuclear fuerte y la fuerza nuclear débil. Se cree que bajo determinadas circunstancias, los bucles de una dimensión son capaces también de juntarse entre ellos para formar membranas bidimensionales.

Puerta de granero dogón.

Una vez al año, los dogón llevan a cabo un ritual que consiste en dibujar en el suelo una figura para representar las 266 semillas o signos de Amma. Este dibujo consiste en un pequeño círculo que se encuentra dentro de otro círculo mayor. El espacio que queda entre los círculos se llena con una serie de líneas en zigzag. Cuando la figura está terminada, los dogón dicen que los signos han sido dibujados. La figura se parece mucho al diagrama científico de uno de los patrones vibracionales típicos de la cuerda cuántica.

Para los dogón, estos 266 signos elementales son el resultado del trabajo de la araña de las sene cuyo hilo, muy parecido a la cuerda cuántica, «teje las palabras» de los signos. A diferencia del bucle cuántico teórico, los dogón dicen que dicho hilo está enrollado, como una galaxia en espiral. El hilo de los dogón tiene además la capacidad de formar una piel o membrana fina, una que los dogón comparan con la fina capa que recubre el cerebro. El hilo da lugar asimismo a cuatro semillas, parecidas a las cuatro fuerzas cuánticas, cuyos nombres en el lenguaje de los dogón significan «unido» (la fuerza gravitatoria), «agitado» (fuerza electromagnética), «fornido» (fuerza nuclear fuerte) y «que inclina la cabeza» (fuerza nuclear débil).

En esencia, la mitología religiosa de los dogón parece describir con exactitud la verdadera estructura subyacente de la materia, la organiza en la secuencia adecuada, la esquematiza correctamente y le atribuye los atributos correctos de cada componente. Dado que los símbolos pertenecen a la mitología de una tribu africana aparentemente primitiva, no habría ninguna razón para que un antropólogo comparara lo que parecen ser simples dibujos tribales con unos diagramas científicos esotéricos. Pero cuando se realiza la comparación, vemos que tienen mucho en común.

La discusión sobre los símbolos dogón relacionados con la estructura de la materia resulta ser una posibilidad mucho más sencilla que la de las estrellas de Sirio. Por un lado, podemos analizar los símbolos contrastándolos con un estándar fijo: o coinciden con la estructura científica de la materia o no. Además, está claro que no se trata de un conocimiento implantado, porque la mayor parte de la ciencia profunda necesaria para comprender las descripciones de los dogón no penetró en la conciencia moderna hasta después de 1980, de modo que no es muy probable que fuera implantada a la tribu por Griaule o Dieterlen varias décadas antes.

Si analizamos detenidamente la historia de la creación de los dogón y los estudios antropológicos de Marcel Griaule y Germaine Dieterlen, encontraremos un nivel de clarividencia acerca de la posible sabiduría subyacente de los dogón que resulta realmente intrigante; y esta es presentada de tal forma que a menudo suele tener sentido científico. A medida que uno se familiariza con ella, la historia de la creación de los dogón se revela como una presentación cuidadosamente organizada de las ideas y símbolos relacionados con la creación del Universo, la creación de la vida y la creación de la civilización. No hace falta recurrir a los extraterrestres para percibirlo, ni tampoco puede explicarlo ninguna especulación acerca de un conocimiento implantado. Además, del mismo modo que ha sido posible mostrar una correlación entre los símbolos dogón y los componentes de la materia, es igualmente posible mostrar una relación similar entre los símbolos dogón y los componentes de la genética y la reproducción humana.

Y todavía más importante, estos símbolos e historias dogón pueden contener perfectamente pistas gigantescas sobre el origen y el significado de algunos de las historias y los símbolos religiosos más antiguos, a los que se parecen mucho. Pueden establecerse paralelismos entre muchos de los conceptos dogón más importantes y sus claros equivalentes en la religión egipcia en su forma más primitiva. Así por ejemplo, la palabra *po* —el átomo dogón— suena de forma muy parecida a la palabra jeroglífica egipcia Pau (el nombre de un dios autocreado) y a otra palabra egipcia relacionada, *pau-t,* que significa «materia o sustancia». Todo ello respalda la conclusión de que un estudio más profundo de la cultura dogón podría proporcionar un importante patrón que nos permitiría entender una gran variedad de temas antropológicos, arqueológicos, científicos y religiosos modernos.

8 Los astrónomos de Playa Nabta

Los nuevos descubrimientos ponen de manifiesto unos conocimientos prehistóricos increíbles

Mark H. Gaffney

Según la mayoría de expertos, los albores de la civilización occidental tuvieron lugar en el cuarto milenio a. C. con el repentino florecimiento de los sumerios en el sur de Irak y del Egipto faraónico poco después. Esta es la visión dominante que se enseñaba cuando yo era un estudiante. Sin embargo, cada vez recibe más ataques. Algunos descubrimiento recientes ponen en duda prácticamente todo lo que pensábamos que sabíamos acerca de la historia humana. En 1973 un equipo de arqueólogos realizó uno de esos descubrimientos mientras viajaba por una remota región del sur de Egipto. Estaban guiándose con una brújula por un impenetrable terreno yermo conocido como Playa Nabta y se habían detenido para beber un poco de agua cuando de repente vieron que había tiestos a sus pies. Los fragmentos de cerámica antigua suelen ser indicativos de que hay potencial arqueológico, de modo que el equipo regresó más tarde para investigar. Tras varias temporadas excavando, se dieron cuenta de que Playa Nabta no era simplemente otro yacimiento neolítico más. El avance más importante se produjo cuando descubrieron que lo que habían tomado por afloramientos rocosos en realidad eran unas piedras megalíticas colocadas en posición vertical.

También encontraron un círculo formado por piedras más pequeñas, que en foto parecían rocas abandonadas. Cerca, los megalitos más grandes se extendían por una zona amplia. El lugar azotado por el viento resulta increíblemente desolado. Pero hace miles de años este inhóspito terreno yermo era una pradera con agua abundante y, al menos en determinadas estaciones, muy habitado.

Actualmente sabemos que los grandes megalitos de Playa Nabta no son para nada unas piedras puestas al azar. Hace mucho tiempo, alguien las trasladó desde una cantera todavía desconocida. ¿Pero con que propósito? Excavaciones posteriores dirigidas por Fred Wendorf, uno de sus descubridores y un arqueólogo con muchos viajes a las espaldas, sacaron a la luz una gran cantidad de artefactos culturales, que fueron datados por radiocarbono. Su antigüedad iba desde el 10000 a. C. hasta el 3000 a. C., y la mayoría eran de alrededor del 6000 a. C., es decir, de cuando el clima era mucho más húmedo que ahora. Playa Nabta es una cuenca, y durante esa época se llenaba con lagos estacionales. Excavaron hasta unos ocho-doce pies y descubrieron que algunos de los megalitos habían sido enterrados a propósito. El equipo encontró asimismo extraños grabados en el lecho rocoso que se extendía bajo el sedimento, prueba de su gran antigüedad.

Los arqueólogos confeccionaron el mapa de la zona y utilizaron la tecnología de posicionamiento global (GPS) para marcar la ubicación de 25 megalitos distintos. Otros muchos siguen sin estar ubicados. Afortunadamente, está en un lugar tan remoto que está protegido de las posibles alteraciones producidas por el hombre. Aunque los datos del mapa mostraban indicios de un significado astronómico, el equipo de Wendorf buscó en vano la clave para comprender el lugar. En 2001 mostraron sus hallazgos en un libro editado por Wendorf, *Holocene Settlement of the Egyptian Sahara.* El estudio, que consta de dos volúmenes, resulta una lectura interesante. Pero sus autores nos ofrecen muy pocas respuestas.

Sin embargo, en el mismo momento en que el libro de Wendorf estaba siendo impreso, un antiguo físico de la NASA llamado Thomas Brophy realizaba discretamente su propio estudio astronómico de Playa Nabta. Brophy ya había revisado los escasos datos publicados en 1998 en la revista *Nature*, y en cuanto pudo tener acceso a los datos más exhaustivos de Wendorf, sus teorías nacientes empezaron a encajar. En 2002 Brophy presentó sus hallazgos en la obra *The Origin Map.* Dado que el software de astronomía existente no era el adecuado, Brophy tuvo que fabricarse su propio software. Así equipado, fue capaz de seguir la trayectoria de los movimientos estelares en Playa Nabta durante miles de años, y logró descodificar el círculo de piedras y los megalitos cercanos. El «Círculo Calendario» dispone de una línea meridiana incorporada y de una línea de visión —ambas muy llamativas— de modo que Brophy comprendió que el círculo era una plataforma para observar las estrellas muy fácil de usar. Su diseño era tan sencillo que incluso un principiante podría haberlo utilizado. Entre 6400-4900 a. C., un observador nocturno se colocaba en el extremo norte del eje meridiano y dejaba que tres piedras que tenía a sus pies le guiaran hasta la constelación de Orión, que estaba sobre su cabeza. La correspondencia entre el suelo y el cielo quedaba bien patente: las tres piedras del círculo exterior están dispuestas del mismo modo que las estrellas del famoso cinturón de Orión, antes del solsticio de verano, tal y como indica el propio Círculo Calendario. Una vez descubierto el patrón, resulta inconfundible.

En otro apartado de su libro, Brophy llega a la conclusión de que Robert Bauval y Adrian Gilbert estaban en lo cierto, al menos en parte, en su estudio de 1992, *El misterio de Orion*, en el que afirmaban que Giza tenía una estructura premeditada parecida. Bauval y Gilbert argumentaban que las pirámides de Giza fueron construidas para reflejar el cielo, y que habían sido colocadas en el suelo para representar esas tres mismas estrellas del cinturón de Orión.

Así pues, en Playa Nabta había pruebas de una tradición astronómica común de una longevidad asombrosa. La astronomía moderna tiene unos 500 años; la astronomía común de Giza y Playa Nabta habría sobrevivido como mínimo entre seis y siete mil años, posiblemente más. El hecho de que exista una astronomía común sugiere que también había una tradición cultural común. De hecho, el equipo de Wendorf acumuló pruebas suficientes que demostraban la relación entre la cultura neolítica de Playa Nabta y la muy posterior del Antiguo Reino del Egipto faraónico, cuando la construcción de pirámides alcanzó su cenit. Resulta interesante que hace más de un siglo Flinders Petrie, uno de los fundadores de la egiptología, llegara a una conclusión parecida. Encontró pruebas de que la enigmática esfinge no era una forma escultural egipcia para nada, sino que tenía su origen en Etiopía.

Los descubrimientos de Brophy también respaldan el trabajo del geólogo Robert Schoch, que no hace mucho encontró pruebas reveladoras de que la esfinge mostraba signos de erosión provocada por el agua, lo cual indica que la escultura más enigmática de nuestro planeta data de esa misma época más húmeda o incluso de antes. El análisis de Schoch le explotó directamente en la cara a la egiptología convencional, que siguió insistiendo en una fecha muy posterior. La confirmación del vínculo entre Giza y Playa Nabta acabaría con cualquier duda acer-

Actualmente sabemos que los grandes megalitos de Playa Nabta no son para nada unas piedras puestas al azar. Hace mucho tiempo, alguien las trasladó desde una cantera todavía desconocida.

ca de la relevancia de Playa Nabta dada su lejanía. Playa Nabta no solo habría tenido relación con la corriente principal de la tradición cultural egipcia emergente, sino que en algún momento podría haber sido el centro de todo.

Todo esto resulta extraordinario, pero las conclusiones de Brophy acerca de la otra formación megalítica cercana resultan todavía más sorprendentes. Brophy piensa que esta otra construcción podría ser un mapa de estrellas, cuya creación requiere unos conocimientos de astronomía que rivalizarían con e incluso sobrepasarían los nuestros. Las conclusiones de Brophy resultan muy polémicas, pero su trabajo merece toda nuestra atención, porque si tiene razón, apenas habríamos empezado a comprender de dónde venimos.

Así pues, ¿qué nos dicen los megalitos de Playa Nabta después de miles de años sin decir nada? Los que los diseñaron colocaron los megalitos en líneas rectas que irradian desde un punto central. Utilizaron un sistema de coordenadas muy sencillo que asignaba dos piedras a cada una de las estrellas. Una estaba alineada con la propia estrella y marcaba su posición helíaca en el equinoccio primaveral (es decir, cuando sale con el Sol el primer día de primavera) en el horizonte. La otra estaba alineada con una estrella de referencia, en este caso Vega, fijando así la salida de la primera estrella en una fecha específica de la historia. En arqueoastronomía, las alineaciones megalíticas individuales con las estrellas se consideran poco fiables, porque en un momento determinado son varias las estrellas que saldrán por ese punto del horizonte, o a muy pocos grados de dicho punto indicado por un marcador solitario. A lo largo de períodos largos de tiempo serán muchas las estrellas que salgan por ese punto. Los creadores de Playa Nabta eliminaron las posibles dudas gracias a la alineación con Vega y a la especificación de la salida helíaca en el equinoccio primaveral, que tiene lugar tan solo una vez cada 26000 años para una estrella determinada. Esto fijaba la fecha de la salida de la estrella. Vega era una elección lógica porque es la quinta estrella más brillante del cielo y dominaba el cielo norte en este período antiguo. Brophy encontró que seis de los megalitos se correspondían con las seis estrellas importantes de Orión (Alnitak, Alnilam, Mintaka, Betelgeuse, Bellatrix y Meissa), lo cual confirmaba también su análisis del círculo cercano. Su colocación marcaba la salida helíaca primaveral de las estrellas, que tuvo lugar alrededor de 6300 a. C., durante un período de unos veinte años. El segundo grupo de piedras de referencia estaban amoldadas a la salida helíaca de Vega, que se produce durante el equinoccio de otoño. En el séptimo milenio a. C. las llanuras de Nabta eran un lugar muy ajetreado.

La salida helíaca de una estrella se produce cuando esta sale por el horizonte con el sol de la mañana. Una salida helíaca primaveral describe ese mismo fenómeno cuando se produce durante el equinoccio de primavera, que es algo mucho más raro. Utilizando un protocolo estadístico conservador, Brophy calculó la probabilidad de que las alineaciones megalíticas de Nabta fueran aleatorias en menos de dos entre un millón, algo que, tal y como él escribió, «es más de dos mil veces más seguro que la desviación estándar de tres, el requisito para aceptar una hipótesis científica como válida». La única conclusión razonable es que las alineaciones estelares de Playa Nabta fueron cuidadosamente planeadas y no tienen nada de accidentales.

Pero la cosa no termina aquí, porque luego Brophy se adentra en territorio desconocido. El hecho de que los megalitos de Playa Nabta no estuvieran todos colocados a la misma distancia del punto central le tenía perplejo. Brophy escribió: «Si las distintas distancias no tienen un propósito, los hábiles diseñadores de Playa Nabta habrían utilizado una distribución más satisfactoria... (por tanto) dichas distancias sugieren un patrón con significado». Los estudiantes de la meseta de Giza suelen comentar que no hay un solo detalle de las famosas pirámides que se haya dejado al azar. Cada ángulo, cada relación, cada aspecto, tiene un propósito definido. Brophy simplemente adivinó que lo mismo podía aplicarse a Playa Nabta. Así pues, ¿qué representa el hecho de que los megalitos estén colocados a distintas distancias del punto central? Después de considerar diversas alternativas, para divertirse un poco, Brophy desarrolló la siguiente teoría: «¿Y si las distancias son proporcionales a las distancias reales que hay desde la Tierra a las estrellas? Consultó las mejores mediciones existentes, las calculadas por el Hipparcos Space Astronomy Satellite, y se quedó de piedra. Coincidían en todos los casos dentro de la desviación estándar. La escala proporcional resultó ser de un metro en el suelo de Nabta = .799 años luz. La coincidencia es algo «más que sorprendente», tal como escribió Brophy, porque incluso con la tecnología moderna la ciencia para medir la distancia hasta las estrellas es imperfecta y complicada. Las mejores mediciones actuales de dichas distancias deben considerarse solo aproximaciones. Las conclusiones de Brophy resultan repetitivas: «Si estas distancias hasta las estrellas confieren significado al mapa de Playa Nabta, y no son mera coincidencia, entonces debemos revisar la mayor parte de lo que creemos saber sobre las civilizaciones humanas prehistóricas».

Brophy cree que la ubicación de los megalitos también puede contener información sobre las velocidades relativas de las estrellas y sus masas. Y opina que las piedras más pequeñas que se encuentran cerca de la base de algunos de los megalitos grandes probablemente representan a las estrellas compañeras, o incluso a sistemas planetarios. Por desgracia, en la actualidad no podemos probarlo porque la astronomía todavía no es capaz de observar planetas del tamaño de la Tierra a través de la inmensidad del espacio. Sin embargo se están haciendo grandes progresos. Una serie de gigantes del tamaño de Júpiter ya han sido detectados y el poder de resolución sigue mejorando. Es posible que pronto sepamos si Brophy estaba en lo cierto.

¿UN MAPA GALÁCTICO?

Playa Nabta esconde otras sorpresas. La ubicación del punto central del mapa estelar atrajo en un primer momento la atención del equipo de Wendorf porque en él se había colocado una compleja estructura de megalitos. Justo en el centro había una piedra grande rodeada de otras piedras. En las inmediaciones había otros muchos grupos de piedras. Parecían ser túmulos de modo que cuando los arqueólogos excavaron dos de ellos esperaban encontrar restos mortuorios. Cavaron 12 pies de sedimentos holocénicos hasta llegar al lecho rocoso y encontraron extrañas esculturas talladas, que nunca llegaron a explicar.

Más tarde, Brophy las examinó teniendo en cuenta el mapa estelar descifrado y volvió a quedarse de piedra. Se dio cuenta de que fuera quien fuera el que creó Playa Nabta tenía que tener conocimientos avanzados sobre nuestra galaxia de la Vía Láctea. La escultura del lecho rocoso parecía ser un mapa a escala de la Vía Láctea vista desde fuera, es decir, desde la perspectiva del polo norte galáctico. El mapa indica correctamente la posición, la escala y la orientación de nuestro Sol, y la ubicación de los brazos espirales, el centro galáctico, incluso la galaxia enana de Sagitario, que no fue descubierta hasta 1994. Aunque la excavación de Wendorf había desmantelado el grupo de piedras de la superficie, al intentar exhumar la escultura subyacente, Brophy pudo determinar a partir de los fieles mapas/diagramas de Wendorf que el punto central se encontraba justo encima, y sin duda alguna representaba la posición correcta de nuestro Sol en el mapa galáctico.

Luego Brophy hizo otro descubrimiento clave: una de las líneas megalíticas vistas tenía relación con el centro galáctico. Su alineación marcaba la salida helíaca primaveral del centro galáctico alrededor de 17700 a. C. Sorprendentemente, la orientación del plano galáctico en la escultura también coincide con esa fecha. Brophy llegó a la conclusión de que la escultura de piedra era un mapa de la Vía Láctea vista desde el Polo Norte galáctico. Luego, centró su atención en el segundo grupo de piedras excavado por el equipo de Wendorf que, al igual que el anterior, no contenía restos mortuorios. Su tamaño y localización sugerían que era un mapa de Andrómeda, nuestra galaxia hermana. Los cálculos demostraron que su tamaño —aproximadamente el doble del de la Vía Láctea— y su ubicación podrían ser coherentes con el tamaño y la ubicación de Andrómeda.

En cuanto a los otros complejos de piedra de Playa Nabta, todavía no han sido investigados...

¿GIZA: UN CALENDARIO PRECESIONAL?

Brophy dirigió además su propia investigación independiente de Giza, y también allí encontró pruebas de que los diseñadores conocían el centro galáctico. El potente software de Brophy le permitió afinar la estimación de Robert Bauval acerca de la fecha correlativa de la Gran Pirámide. Brophy estaba de acuerdo en que los famosos pozos estelares servían de marcadores para fijar la fecha de correlación dentro de una ventana estrecha. Cuando Brophy procesó el cielo que se extiende sobre Giza descubrió que la mejor alineación de los pozos tuvo lugar alrededor de 2360 a. C., como medio siglo después de la fecha dada por Bauval. Bauval pensaba que el pozo sur de la Cámara del Rey estaba alineado con Orión en el momento de su construcción. Pero Brophy descubrió que la última de las tres estrellas del cinturón de Orión, Alnitak (Zeta Orionis), estaba alineada con el pozo sur más de un siglo antes. La alineación del pozo de la estrella del sur con el centro galáctico en el momento de la construcción de la pirámide corroboró asimismo sus hallazgos de Playa Nabta.

Imaginemos que damos por sentado que el trazado de Giza es un reflejo del cinturón de Orión, ¿pero cuándo se produjo exactamente? La fecha preferida de Bauval es 10500 a. C., mucho antes de que las pirámides fueran construidas, cuando las tres estrellas del cinturón de Orión alcanzaron su culminación meridional del ciclo precesional de 26000 años. Cuando Brophy puso a prueba esta idea, sin embargo, descubrió otro estrato de complejidad. Encontró que el suelo reflejaba el cielo en dos fechas: en 11772 a. C. y de nuevo en 9420 a. C. Brophy llegó a la conclusión de que la construcción jamás fue pensada para designar la culminación meridional de Orión, tal y como decía Bauval, sino más bien para señalar otro acontecimiento importante, la culminación septentrional del centro galáctico alrededor de 11000 a. C. Dicho de otro modo, Giza fue construida como un reloj zodiacal, fijado en la piedra para el gran ciclo precesional. Esto respalda la opinión de que los conocimientos astronómicos de la zona son muy anteriores a la construcción de las pirámides.

Completamente consciente de la naturaleza revolucionaria de su análisis, Brophy no hace declaraciones finales en su libro. Se limita a presentar sus hallazgos como meras hipótesis e invita a otros a seguir investigando. Afortunadamente, muchas de estas ideas pueden comprobarse. Hasta la fecha solo se han localizado

25 piedras de Playa Nabta con el GPS, y solo se han excavado dos de los treinta o más grupos de piedras. El tiempo dirá...

El «Círculo Calendario» dispone de una línea meridiana incorporada y de una línea de visión. El círculo era una plataforma para observar las estrellas muy fácil de usar. Su diseño era tan sencillo que incluso un principiante podría haberlo utilizado.

Tercera parte

Desafíos a la física tradicional

El Universo se originó en una singularidad espacio-temporal. La materia era en origen muy caliente y muy densa y luego se expandió y enfrió para producir las estrellas y galaxias que vemos en el Universo actual.

9 Tesla, un hombre para tres siglos

Nuestra deuda con el excéntrico inventor croata sigue creciendo

Eugene Mallove

Cerca de la medianoche, entre el nueve y el diez de julio de 1856, nació Nikola Tesla, hijo de serbios, en Croacia, cerca de Bosnia, una zona en la que ha reinado el caos durante siglos. De un origen tan humilde salió un «hombre adelantado a su tiempo», casi literalmente, tal y como indica el título de la biografía de Tesla escrita por Margaret Cheney en 1981. El genio excéntrico que salió de este niño era un hombre que había vivido la revolución científica de la electricidad y el magnetismo del siglo XIX. Sus creaciones eléctricas acabarían transformando el siglo XX hasta dejarlo irreconocible; la electricidad distribuida a gran escala dominaría todos los aspectos de la vida y de una sociedad dominada por una «ola etérea» global de comunicación, radio y televisión. El legado de Nikola Tesla todavía no ha dado todo lo que puede dar de sí, pero seguro que lo hará en el siglo XXI que, (¡espero!) será mucho menos reconocible para los centuriones del siglo XX de lo que el siglo XX fue para los victorianos.

Tesla llegó a los Estados Unidos en 1884 con una carta de recomendación de Charles Batchelor, el ingeniero británico que dirigía la Continental Edison Company en Europa, para Thomas Edison. Estas dos figuras destacadas, Edison y Tesla, tuvieron una breve relación de trabajo en los Estados Unidos, pero su comportamiento, su personalidad y su planteamiento para comercializar la generación y la transmisión del «fluido» eléctrico, chocaron radicalmente. Edison se quedó atascado con el paradigma de la problemática corriente continua, mientras que Tesla había imaginado hacía mucho tiempo su planteamiento de la corriente alterna polifásica, que acabó inventando. Tesla ganó, por supuesto, pero en 1943 murió en la habitación de su hotel neoyorquino, donde vivía, endeudado y en un estado extremo de pobreza. Era un visionario, un genio científico, pero no tenía nada de hombre de negocios inteligente ni encarnizado. A Tesla sigue sin reconocérsele su mérito. Aunque fue el verdadero descubridor de los métodos básicos de la comunicación por radio (honor que le concedió formalmente tras su muerte el Tribunal Supremo de los Estados Unidos), la historia suele otorgar el honor de haber inventado la radio a Marconi, quien utilizó las ideas de Tesla. Tesla llegó a conocer esta injusticia en la época, pero se limitó a sonreír: estaba demasiado ocupado con sus otros planes globales para la energía y la comunicación.

Estamos muy lejos del siglo XIX y los inicios del siglo XX, la época de Nikola Tesla, cuando los experimentos y el mecanismo tecnológico concreto basado en el experimento eran en última instancia los árbitros de la verdad. En la actualidad vivimos en el mundo de Ficción Absoluta de la ciencia impuesta por los eruditos de las altas esferas. En este mundo, cientos de experimentos que muestran pruebas irrefutables de que es posible conseguir reacciones nucleares con un nivel de energía baja (LENR/ «fusión fría») pueden acabar en la basura del supuesto fracaso científico, para citar solo un ejemplo de entre otros muchos. Mientras Tesla trabajaba, había otro componente del Universo que se consideraba tema básico de debate entre los físicos: el éter. Se trataba de la sustancia de estructura finísima que simplemente tenía que existir para poder explicar el movimiento de las ondas luminosas por lo que, de otro modo, no sería más que un vacío de la «nada» absoluta.

Según la ciencia convencional, el Universo no es más que esto: masa (plasmada en partículas tales como los electrones, los protones y los neutrones, y distintas partículas antimateria) y radiación electromagnética (luz visible, ondas de radio, radiación ultravioleta e infrarroja, rayos X, rayos gamma, etcétera). Todas estas «cosas» están incrustadas, como lo estaban, en lo que se conoce como pleno espacio-tiempo, que supuestamente nació —porque antes no existía— en una fracción de segundo de «tiempo cósmico» hace unos 15 billones de años (el *New York Times* «confirma» el 12 de febrero de 2003 que fue hace 13,7 billones de años ± 200 millones de años). Por alguna razón, se puede hablar de «tiempo cósmico» universal, pero no del «espacio-tiempo» plano o curvo, al que nosotros los mortales estamos limitados, según la Teoría de la Relatividad Especial de Einstein; no podemos disponer de nuestro tiempo y de nuestro espacio por separado, o al menos eso es lo que se nos dice: el tiempo de uno siempre es distinto al tiempo de otro, que se mueve en relación con él o ella.

En la ciencia convencional, todas las «cosas» del Universo llenan un régimen de vacío cósmico, con fluctuaciones electromagnéticas de mecánica cuántica a un nivel subatómico extremadamente pequeño que llena este «vacío», la llamada energía del punto cero. Se supone que partículas virtuales entran y salen de la existencia —de forma imprevisible, caótica y aleatoria— para satisfacer o no la conservación de la masa-energía. Recientemente la ciencia convencional ha añadido más cosas a esta imagen cósmica. Siente la necesidad de aumentar el Universo con cosas hasta ahora no identificadas como la «materia negra», la «energía negra» o la «quintaesencia» y un bestiario epicíclico aparentemente interminable de criaturas imaginarias, que ayuden a remendar provisionalmente el *Big bang* con su elemento estructural primario y su espacio-tiempo curvado, tal y como dicta la relatividad general. Esta es la teoría de Einstein que supuestamente «explica» la gravedad, pero que en realidad no la explica.

Una «energía negra» omnipresente es la última creación favorita de las altas esferas, que se supone está acelerando la supuesta expansión del Universo. Dicha expansión depende básicamente de si los cambios cósmicos de luz tienen realmente un significado cósmico, y no meramente local para la galaxia o el cuásar (es decir, si tienen significado para la nueva física); pero esta es otra de las muchas historias deprimentes acerca de la incapacidad de la «física» para considerar las posibles grietas de sus cimientos.

James Clerk Maxwell, que nos proporcionó la primera versión de las ecuaciones utilizadas en la teoría electromagnética actual, sin duda creía en la existencia del éter, algo luminífero y estático que transportaba la luz. Tal y como escribió en la novena edición de la *Enciclopedia Británica* (que empezó a aparecer alrededor de 1875): «El único éter que ha sobrevivido es el que fue inventado por Huygens para explicar la propagación de la luz. Las pruebas de la existencia de un éter luminífero han ido creciendo a medida que se descubrían fenómenos adicionales de la luz y otras radiaciones; y las propiedades de este medio, tal y como se deduce del fenómeno de la luz, son exactamente los requeridos para explicar el fenómeno electromagnético». Cuando salió a la luz la onceava edición de la *Enciclopedia Británica* (1910), el éter seguía vivito y coleando; en el primer volumen hay cinco páginas dedicadas al concepto y las cuestiones experimentales relacionadas con el éter; se analiza con toda profusión de detalles, y se incluye incluso el resultado nulo del interferómetro para el éter estático, obtenido por A. A. Michelson alrededor de 1880. En la onceava edición se ponía en duda la posibilidad de un éter dinámico (móvil). El artículo terminaba de forma muy optimista, diciendo que quedaban muchas cosas por descubrir sobre el éter. «Estos resultados constituyen un desarrollo de gran alcance para la teoría moderna o electrodinámica del éter, de la que todavía no podemos prever nada. Sí, incluso la electricidad, anteriormente considerada un «fluido etéreo» desconocido, estaba empezando a ser identificada, en parte, con el recién descubierto electrón. El tema de la transformación atómica tan solo estaba empezando a intuirse.

Estamos en 2003, y la ciencia convencional hace mucho que desestimó cualquier debate serio sobre el éter y su medición. Pero el fantasma del éter ha vuelto. El espíritu de Nikola Tesla sigue vivo, y hay muchos asuntos inacabados y a mano para la física. Todavía es posible rescatar una visión cósmica sensata, basada en la experimentación, de lo que se hace pasar por Física Moderna cada vez más «perfecta». ¿Qué pensaba Tesla del éter? ¿Y qué pensaba Tesla de la «electricidad»? Debemos tener presente que cuando el Tesla del siglo XIX trabajaba, el éter estaba inextricablemente vinculado al concepto de la electricidad, además de considerarse el medio por el que se transmitía la luz y otras ondas electromagnéticas hertzianas. La idea de que existieran unas «partículas de electricidad», que se descubrirían más adelante y se llamarían «electrones», todavía no estaba en boga. Se creía que la electricidad era algo así como un fluido intangible, literalmente «etéreo». En mayo de 1891, en una conferencia seminal delante del American Institute of Electrical Engineers (AIEE), en el entonces llamado Columbia College, en Nueva York, Tesla dijo estas reveladoras palabras: «De entre todas las formas de energía inconmensurables y omnipresentes de la naturaleza, que están moviéndose y cambiando continuamente, así como un alma anima un universo innato, la electricidad y el magnetismo son quizás las más fascinantes [...]. Sabemos que la electricidad funciona como un fluido incomprimible; que debe haber una cantidad constante de ella en la naturaleza; que no puede producirse ni destruirse... y que la electricidad y el fenómeno del éter son idénticos». Tesla se dio cuenta de que el éter estaba en todas partes, que era móvil y dinámico. El uso del éter será la salvación del género humano, dijo: «[...] con el poder procedente de él, obteniendo cada forma de energía sin esfuerzo, de reservas inagotables, la humanidad avanzará a pasos agigantados». Y dijo también: «Es una simple cuestión de tiempo; el hombre conseguirá acoplar su maquinaria a los engranajes de la naturaleza».

Está claro que estando Tesla vivo los engranajes de la naturaleza —el éter— no se utilizaron. Hablar del éter no estaba de moda, ni del éter estático ni del éter dinámico. En los años veinte y treinta, la llegada de la teoría de la relatividad de Albert Einstein había empezado a suprimir la palabra éter del vocabulario de los físicos. Sin embargo, cuando la revista *Time* sacó a Tesla en la portada para conmemorar que éste cumplía 75 años (10 de julio de 1931), se refirió al trabajo de Tesla como el que utilizaba una «fuente (energética) completamente nueva e insospechada». ¿Provenía del éter? Quizás.

Tesla esperaba desde hacía mucho poder distribuir la energía eléctrica globalmente por medio del éter, una energía generada en el punto de transmisión con fuentes benignas e ilimitadas tales como la energía hidroeléctrica. La energía sería consumida, solo cuando fuera necesaria, por millones de receptores, y se conduciría hasta cada uno de ellos a través de la cavidad resonante que rodea el conjunto de la Tierra. Dicha energía no se transmitiría por medio de la «radiación electromagnética», como solemos pensar (ondas eléctricas y magnéticas que oscilan transversalmente con respecto a la dirección de la propagación), sino por medio de ondas longitudinales, que eran más parecidas a las ondas longitudinales de presión que hay en el aire (la propagación del sonido). Realizó muchos experimentos que parecían demostrar que la propagación de esa energía no electromagnética era posible. De hecho, Tesla iluminó bombillas eléctricas a una buena distancia. ¿Pero era esa realmente una nueva forma de propagar la energía? En realidad, parece haberlo sido.

Consideremos las bobinas de inducción de Nikola Tesla, conocidos como «bobinas de Tesla» en la actualidad. Se supone que lo único que circulaba por esas bobinas o fuera de ellas era todo lo que la física moderna sabe sobre ello o espera que haya allí: electrones para la «electricidad» que pueden estar en los cables de las bobinas, y la «radiación electromagnética» que puede emanar de dichas bobinas. De dichas bobinas no pueden emanar «ondas longitudinales». Todo el mundo sabe que la radiación electromagnética es una onda transversal (de lado a lado, perpendicular a la dirección de la propagación), un fenómeno eléctrico y magnético en el vacío del espacio-tiempo, ¿no?

Durante mucho tiempo, buenos investigadores se quedaban desconcertados con el funcionamiento de las bobinas de Tesla. Aparentemente las bobinas de Tesla muestran muchos detalles de la estructura misma del éter dinámico. Experimentos recientes tocan el tema del éter y su relación con las que son evidentemente las dos formas básicas de electricidad; la aceptada —con masa, el flujo de electrones—, y la no aceptada por la ciencia convencional —sin masa, capaz de fluir por dentro y alrededor de los cables, así como de ser transmitida como las ondas de Tesla por medio del medio gaseoso y del vacío— (véanse las monografías científicas en www.aetherometry. com). La forma de electricidad sin masa podría llamarse «electricidad fría».

El legado de Nikola Tesla todavía no ha dado todo lo que puede dar de sí, pero seguro que lo hará en el siglo XXI.

Eso nos remite a otra cuestión fundamental, la naturaleza de algunas energías biológicas no estándares, que se supone no existen y que son objeto de todo tipo de burlas en la actualidad. Estoy convencido de que estas energías biofísicas son esenciales en la naturaleza del éter. Si tratamos de averiguar el origen de la siguiente concepción, propia del siglo XX, según la cual los organismos son sistemas puramente bioquímicos, la única explicación de que señales de largo alcance y no químicas pasen por el organismo es la despolarización eléctrica de las células nerviosas, nos encontramos con el argumento sobre el «vitalismo» o la «electricidad animal» que surgió en la polémica científica entre L. Galvani y A. Volta a finales del siglo XVIII. Resulta que se perdió mucho al marginar las ideas de Galvani sobre la «electricidad animal» de fluido eléctrico unipolar (un solo cable), a causa del auge de la concepción de la pila bipolar propuesta por Volta, que domina nuestra idea actual de la electricidad. Pero las ideas de Tesla están a punto de regresar en el que será el tercer siglo de Tesla. Tesla estaba muy interesado en el componente eléctrico de energía viva, como lo estaba ese otro teórico del éter, Lord Kelvin. Así pues, le debemos mucho a Tesla, no solo por la tecnología que dirige nuestro mundo en la actualidad, sino también por las fuentes energéticas futuras, que suprimirán la Era de los hidrocarburos y por la biomedicina futura, que integrará la medicina occidental con la sabiduría de Oriente. Estas cuestiones pueden ser decididas con experimentos de laboratorio, aunque la comunidad científica convencional básicamente psicótica —que ignora los hechos de su propia historia, y está demasiado preocupada por insultar algunos de sus mayores benefactores— hace caso omiso de todo.

10 Tom Bearden lucha por la ciencia revolucionaria

Una nueva técnica energética sienta las bases para futuros descubrimientos

William P. Eigles

Toda revolución tiene sus líderes teóricos, individuos que intentan construir una formulación lógica y coherente de principios y conceptos nuevos para racionalizar y explicar la existencia de cambios o acontecimientos radicales y sobrecogedores. Incluso si no están allí al principio de tales hitos seminales, esos individuos son rápidamente engendrados por las consecuencias y actúan como convincentes defensores de los activistas que están escribiendo la historia. En el caso de la revolución que empieza a emerger más públicamente en el campo de la tecnología y las fuentes energéticas alternativas, Thomas Bearden, teniente coronel retirado del ejército, pronto será reconocido como uno de los científicos e ingenieros impulsores y dignos de crédito que está convencido de las realidades energéticas alternativas y las apoya activamente.

Hace poco Bearden dio una conferencia sobre el flujo, la recolección y el desperdicio de energía en los aparatos electromagnéticos; fue en el simposio internacional sobre nuevas energías que tuvo lugar en Denver, Colorado. Allí tuve la oportunidad de charlar con él.

Bearden, un tipo grande, fanfarrón y muy entusiasta, se dio a conocer a principios de los años ochenta con la publicación de su libro *Excalibur Briefing*, en el que ofrecía explicaciones teóricas a un amplio abanico de fenómenos paranormales y en el que hablaba de las distintas aplicaciones militares que tenían los aparatos psicotrónicos activados por energía psíquica humana, que habían sido investigados en los Estados Unidos y en la Unión Soviética. Una de sus muchas afirmaciones polémicas era que el submarino nuclear *Thresher*, de la Armada estadounidense, que se hundió en el océano Atlántico con toda su tripulación a mediados de 1963, había sido víctima de un arma psicotrónica soviética muy avanzada. Desde principios de los noventa, sin embargo, Bearden ha rehuido discutir sobre psicotrónica, y afirma que la reticencia es lo más prudente para cualquiera que quiera «mantenerse sano». Esta consideración también le obliga a evitar cualquier trabajo que trate sobre sistemas de propulsión antigravedad, con los que se había familiarizado en los años ochenta trabajando para el difunto inventor Floyd «Sparky» Sweet. Teóricamente, investigar determinados ámbitos relacionados con los estudios energéticos, como la implicación del gobierno en el tema de los OVNIS, supone más y mayores riesgos, por razones fáciles de deducir que tendrían que ver con la naturaleza del poder político-económico y con aquellos que lo poseen en mayor concentración.

Aquello sobre lo que Bearden sí se muestra locuaz, sin embargo, y que ocupa su tiempo y su atención casi exclusivamente en la actualidad, es su trabajo dirigido a perfeccionar el apuntalamiento científico teórico de los sistemas electromagnéticos que producen más energía de la que consumen (conocidos como aparatos «*overunity*») y a crear un modelo que lo verifique. Dichos sistemas proponen utilizar las fluctuaciones electromagnéticas aleatorias que existen en el vacío del espacio, conocidas como «energía libre», «energía espacial» o «energía del punto cero». Con su máster en ingeniería nuclear bajo el brazo, obtenido en el Georgia Institute of Technology, y su larga experiencia en la industria aeroespacial, Bearden ha investigado a fondo este tema durante más de veinte años, y actualmente es el presidente de CTEC, Inc., su propia empresa de investigación y desarrollo, que se encuentra en Huntsville, Alabama.

Bearden empezó revisando los conceptos fundamentales de la teoría electrodinámica clásica, pero teniendo en cuenta las enseñanzas de la mecánica cuántica moderna y de la física de las partículas, para poder entender mejor cómo y por qué la corriente fluye por los circuitos eléctricos, de dónde viene dicha energía, y cómo puede aumentarse. Eso le hizo ver que el paradigma establecido por los científicos del siglo XIX James Clerk Maxwell y Hendrik Lorente, cuyas ecuaciones y cálculos (tal y como son conocidos hoy) se ocupaban solo de la energía eléctrica que fluye perceptiblemente por los circuitos y hace funcionar los aparatos que tiene acoplados, tenía errores importantes. Observando el agua que fluye alrededor de una rueda de paletas fija sumergida en un río y el aire en movimiento alrededor de un molino de viento, Bearden descubrió que los científicos ignoraban adrede la energía libre del espacio como fuente utilizable de energía eléctrica, y que la teoría clásica necesitaba ponerse al día para reflejar los descubrimientos del siglo XX.

En opinión de Bearden, el razonamiento tenía dos fallos básicos. El primero era que la álgebra utilizada para expresar las originales ecuaciones de Maxwell se había transformado para que resultara más inteligible; de los dificilísimos cálculos de los cuaterniones, que permitían e incluso establecían sistemas electromagnéticos *overunity* impulsados por energía espacial, se había pasado a un análisis de vectores y tensores mucho más simple, que no lo permitía. El segundo era que Lorente redujo matemáticamente el alcance y la aplicación de las ecuaciones de Maxwell para describir tan solo la parte del flujo energético que los circuitos físicos podían coger y usar. Según Bearden, los primeros teóricos cometieron errores al interpretar sus propios cálculos y sin darse cuenta modificaron sus ecuaciones originales descartando una parte significativa de la energía que los sistemas físicos pueden extraer —y de hecho extraen— del vacío. Así pues, para él la cuestión principal era la siguiente: «¿Cómo se pueden rediseñar estos sistemas para poder reunir y usar de forma eficaz esta energía sobrante procedente del océano del espacio, que está demostrado que existe y está siempre disponible en el entorno? Y también: «¿Cómo podemos evitar que los sistemas rediseñados se autodestruyan con la fuente energética infinita del espacio?

Bearden afirmó que si se acumulaba y se dispersaba de forma iterativa, la energía espacial podía usar un *quantum* de energía múltiples veces, produciendo un *quantum* de trabajo en cada dispersión. Esta «retro-reflexión» iterativa y esta recolección multipasos servirían para aumentar la densidad de la energía acumulada y por tanto el potencial local y la fuerza de los dipolos de la fuente (separación de cargas) que se produce en el espacio a causa de la interacción entre las cargas libres y el vacío. Bearden puso a este proceso el nombre de «remedición asimétrica» y cree que aumenta la extracción de energía por parte de los dipolos existentes en el intercambio de vacío. Considera que este proceso ha sido demostrado experimentalmente por el Patterson Power Cell, un aparato energético recientemente probado que según parece produce energía «*overunity*».

Posteriormente Bearden intentó clarificar la naturaleza y las características de los dos tipos de ondas de los campos energéticos electromagnéticos, las ondas transversales y las longitudinales. Se originan simultáneamente pero viajan en distintos planos. Bearden compara las ondas transversales con las olas fáciles de percibir y lentas que se producen en la superficie del océano; y las ondas longitudinales con una fuerza que se mueve rápidamente por debajo de la superficie sin alterar dicha superficie y que no puede medirse con la tecnología existente. A partir de los trabajos de Donnelly y Ziolkowski, Bearden descubrió que la ciencia, al seleccionar y usar la onda transversal para poner en marcha los aparatos eléctricos convencionales, de algún modo había «exterminado» la onda longitudinal oculta, de modo que no podía explotarse para cosas útiles. Sin embargo, la onda longitudinal teóricamente es más poderosa que la onda transversal, ya que supuestamente se mueve más rápidamente que la luz, que es uno de los factores que limitan la transmisión de signos convencional cuando se usa la onda transversal.

Dada la teórica capacidad de la onda longitudinal interna para facilitar una comunicación virtualmente instantánea a través de vastas extensiones de espacio, Bearden se ha centrado en cómo estimularla y seleccionarla para su uso, y en cómo poder cancelar la onda transversal o no producirla desde un principio.

Bearden señala que está preparando una aplicación patentada para la parte inicial de lo que él llama «un sistema de comunicaciones superluminar», que utiliza un proceso de ondas longitudinales y es capaz de transmitir señales a una velocidad más rápida que la de la luz. Sostiene que el concepto básico ya ha sido demostrado teóricamente y experimentalmente a nivel microscópico por otros investigadores. Su equipo pretende específicamente mostrar cómo se forma la onda longitudinal, transmitir una señal de vídeo dentro de un voltaje DC (corriente directa) sin ninguna señal de onda transversal, y luego recuperar la señal sin la presencia de ningún ruido.

Bearden ya tiene tres patentes pendientes en el campo de los circuitos eléctricos, y todas ellas pretenden producir más energía de la que consumen mostrando total conformidad con las leyes de la física convencional. Aún así, nunca ha afirmado tener un aparato «*overunity*» que funcione en su propio laboratorio. Sostiene que los resultados obtenidos hasta la fecha con los experimentos son esperanzadores y que ya en 1990 su equipo había hecho estallar circuitos a causa de la energía espacial excesiva que interceptaban. Aparentemente, no podían controlar la energía a causa de los dispositivos semiconductores usados en la época, que provocaban que la energía rebotara de un dispositivo a otro hasta que la subida resultante sobrecargaba uno de los dispositivos.

Parte del primer aparato Priore, que constaba de dos plantas.

Bearden declara, sin revelar nada más, que su equipo ahora sabe cómo controlar el flujo energético, pero que está todo parado por falta de fondos. Los problemas de fabricación han impedido seguir avanzando en el control del flujo energético usando un material metálico especializado y difícil de fabricar que él ha denominado, irónicamente, «Unattainium» (inalcanzable). Sin embargo, admite que su trabajo más prometedor es aquel en el que utiliza múltiples pases de energía, reuniéndola varias veces por medio de la retro-reflexión en circuitos eléctricos y haciendo posible la extracción de energía aumentada.

El trabajo de Bearden en esta última línea quizás se deba al inventor «Sparky» Sweet. En los años ochenta Sweet inventó un artilugio con carretes de alambre e imanes de ferrita de bario que extraía energía del espacio y producía 6 vatios de energía utilizable; su único dispositivo de entrada era un cargador de energía mucho más pequeño. Bearden lo llamó «amplificador tríodo en vacío» (VAT); un modelo posterior produjo según parece 500 vatios de energía saliente, mostrando un aumento neto de 1,5 millones sobre el nivel energético de entrada. Bearden teorizó que el aparato de Sweet «engañaba» a los núcleos de bario de los imanes haciéndolos oscilar en el vacío ambiental, lo cual provocaba que los campos de los imanes «cinéticos» especialmente condicionados temblaran enormemente.

El teórico convenció a Sweet para que introdujera un cambio en su aparato que permitiría analizar la propiedad antigravedad. Posteriormente Sweet le diría a Bearden por teléfono que si aumentaba la producción energética de su aparato añadiendo cargas mayores, era capaz de reducir el peso del VAT, midiéndolo en escala, en un 90%. Sweet no redujo el peso del VAT por completo porque tenía miedo de que los imanes explotaran y volaran por los aires. Desgraciadamente, todos los secretos de Sweet para activar sus imanes y obtener esos sorprendentes resultados murieron con él en 1995, y Bearden tuvo que proseguir sus investigaciones teóricas sin la ayuda de un modelo que funcionara.

El teórico y yo hablamos de dos de sus libros. Uno de ellos, *Energy from the Vacuum*, presenta según Bearden «la primera teoría legítima del mundo sobre motores, circuitos y aparatos electromagnéticos *overunity*, y contiene «un pequeño secreto necesario» vital para construirlos. El otro libro trata sobre el segundo tema que más interesa a Bearden, el «aparato Priore», que fue patrocinado por el gobierno francés en los años sesenta y principios de los setenta.

Bearden sostiene que según parece el aparato Priore ha curado tumores terminales en animales de laboratorio y es capaz de curar cualquier enfermedad, entre ellas la arteriosclerosis y el cáncer, gracias a un proceso electrodinámico especial conocido como «conjugación de fase» o «dediferenciación». Este proceso supuestamente, y como por arte de magia, hace que las células afectadas vuelvan a estar sanas retrasando literalmente el reloj de la enfermedad. Bearden afirma que este proceso es una prolongación directa del trabajo realizado por el americano nominado al premio Nobel Robert Becker, quien demostró que usando pequeñas corrientes DC se podían curar fracturas óseas incurables, porque se estimulaba el crecimiento de hueso nuevo. Según parece la corriente hacía que los glóbulos rojos se despojaran de su capa de hemoglobina, originaran nuevos núcleos y se metamorfosearan en una versión más primitiva de las células anterior a la diferenciación. Dichas células podían entonces volver a diferenciarse y convertirse en células óseas, que se depositaban en la fractura y conseguían curar el hueso roto. Bearden asegura que este proceso básico puede usarse para tratar enfermedades infecciosas y terminales, y que sirve, por ejemplo, para devolver la salud al sistema inmunológico de las personas con SIDA. Bearden afirma además que el mecanismo de Priore puede curar en cuestión de minutos.

Pensando en el futuro de ambos, del aparato Priore y de los sistemas electromagnéticos «*overunity*» (es decir, que producen más energía de la que consumen), Bearden ve que el principal obstáculo para su realización es la actitud de la clase dirigente con respecto a las investigaciones que financia y la comunidad científica ortodoxa a la que sirve. Los fondos permiten controlar de forma eficaz las investigaciones que realizan los científicos que trabajan en la universidad y en la industria. Si se bloquea la asignación de dinero destinado a desarrollar prototipos que funcionen, difícilmente se conseguirá derivar y reunir energía espacial para proporcionar energía utilizable. Los pioneros que más han influido en Bearden, Nikola Tesla y T. Henry Moray, chocaron con esa misma actitud; como consecuencia su trabajo fue ignorado por la comunidad científica y finalmente ocultado por distintos intereses contemporáneos.

A pesar de todo, Bearden sigue siendo optimista. Cree que en cuanto se perfeccione un modelo que pueda verificarse científicamente y que funcione, y que sea consecuente con la física moderna de las partículas y la termodinámica, las pruebas experimentales quedarán claramente demostradas —disipándose la idea de que se sugiere el movimiento perpetuo— y la comunidad científica convencional empezará a mostrar su apoyo; así la carrera por las nuevas energías futuras habrá comenzado. Prevé que los aparatos «*overunity*» podrían comercializarse en dos años y que con el tiempo las casas y los coches funcionarán con tarjetas compactas insertables que acumularán energía. Y con la aparición de Internet, la omnipresente disponibilidad de las conexiones modernas de comunicación y la proliferación de periódicos y de boletines informativos dedicados a tecnologías energéticas alternativas, la capacidad de la clase dirigente para ocultar la innovación científica y a sus defensores quedará muy limitada. Una vez salga a la luz, nos costará mucho volver a meter al genio de la nueva energía en la lámpara, mucho más que en décadas anteriores.

Por su parte, Bearden cree que su principal contribución será «haber abierto un boquete y no una hermosa puerta en la pared de ladrillo» de la forma tradicional de pensar sobre los sistemas «*overunity*», principalmente como teórico y no como inventor. Confía en que los estudiantes universitarios brillantes y los becarios posdoctorales llevarán las cosas hasta el siguiente nivel. El tiempo dirá.

Aunque Bearden también tiene detractores, es un personaje indudablemente atractivo y pintoresco cuyo profundo convencimiento acerca de su trabajo y sus consecuencias inspira tanto fascinación como curiosidad. Si al conversar con él, uno muestra la más mínima duda sobre sus afirmaciones, en seguida señala: «¡No lo dice Tom Bearden, lo dicen los estudios científicos! ¡Ojalá la gente los leyera y los pusiera a prueba!». Se esté o no se esté de acuerdo con él, Bearden es, en el peor de los casos, un visionario de fervor casi evangélico que se dedica sinceramente a ayudar a desarrollar una nueva fuente de energía utilizable que sea más limpia, barata y segura para la Tierra y su gente, y que esté disponible para todo el mundo. Está claro que es un objetivo que vale la pena.

11 EVITAR LA GRAVEDAD

¿Sigue viva en la NASA y en otras partes la antigua promesa de librarnos de la atracción de la Tierra?

Jeane Manning

¿Vivimos en una era mágica y a la vez pasamos por momentos muy estresantes? Opino que tanto el pavor como el asombro están muy vivos, sobre todo a medida que los paradigmas (la visión del mundo) se ensanchan. Según parece dicha expansión no proviene solo de las experiencias espirituales, sino también de la publicidad que se da a los avances científicos.

Cuando la gente ve que lo «imposible» se hace posible, empieza a pensar más en el flujo original de energía que respalda dichas maravillas. Consideremos dos ejemplos que han ensanchado los paradigmas: un juguetito que levita en los Estados Unidos y una escultura en perpetuo movimiento en Noruega. Y en el campo más amplio de la física, según algunos ingenieros visionarios, nuestra visión colectiva del mundo se está ensanchando porque estamos más cerca de poder viajar con naves estelares (*starship*) de lo que muchos creen.

¿*Starships*? Sí, las tecnologías antigravedad podrían despegar literalmente en un futuro próximo. Los científicos consideran seriamente la posibilidad de una «propulsión sin inercia» para las naves espaciales.

VENCER LA INERCIA = DESPEGUE

La inercia es la tendencia que hace que los objetos en movimiento sigan moviéndose en la misma dirección y que un cuerpo en reposo permanezca en el sofá. Cuando estás de pie en un autobús y este se pone en marcha bruscamente o se detiene con un frenazo, la inercia es la fuerza que hace que te caigas al suelo. Luego están las «fuerzas-g», que hacen que a la gente se le contraiga la cara en un cohete que está acelerando.

Debemos encontrar la forma de vencer la gravedad y la inercia para que las naves espaciales puedan realizar trucos de los que supuestamente pueden realizar los objetos extraterrestres en el cielo. Algunos testigos, entre ellos pilotos de distintas compañías aéreas, han descrito embarcaciones sin identificar capaces de realizar giros bruscos y repentinos sin reducir la velocidad o que aceleraban pasando directamente de planear a una gran velocidad. Para que los ocupantes de una nave espacial puedan sobrevivir a los cambios muy repentinos de lugar, deben anularse o manipularse la inercia de los objetos y en su alrededor. Eso sería de hecho un campo de gravedad controlable.

La posibilidad de una «propulsión sin inercia» está más cerca, porque los científicos convencionales ahora tienen una idea más clara de lo que puede causar la inercia. Hace algunos años, la respetada revista *Physical Review* publicó un artículo de B. Haisch, A. Rueda y H.E. Puthoff en la que exponían una teoría sobre la inercia. Señalaban el hecho de que lo que se conoce popularmente como espacio vacío no está vacío; el Universo entero está repleto de «fluctuaciones cuánticas del punto cero» de energía electromagnética. Los tres físicos sugieren que la interacción con este campo del punto cero causa tanto la inercia como la gravedad.

Si entendemos esta interacción, ¿podremos viajar a las estrellas? Quizás comprenderla sea el primer paso. Más recientemente, uno de estos tres físicos, Hal Puthoff, lo explicó con más detalle. En la revista científica *Ad Astra,* describe el «vacío» del espacio como una reserva de energía, con una densidad energética tan potente como la de la energía nuclear o incluso mayor. Si el campo del punto cero (ZPF) pudiera «extraerse» para usos prácticos, podría suministrar energía para la propulsión espacial en cualquier parte de cualquier galaxia.

Levitación a través de la fuerza electromagnética.

¿Cómo funcionaría? Puthoff da algunas pistas. Así por ejemplo, habla de un fenómeno conocido como el efecto Casimir, una fuerza física ejercida entre espejos separados que hace que se acerquen. Otro investigador, Robert Forward, ha demostrado que la energía eléctrica puede sacarse de las fluctuaciones electromagnéticas del vacío manipulando dicho efecto. Puthoff cita asimismo un artículo de sus coautores, Haisch de Lockheed y Rueda de la Universidad Estatal de California, y de Daniel Cole de IBM: «Ellos proponen que el vasto alcance del espacio exterior constituye un entorno ideal para la aceleración ZPF de los núcleos y que por tanto proporcionan un mecanismo para 'encender' rayos cósmicos». Menciona un informe publicado por el ejército del aire de los Estados Unidos sobre la posibilidad de usar una propuesta de «rayo sub-cósmico» para acelerar protones en una trampa de vacío, enfriada criogénicamente y libre de colisiones, y así sacar energía de las fluctuaciones del vacío...».

Puthoff dice que todo se reduce a que los experimentos científicos demuestran que la tecnología humana puede alterar las fluctuaciones del vacío. Y eso nos lleva a la idea afín de que, en principio, también podríamos cambiar la masa gravitatoria y la masa de la inercia.

Puthoff señala que las teorías aceptadas hasta la fecha tan solo tienen en cuenta los efectos de la gravedad y la inercia, y no tienen en cuenta los orígenes de estas fuerzas fundamentales. Indica que el primer científico que insinuó que la inercia y la gravedad podían tener sus raíces en las «fluctuaciones del vacío» subyacentes fue el disidente ruso Andrei Sakharov en un estudio de 1967.

Puthoff termina su artículo del *Ad Astra* con una cita del autor de ciencia ficción Arthur C. Clarke, quien afirma que la tecnología más avanzada no puede distinguirse de la magia; luego añade que «afortunadamente esa magia parece estar esperando en las alas de nuestra comprensión cada vez mayor del universo cuántico en el que vivimos».

DE LA CIENCIA FICCIÓN AL NUEVO EQUIPO DE LA NASA

Arthur C. Clarke rinde un homenaje a Sakharov, Haisch, Rueda y Puthoff en su última novela, *3001: Odisea final.* Clarke da el nombre de SHARP, un acrónimo compuesto por la inicial de los nombres de los cuatro científicos, a su unidad espacial ficticia para suprimir la inercia, y cita su artículo del *Physical Review* como un hito de referencia. En un comentario que aparece al final de la novela, Clarke señala que controlar la inercia podría llevar a situaciones de lo más interesantes. Por ejemplo: «Al acariciar a una persona con toda la delicadeza del mundo, dicha persona saldría disparada inmediatamente a miles de kilómetros por hora y rebotaría en el otro extremo de la habitación una fracción de milésima de segundo después».

Hace falta un escritor de ciencia ficción para mostrar los extremos de lo que es o no posible. Por otro lado, la ciencia institucional está más cerca de un posible cambio tecnológico. Una institución, la NASA (Agencia Estadounidense del Espacio y la Aeronáutica), está reuniendo un equipo para trabajar en un laboratorio dedicado a los avances en la propulsión, promovido por Marc G. Millis. El año pasado, Millis, del Centro de Investigación Lewis de la NASA, concretamente de la Space Propulsión Technical Division, escribió un artículo técnico sobre las nuevas teorías que sugieren que la fuerza de la gravedad y la fuerza de la inercia son causadas por interacciones con las fluctuaciones electromagnéticas del vacío.

Así pues, en la actualidad parece aceptable decir que los dispositivos antigravedad son posibles, y que podrían funcionar manipulando la energía libre del espacio, también conocido como éter.

Millis dice asimismo: «También ha habido estudios que sugerían resultados experimentales sobre los efectos que resultan de alterar la masa y una teoría que sugería una «propulsión warp». Con la aparición de estas nuevas posibilidades, quizás haya llegado el momento de volver a la idea de crear la utópica «propulsión espacial». La «propulsión espacial» impulsaría la nave estelar perfecta; podría utilizar las propiedades fundamentales de la materia y el espacio-tiempo para ir a toda velocidad hasta cualquier lugar del espacio sin tener que llevar ni expulsar un combustible explosivo.

¿Se convertirá en una realidad el viaje de ciencia ficción hasta nuestras estrellas vecinas? Puthoff, Millis y otros afirman que son necesarios avances científicos

Un yogi hace una demostración de levitación el 6 de junio de 1936.

importantes y también avances de otro tipo, por ejemplo una propulsión autónoma que no necesitara ningún propulsor. Para trazar un camino hacia tales descubrimientos, Millis imagina distintos tipos de propulsiones espaciales. Sus propulsiones hipotéticas muestran los retos sin resolver que la NASA debe solucionar, y su artículo desglosa el problema en metas de investigación tales como:

Descubrir una forma de «interactuar asimétricamente con las fluctuaciones electromagnéticas del vacío».

Desarrollar una física que describa la inercia, la gravedad o las propiedades del espacio-tiempo electromagnéticamente. Esta investigación llevaría al uso de la tecnología de propulsión electromagnética, que reemplazaría al combustible que quema.

Averiguar si la masa negativa existe o si sus propiedades pueden sintetizarse. Si la masa negativa no existe, entonces el objetivo sería echar otro vistazo a conceptos como el éter u otros principios físicos.

La hipotética propulsión espacial o de campo que Millis describe —«la propulsión diamétrica, la propulsión extrema, la propulsión sesgada, la propulsión disyuntiva» y sus «aspas de colisión»— resulta demasiado técnica para este artículo. La cuestión, sin embargo, es que los tiempos han cambiado. Antes, las perspectivas para crear una propulsión espacial parecían demasiado lejanas como para justificar la creación de puestos de trabajo por parte de la NASA. Pero ahora tenemos una propuesta de equipo para afrontar el desafío de la «propulsión espacial».

Sin embargo, esta visión se ve enturbiada en parte por el miedo de los académicos de ser asociados con conceptos polémicos tales como la antigravedad. Hace poco un científico finlandés atrajo una manada inoportuna de periodistas hacia su universidad cuando su trabajo —descubrió que si giraba una cerámica superconductora bajo un campo electromagnético, los materiales suspendidos encima perdían peso— apareció publicado en el *London Times*. La situación recuerda la experiencia que vivieron Stanley Pons y Martin Fleischmann cuando anunciaron la «fusión fría» en Utah en 1989 y fueron expulsados a la fuerza del país.

El científico finlandés Eugene Podkletnov, que trabajó en la Universidad Tampere, culpa a la prensa popular por presentar su trabajo en términos sensacionalistas y por tanto arruinar su proyecto. Pero recientemente dijo a Rob Irving, colaborador de varias publicaciones, que en cinco o siete años el efecto antigravedad podría estar usándose para reemplazar los aviones a reacción que tanto contaminan.

FIGURAS INDEPENDIENTES REIVINDICAN LA ANTIGRAVEDAD

Durante la segunda mitad del siglo XX, varios individuos que trabajaban sin fondos institucionales también parecen haber hecho avances con respecto a la antigravedad. Entre ellos están David Hamel de Canadá, el difunto T. Townsend de los Estados Unidos, y John Searl de Inglaterra. Brown fue a la universidad y a ratos tenía un pie en el mundo militar; pero Hamel y Searl están completamente al margen de la corriente mayoritaria. Ambos tienen mucho en común.

Para el primer número de *Atlantis Rising*, David Lewis escribió un artículo, «¿Está la antigravedad en tu futuro?» sobre el modesto John R. R. Searl. El inventor británico «parece un hombre sencillo y honesto, dotado con una seriedad y una comprensión de la ciencia que sobrepasa su presentación... Su gramática y su lenguaje son pobres, su acento muy marcado... No Tiene nada de elocuente ni unas formas refinadas, algo que, irónicamente, aumenta su credibilidad». Lewis siguió mostrándose prudentemente escéptico, pero relató las anécdotas de Searl.

Searl inventó lo que denominaba el Generador Efecto Searl (SEG), que según él tenía discos voladores con motor. No pequeños discos voladores tipo Frisbees, de los que usan los niños para jugar, sino modelos capaces de hacer una abolladura importante en un avión contra el que chocaran accidentalmente. Sin embargo, no se proponía hacer volar nada; tan solo quería producir energía. En 1952, Searl dijo haber construido un SEG giratorio de catorce pies que creaba un voltaje excepcionalmente alto. En vez de frenar su velocidad, el SEG aceleraba, ionizando el aire que lo rodeaba. Se desprendía de cualquier conexión con el suelo y desaparecía en el cielo.

Esto supuestamente ocurrió en los años cincuenta. ¿Por qué los profesores universitarios y otros investigadores financiados por el gobierno no investigaron las afirmaciones de Searl? En parte porque habrían sido ridiculizados. Hace veinte años la NASA, por ejemplo, estaba menos abierta a las ideas no convencionales de lo que está ahora. En los años setenta un asesor de la NASA, el difunto Rolf Schaffranke, fue obligado a escribir con un seudónimo, Rho Sigma. El resultado fue un breve libro titulado *Ether Technology.* En él contaba la historia de Searl, junto con la de T. Townsend Brown, cuyos experimentos también apuntaban hacia vuelos espaciales sin estrés y sin contaminación.

Una década después de la aparición del libro de Schaffranke, en 1989, yo estaba en Einsiedeln, en Suiza, donde la Swiss Association reunió a novecientos ingenieros en una conferencia sobre la energía libre. Una de las cosas que me llevaron a asistir a dicha conferencia fue la oportunidad de escuchar al legendario John Searl. El asediado inventor, que había cumplido ya los sesenta, fue efusivamente recibido en una abarrotada estancia la noche de su llegada. Él por su parte nos ofreció un emotivo relato de todos los apuros que había pasado y todos los hostigamientos de los que había sido objeto, incluido un incendio catastrófico que había quemado tanto su equipo como su piel. Juró públicamente que nada podía detenerle ya. Sin embargo, no resulta fácil reunir las piezas de un sueño hecho trizas. Independientemente de si Searl es o no capaz de volver a crear sus discos voladores, quizás otros podrán utilizar su inspiración como punto de partida.

PODER PARA LA GENTE

La historia de Searl recuerda la historia de David Hamel en muchos aspectos. El propio Hamel es descrito como un hombre sencillo, un carpintero, que dejó los estudios sin terminar. Durante las dos últimas décadas se ha dedicado a construir mecanismos experimentales con imanes y ha obtenido resultados inesperados (uno de sus experimentos explotó y salió volando por el tejado de un taller mecánico). Posteriormente, Hamel construyó un modelo a escala de su máquina, de ocho pies, sobre un andamio en el patio delantero de su casa. Una noche lo puso en funcionamiento y este creó un halo de colores vivos a su alrededor a causa de la ionización. Para sorpresa de Hamel, el modelo empezó a subir hacia el cielo, elevándose cada vez más, y desapareció de su vista a gran velocidad en dirección al océano Pacífico.

En vez de regocijarse ante la evidencia de que era capaz de construir un artilugio volador, Hamel se quedó consternado al ver que su inversión en imanes había salido volando por los aires. Ahora está construyendo un modelo grande hecho de granito pulido y otros materiales pesados. Cuando esté terminado, Hamel se asegurará de tener mucho público antes de realizar la prueba. Su colega de la costa oeste de Canadá, Pierre Sinclaire, especialista en electrónica, está igualmente decidido a liberarnos de las tecnologías anticuadas. Sinclaire está vendiendo un video destinado a aquellos que quieran construir el artilugio de Hamel, y piensa utilizar las ganancias para costear su propio modelo y tenerlo listo para el año próximo. En cuanto demuestren estos nuevos procedimientos para generar electricidad y las nuevas posibilidades de transporte, pretenden proporcionar sus conocimientos a todo el mundo, y no solo a un grupo selecto.

¿ESTAMOS PREPARADOS PARA EL DESPEGUE?

Decididos también a dar el poder a la gente, los distribuidores del juguete antigravedad han optado por la vía de la educación del público y se están divirtiendo mientras propagan el asombro y el milagro. El Levitrón es una peonza que consigue levitar de forma prolongada por medio únicamente de imanes permanentes. Uno de los distribuidores incluye un kit de vuelo con un video sobre el «arte de la levitación». Mike Stewart, de Nuevo México, me dijo que entre las novedades «mágicas» más recientes para educar a la gente están un «perpetuador», que modula el ritmo del Levitron y hace que funcione indefinidamente. «La total comprensión del magnetismo está al alcance de cualquiera», dice Stewart. Observando la peonza planear sobre su base durante cinco minutos, veo crecer ante mis ojos las posibilidades futuras de la energía limpia y la antigravedad.

En cuanto a la pregunta de si podremos viajar a las estrellas, quizás podríamos parafrasearlo como en el juego infantil: «¿Mamá, ¿puedo...?»; O sea, «Madre Tierra, ¿podemos...?» Si existiera una entidad que encarnara a la Madre Tierra, creo que esta respondería: «¡Podréis ir y jugar entre las estrellas cuando hayáis recogido toda la porquería de vuestra casa!

¿Porquería, qué porquería? Podríamos preguntárselo a uno de los científicos con el que coincidí en varias conferencias donde era ponente en los años ochenta (incluida la de Einsiedeln, en Suiza, que he mencionado más arriba). Adam Trombly fundó una red informativa llamada Proyecto Tierra. Hablaba siempre muy elocuentemente sobre el estado del planeta y proporcionaba hechos abundantes que respaldan sus mensajes urgentes. El mensaje de Trombly actualmente está en Internet, en www.projectearth.com.

También inventó un generador no convencional para aprovechar las fluctuaciones del punto cero del «vacío» del espacio. Yo veo su tecnología como otra estrella más en el horizonte llamándonos hacia un futuro excitante. En mi opinión, si aprendemos a trabajar en armonía con la naturaleza en nuestro propio planeta, demostraremos ser lo suficientemente maduros como para manejar estas tecnologías avanzadas de forma responsable, y luego, ¡vámonos!

12 El poder de Nocturnia/La Noche

¿Es posible que la propia Tierra esté intentando proporcionar la abundante energía limpia que necesitamos?

Susan B. Martínez

A Mobil y Exxon no les va a gustar. Ni tampoco a la industria de la energía nuclear. Incluso los entusiastas de la energía solar fruncirán el ceño con incredulidad. Pero solo es cuestión de tiempo. Las nuevas ideas, especialmente las que modifican los conocimientos convencionales (haciéndolos girar exactamente 180 grados), caen en saco roto, en oídos sordos.

Consideremos la energía polar, por ejemplo: ese espectáculo grandioso de luces de colores que decora el cielo nocturno de las latitudes meridionales y septentrionales. Las lecturas de las auroras realizadas en los cinturones de Van Allen son de unos 3 millones de megavatios. ¡Eso son cuatro veces la energía usada en los Estados Unidos en época de máxima demanda (en verano)!

¿Pueden usarse los fenómenos atmosféricos como energía? Hay quien piensa que sí. Los habitantes de Alaska han empezado a investigar la posibilidad de aprovechar la energía de esas deslumbrantes demostraciones nocturnas —conocidas por nosotros los americanos como aurora boreal, por los maorís como Fuego Celeste y por algunos europeos como Alegres Bailarinas»—, con luces de colores brillando, balanceándose y bailando por el firmamento con una gracia increíble y una belleza inefable. No obstante, las posibilidades de explotar esta energía prácticamente oculta son escasas, a menos que se revise a fondo (realmente a fondo) la mecánica terrestre: necesitamos saber de dónde vienen las auroras para poder apoderarnos de su energía y usarla para el consumo humano. Y si Ray Palmer tenía razón, esos parpadeantes fuegos artificiales del cielo polar no se originan en el cielo, sino en las entrañas mismas de la Tierra. Palmer, director fundador de la revista *Fate*, comentó: «Nuestro reciente satélite ISIS acaba de confirmar (hacia 1970)... que la energía que causa la aurora boreal fluye de forma ascendente desde el polo norte, y no de forma descendente desde el espacio exterior (desde el sol) tal y como pensaban anteriormente los científicos». El «anteriormente» de Ray es muy optimista, ya que el baluarte de la ciencia actual sigue obstinándose en ignorar sus propios hallazgos, y quiere que creamos que nuestras auroras que caen en cascadas y se deslizan sin motor son desencadenadas por el lejano sol. Y he aquí la explicación, la «cúspide de la ciencia», que hace que resulte tan engañosa: las partículas solares que «son atrapadas por el campo magnético de nuestro planeta» chocan con gases atmosféricos y hacen que brillen.

¿Pero es eso posible, teniendo en cuenta el hecho perfectamente conocido de que los gases de la atmósfera de la Tierra tan solo se dan en forma molecular, mientras que las longitudes de onda de la aurora suelen ser atómicas, es decir, nitrógeno atómico, oxígeno atómico, etcétera? ¿De dónde viene esa energía atómica si, tal y como han comentado los científicos, la energía normal del Sol no puede irradiar estas líneas, es decir, los rayos de la aurora?

Ante este problema, la ciencia postula rápidamente una nueva clase de «partícula de energía potente» (procedente del Sol) que cumpla los requisitos. La solución es el «viento solar». Muy oportunamente, al imaginario viento solar (inventado en 1958) se le asigna la difícil tarea de empujar las auroras hacia las regiones polares de la Tierra (pero no hacia todas las demás latitudes), matando así dos pájaros de un tiro; ¿De qué otra manera sino podríamos explicar que un «Donut» de luz (el anillo de la aurora) favorezca a los polos, como muestran las imágenes del satélite, por encima del Ártico y la Antártica? ¿Y por qué iba a realizar el viento solar este prodigio solo por la noche?

Analicémoslo y veamos si Ray Palmer podría estar en lo cierto o no. Cambiemos la dirección de esta energía de la aurora y supongamos que emerge por la noche desde el centro de la Tierra. Esta potente corriente, el motor mismo o dinamo de la Tierra, completa así su viaje de ida y vuelta surgiendo del «polo norte... en llamas de fuego, llamadas boreales».

Imagíneselo: el cuerpo-tierra inspira durante el día y espira por la noche; el polo norte, bien abollado (nadie sabe porqué), sería la válvula principal, el vertedero, para la potente emanación de la Tierra.

Aurora boreal. Espectáculo grandioso de luces de colores que decora el cielo nocturno de las latitudes meridionales y septentrionales.

Algunos observadores meticulosos, como el físico americano William Corliss, han admitido discretamente que «algunas auroras podrían registrar la lenta descarga de electricidad terrestre hacia la atmósfera superior». Y así es... fuera de la Tierra, hacia la atmósfera, derramándose a borbotones, saliendo disparada hacia fuera y cargada con fugas de energía libre y limpia.

Corliss sigue adelante y señala que dichas corrientes «que crean las exhibiciones de la aurora van acompañadas por corrientes parecidas en la corteza terrestre». De hecho, el mismo investigador está impresionado a causa de unas «observaciones desconcertantes que vinculan las auroras con... terremotos y resplandores en las cimas de las montañas. Pero dichas observaciones no resultan tan desconcertantes si se acepta el origen terrestre de las Auroras boreales y una vez identificadas las distintas «válvulas» (válvulas secundarias).

Los polos no son para nada las únicas vías de escape de la energía ilimitada que, después de la puesta del sol, surge del corazón del planeta de vuelta a la dinamo atmosférica (vórtice) de donde procede.* Las luces de la Brown Mountain, en Carolina del Norte, se elevan brillantes sobre la cima como un «cohete a punto de estallar», especialmente las noches oscuras. Estas luces, como las auroras con sus famosos cambios en fracciones de segundo, «de repente centellean». El fenómeno, que se conoce como «la luz de los Andes» —que también tiene lugar en los Alpes, las Montañas Rocosas, etcétera— se caracteriza por destellos brillantes de luces de colores emitidos desde las cimas de las montañas y lanzados hacia el cielo a gran velocidad, que a veces pueden verse desde cientos de kilómetros de distancia. Vale la pena señalar que la zona de la Brown Mountain está activa sísmicamente, del mismo modo que los estudios británicos demuestran «una clara conexión entre estas exhibiciones de luz y la presencia de fallas, algo que nos da nuestras «válvulas».

De hecho, existe un parecido sorprendente no solo entre las auroras y el resplandor de los Andes, sino también con las luces de los terremotos, el resplandor atmosférico (la inexplicable luz ambiental del cielo por la noche), la fosforescencia marina, el resplandor volcánico, los fuegos espontáneos de la Tierra y las luces de los pantanos, tales como las luces espectrales y los fuegos fatuos.

Las grietas que hay en las profundidades de la Tierra originan volcanes y terremotos, estos últimos —en Chile, Japón, China y California— a veces llenan el cielo

---

* La fuerza del vórtice (más o menos, un campo geomagnético) va hacia su propio centro, pero una vez en el centro gira y escapa hacia fuera por el Polo Norte (uno puede trazar una línea desde el Este hasta el centro de la Tierra, y luego en ángulo recto hacia el Norte, que sería la corriente del vórtice).

de «luces de terremoto» liberadas desde las entrañas. Justo antes del gran terremoto de San Francisco, en 1906, se vieron grandes llamas azules por las estribaciones y los pantanos. Los terrenos yermos, las ciénagas e incluso los cementerios producen fenómenos parecidos a las auroras. Sin embargo las luces más extendidas en los pantanos —los fuegos fatuos— resultan tan extraños y misteriosos que «no existen estudios científicos serios» sobre ellos.

Estas juguetonas llamas fosforescentes, que irrumpen mágicamente por la noche en pequeños ejércitos sobre los terrenos pantanosos, responden a las mismas descripciones que las fluctuantes auroras. La «suave luz sobrecogedora» de los fuegos fatuos puede compararse perfectamente con los cortinajes etéreos y las suaves luces de la aurora boreal. La «luz fantasmagórica» de las llamas de los pantanos coincide con los «halos fantasmagóricos» de las auroras. Los fuegos fatuos hacen cabriolas y saltan, las auroras son «Alegres Bailarinas». Los fuegos fatuos cambian de color de forma instantánea y desaparecen con un destello, las auroras hacen lo mismo. Los fuegos pirotécnicos pequeños pero intensos de los pantanos aparecen a pocos pies del suelo, tan solo pueden verse por la noche y son de la Tierra, como el resplandor de los Andes, las luces espectrales, las «luces del dinero»*, las «luces mágicas»** el resplandor atmosférico, el resplandor del ginseng y diversas luminosidades terráqueas; todas ellas se manifiestan únicamente por la noche. ¿Qué es esta «vitalidad especial de la Tierra» que, según los chinos, hace brillar el ginseng por la noche? (Así es como lo encuentran los que lo buscan). ¿Y cuál es exactamente la energía que hace que las plantas crezcan sobre todo por la noche?

No tendríamos ninguna de esas «maravillas» si la propia Tierra no poseyera una energía específicamente nocturna, jamás soñada por la ciencia humana, la camarilla que repudia las famosas luces fantasmagóricas de distintos escenarios, atribuyéndolas a alguna causa prosaica y torpe, como por ejemplo a una refracción de los faros (a pesar de que el fenómeno es anterior a la invención del automóvil), o al gas natural (a pesar de que las llamas de los pantanos son frías); o invocando esa vieja razón suplente (¡la alucinación colectiva!). Sin embargo, las enigmáticas luces terrestres son reales, y su propiedad espectral imita perfectamente a las escurridizas auroras: la móvil que cambia de forma y es «cegadora»

---

* *Luces del dinero.* Pueden verse planeando sobre el suelo en México y los Andes peruanos. Su nombre se debe a la leyenda según la cual, si ves esas luces, encontrarás un tesoro.

** En Australia, las luces mágicas se conocen también como “Luces Min Min”. Son unas luces centelleantes que aparecen en el desierto, cuya fuente de iluminación se desconoce.

(Luz Esperanza), «la que baila en la oscuridad» (Luces de Marfa, en Texas), la que cambia de color (Luz de Summerville, en Carolina del Sur), y la que parpadea (Luz espectral de Ozark, cerca de Joplin, en Misuri). Subiendo desde el suelo, nuestras luces fantasmagóricas, que han sido vistas por miles de testigos, hablan el lenguaje del efluvio de la Tierra en cada una de sus proezas. Como Puck, el duende británico, estas visiones espectaculares surgen solo por la noche. No son anomalías de la naturaleza; forman parte de la naturaleza, parte del mismo plan grandioso que nos proporciona el día y la noche, y están dotadas de todas las peculiaridades de las auroras boreales, que son arrojadas de forma espléndida desde las válvulas principales del planeta: los polos.

Todo aquello que brota del lado nocturno de la Tierra está marcado por la misma fuerza implacable que empuja a las auroras hacia lo alto del cielo, como la ceniza volcánica que es lanzada hacia la estratosfera y alcanza las veinte millas de altura. Reconocemos en estas luces prodigiosas de la tierra los pigmentos familiares —verdes, amarillos, azules, rojos— de las auroras de vivos colores. El olor a azufre y ozono de las auroras es asimismo perfectamente análogo al de las trombas marinas, los terremotos, los volcanes, las sorprendentes llamas marinas y los fuegos del lodo. Asimismo, las vastas y maravillosas ruedas giratorias de luz, perfectamente geométricas y vistas por testigos estupefactos en el mar, son idénticas a las ruedas de las auroras. Estas ruedas marinas, enormes y acompañadas de «sonidos susurrantes», han sido vistas en el archipiélago de las Indias Orientales y «tienen un parecido intrigante con los sonidos que se escuchan durante las auroras de bajo nivel», según Corliss, quien añade que las olas luminosas marinas «emulan la niebla de las auroras». Nadie sabe por qué estas brumas radiantes se producen sobre todo en el océano Índico. Pero si tenemos en cuenta que una cadena sísmica importante pasa por debajo de esas aguas (y los cientos de volcanes que hay en el sureste de Asia), no parecerá menos extraño que las fuerzas ocultas de la Tierra estallen aquí. (Se trata de la misma zona donde se produjeron los *tsunamis* catastróficos en 2004.)

La Señora Ciencia no dice nada sobre este impresionante poder. Aún así, la fuente inagotable del vórtice que envuelve la Tierra, y el afloramiento polar que es su lado nocturno, está «muy cerca de nuestra energía atómica». El extraordinario calor del interior de los chorros volcánicos —más de 2.000 grados Fahrenheit— indica la existencia de energía atómica, al igual que lo indica el efecto piezoeléctrico de los terremotos. La incandescencia y la velocidad propia de un cohete que muestran las luces fantasmagóricas y las misteriosas bolas de fuego, también sugieren un poder enrarecido. De hecho, el resplandor azul que suele asociarse con las luces de la Tierra puede originarse en la química del nitrógeno atómico, al igual que las auroras azules. Y si las longitudes de onda de las auroras equivalen al oxígeno en su forma atómica, también lo hace el resplandor atmosférico nocturno, esa luz suave y tenue que, cuando no hay luna, es más intensa que la luz de todas las estrellas juntas. ¿Proviene el resplandor atmosférico de la atmósfera superior, tal y como nos dice la ciencia? Quizás sea el aire difuso y suave que espira la Tierra, rezumando sin prisas desde el anochecer hasta el amanecer. Una visión «ficticia» del interior de la Tierra, imaginada por el profético Julio Verne en su *Viaje al centro de la Tierra,* representa el interior de nuestro planeta «iluminado como en pleno día [...] el poder de la iluminación [...] parpadeante (y) evidentemente eléctrico; algo en la naturaleza de la aurora boreal [...] iluminando toda la caverna oceánica». Sus ideas, muy avanzadas a su tiempo, tenían una parte de imaginación y una parte de observación, de estar con la oreja pegada al suelo. Un escandinavo del siglo XIII especuló con la idea de que las auroras «irradiaban por la noche la luz que habían absorbido durante el día»; el folklore escandinavo insiste en que las auroras se originan en las profundidades del océano; los esquimales dicen que las auroras han llegado a matar a personas; ¿debemos desechar su ciencia popular y considerarla mera superstición?

Aunque son muchos los que han soñado con extraer poder (energía libre) de la envoltura magnética de la Tierra, muy pocos se han acercado al misterio de la aurora boreal. Además, las auroras son vistas sentimentalmente como «un soplo procedente de más allá de este planeta», y estos comentarios han pasado de ser unos meros versos sentimentales a ser un dogma científico. De hecho, la teoría del «viento solar» se derrumba si echamos un vistazo a los cinturones de Van Allen, donde se supone que la aurora boreal es el resultado de la radiación solar. Pero resulta que los cinturones rodean la Tierra como si fueran Donuts, pasando por todas las latitudes excepto por los polos (donde la corriente de la válvula de la Tierra se abre paso hacia la atmósfera). Si las auroras boreales cayeran a la Tierra desde la «fábrica de auroras del cielo» (los cinturones de Van Allen), no cubrirían los polos, sino que se dirigirían hacia el ecuador y las latitudes medias. Pero no lo hacen.

¿Osará la cúspide de la ciencia mutilar este hecho obvio? El quimérico viento solar supuestamente recibe la fuerza de algo llamado «ondas Alfven», que «aceleran las partículas hacia abajo desde el espacio»; eso explica de una forma bonita el hecho de que los rayos de las auroras sean en realidad «más intensos cuando convergen cerca de la Tierra» y que «se vayan apagando bastante gradualmente» en la atmósfera. ¡Pero la NASA dice que es justo al contrario! En una filmación realizada en la Antártida, las imágenes muestran que «la aurora emana de un orificio del continente [...] brotando por la abertura (y) lanzando hacia arriba franjas luminosas [...] que se dirigen hacia el cenit». De hecho, los físicos, conducidos por el gigante Kart Gauss, reconocen la naturaleza magnética del interior de la Tierra, y sostienen que su campo energético de hecho es generado por corrientes eléctricas que hay en su interior.

¿Y por qué no hemos sido capaces de reunir las piezas del rompecabezas?

La Señora Ciencia, por sus propias razones, prefiere ser solo una mamá en relación con la sencilla pregunta de por qué las auroras son nocturnas. ¿por qué no pueden producirse en cualquier momento, como el arco iris? ¿Acaso es que las ondas Alfven o el viento solar duermen durante el día? ¿O tenía razón Ray Palmer, después de todo, al hacer que nos fijáramos en esta energía nocturna que «fluye hacia arriba desde el Polo Norte»?

¿Se ha preguntado alguna vez por qué la mayoría de los terremotos y de las erupciones volcánicas se producen por la noche o de madrugada?

Ahora ya lo sabe.

¿Y qué hay del retraso de 24 horas que se produce entre las «erupciones solares» (ondas del vórtice) y las exhibiciones de las auroras excepcionalmente grandes?

Ahora ya lo sabe, porque esa misma energía primero tiene que pasar por la Tierra en las rondas nocturnas y luego salir por las válvulas polares. Y no tiene nada que ver con el Sol.

La tierra natural recibe su energía durante el día y descarga su poderoso flujo magnético por la noche. ¿Tiene eso algo de extraño (y por tanto de indigno para la ciencia)? ¿Debemos desterrar estas luces, estos sonidos, estos movimientos, estos olores, estas llamas, estas ondas y estos tumultos de nuestro dinámico planeta a la Siberia de la erudición, para hacer tiempo con otros granujas e inconformistas de la ciencia «no oficial»? En lugar de las mil y una explicaciones «sofisticadas» de la Señora Ciencia, bastan unos pocos, muy pocos, principios para sustentar el imponente panorama de los misterios de la Tierra.

Los géiseres explotan para calentar la ciudad islandesa de Reikiavik.

Los volcanes, que liberan la energía de las bombas atómicas, han resultado ser una fuente inmensa de energía barata.

Las enormes galerías de baños de vapor (naturales) calientan las ciudades de la Antártida con agua caliente subterránea.

Y las auroras, una de las grandes maravillas del mundo, la gran luz que aparece en el cielo, puede resultar ser una maravilla todavía mayor cuando su impresionante poder sea aprovechado para el bien del género humano.

13 LAS GUERRAS METEOROLÓGICAS

¿Hay algo en los desastres naturales que no sea natural?

John Kettler

Las históricas tormentas tropicales de 2005 (se produjeron tantas tormentas que los especialistas en el tema se quedaron sin nombres para designarlas y tuvieron que usar letras griegas), parece que finalmente han sacudido la conciencia colectiva y nos han hecho ver que el clima no funciona como es debido. Algo va mal, algo que no es «natural». Como consecuencia, algunos conceptos y personas que normalmente se mantienen al margen y no están a la vista del público, están recibiendo una difusión sin precedentes y aparecen incluso en sitios tan poco habituales como la revista *Business Week Online*.

Considera lo siguiente: «Primero, el clima «normal» es, desde un punto de vista climatológico a largo plazo, la excepción que confirma la regla; históricamente hablando, ha sido tanto más frío como mucho menos estable. Parece que hemos estado viviendo días felices y nos hemos acostumbrado a ello.

Segundo, la teoría del calentamiento global basada en el efecto invernadero es tan solo una teoría. Por mucha publicidad espeluznante que se le dé, y a pesar del retroceso de los glaciares, no va a dejar de ser solo una teoría. Son muchos los científicos respetables que no están de acuerdo con la teoría para nada y que han publicado críticas desdeñosas sobre la misma.

Tercero, son muchos los que opinan que no es la atmósfera lo que se está calentando, sino el interior del planeta, algo que pone de manifiesto la erupción de volcanes que llevaban mucho tiempo inactivos, la aparición de nuevos volcanes y numerosos informes acerca del incremento de fuerzas volcánicas consecuencia de la sensibilidad de la Tierra.*

---

* Véase «The Bio-Sensitive Factor», *Atlantis Rising 27:* www.earthboppin.net/talkshop/feelers.

Hay además otros factores. El Sol ha estado altamente y anormalmente activo fuera de su ciclo de once años, y Mitch Batros, del Earth Changes TV (www.ectv.com), ha establecido un vínculo directo entre loa trastornos solares y el clima alocado, entre otras cosas. Las pruebas demuestran que la inestabilidad de las estrellas («terremotos estelares») afecta directamente a este planeta; y ni siquiera hemos hablado del planeta X/Nibiru y de cómo puede afectar al clima a medida que, supuestamente, se acerca a la Tierra. Algunos creen incluso que podemos tener perfectamente un hiperclima global como el descrito en la película televisiva *Category 7: The End of the World* o en la película *El día después*.

Y con todo lo anteriormente expuesto pasando o acechando, ¿Cómo es posible que haya gente metiéndose con la Madre Naturaleza?

CONECTAR CON LA MADRE TIERRA

Observadores tanto antiguos como modernos notaron ya hace mucho que había una clara relación entre las batallas encarnizadas y el clima extremo; la explicación científica sería que todo el ruido, el polvo, etcétera, actúa desencadenando precipitaciones más intensas de lo normal debido a un mayor efecto de condensación y, quizás, añadiendo energía a las tormentas nacientes. Esta explicación puramente mecánica, por supuesto, deja fuera a la Madre Tierra, a Gaia. ¿Es eso inteligente? Para los educados en la tradición hermética («tanto arriba, tanto abajo»), la respuesta es no.

Curiosamente, en relación con el huracán Katrina encontramos una convergencia extraordinaria entre los llamados «fundangélicos» (una palabra inventada para referirse a los evangelistas fundamentalistas) y sus hermanos más opuestos, los luciferinos. ¿El tema común? El castigo. Los fundangélicos ven la destrucción de Nueva Orléans como nada menos que un castigo divino justo contra la ciudad por su maldad institucionalizada, y los luciferinos, en la persona del vidente Aaron Donahue, lo ven como que la Tierra «[...] se subleva y juzga tras años de mal uso y abuso por parte del género humano». Mientras muere, el planeta utiliza sus energías para atacar a la gente que sigue matándola sin pensar». Tal y como denuncia en «Aaron: Katrina —A Mother's Gift to a Greedy Nation» (www.farshores.org/jd090305.htm), dijo a los luciferinos que oían su programa de radio por Internet, *Voice of Lucifer*, que «aprendieran a vivir más cerca de la Tierra para ser protegidos del caos que está afectando al género humano, no solo en los Estados Unidos, sino en el mundo entero».

Suena raro, pero es tan solo para mostrar que el mismo tema aparece una y otra vez, no solo en las culturas del globo, sino también en sueños, visiones y profecías, entre personas que son muy distintas tanto religiosa como étnicamente, desde jefes tribales hasta amas de casa de zonas suburbanas. La advertencia es clara e inequívoca: las vibraciones y los comportamientos de la humanidad son fielmente reflejados por la Madre Tierra. Cuanto más destructivamente y fanáticamente nos comportemos, con el planeta y los unos con los otros, más inestable y peligroso se volverá nuestra amorosa anfitriona. ¿Y si la gente se estuviera metiendo deliberadamente con el clima? ¿Es eso posible?

DE POLÍTICA Y SUPER ARMAS

En abril de 1997, en una conferencia contra el terrorismo patrocinada por el ex senador Sam Nunn, el Secretario de Defensa William Cohen dijo: «Otros (terroristas) se están dedicando incluso a un tipo de terrorismo ecotipo mediante el cual pueden alterar el clima, provocar terremotos y volcanes a distancia gracias al uso de ondas electromagnéticas [...]. De modo que hay muchas mentes ingeniosas ahí fuera que están trabajando para encontrar formas de sembrar el terror en otras naciones [...]. Es algo real, y esa es la razón por la que tenemos que intensificar nuestros esfuerzos (contra el terrorismo)».

Tal y como señala Tom Bearden, teniente coronel retirado, destacado intelecto, investigador energético y «profeta» del armamento escalar, en su exhaustiva web (www.cheniere.org), lo que se menciona en la cita del secretario Cohen es una «aclaración» textual (leer: interpretación) de los relaciones públicas del Pentágono. La original afirmación implica que tanto distintos grupos como naciones tienen este armamento electromagnético devastador a su disposición.

¡Y vaya grupos!

Un estudio independiente y de colaboración realizado por Tom Bearden y Ron Mason, un veterano geólogo especializado en petróleo, ha revelado la existencia de una alianza que resultaría impía incluso para los villanos de Hollywood. En un trabajo dividido en seis partes y titulado «Bright Skies», que publicó la revista *Nexus,* (www.nexusmagazine.com), Mason presenta argumentos convincentes acerca de que la secta «Verdad Divina» de Aum Shinrikyo (famosa por el ataque con gas «sarin» en el metro de Tokio) construyó y probó en las zonas despobladas de Australia occidental un artilugio basado en el de Tesla que no solo desencadenaba temblores, sino que podía causarlos en zonas donde no había datos históricos de que se hubieran producido ni las tribus aborígenes recordaban haberlos visto. En los artículos posteriores se corregía esta información y se indicaba que había sido Rusia la que había lanzado esos tiros escalares contra Australia. Y lo que es peor, se dijo que las pruebas con disparos se habían hecho siguiendo unas coordenadas, sin tener en cuenta para nada las estructuras geológicas subyacentes. Pero eso no es lo peor. La secta ultranacionalista tiene poderosos aliados, como puede ver.

Los grupos terroristas necesitan fondos, y parece normal que un grupo ultranacionalista que desea vengarse de los Estados Unidos por las bombas atómicas de Hiroshima y Nagasaki consiga lo que necesita de una entidad de ideas afines. ¿Qué tal los temidos Yakuza (la mafia japonesa), que en origen según parece eran un grupo de ultranacionalistas acérrimos de finales de la Segunda Guerra Mundial? He ahí un grupo con dinero y poder. ¿Pero qué hay de las super armas, dónde se consiguen las super armas? Rápido. Nombre un antiguo superpoder que desapareciera en 1989. Bien, pues nombre su órgano de seguridad que entonces lo abarcaba todo, un órgano que controlaba no solo las cabezas nucleares sino también las armas escalares. ¿Ha dicho que Rusia y el KGB (actualmente FSB)?

Según la investigación de Tom Bearden, Ron Mason y otros, este es el escenario básico con el que nos enfrentamos. Empujados por un lado por su odio a los Estados Unidos y por otro por un gran desembolso inicial (900 millones de dólares en oro), los miembros del KGB/FSB han arrendado las armas escalares rusas de la generación anterior al eje formado por Aumn Shinriko/Yakuza, y esta entidad está, entre otras muchas cosas desagradables y terroríficas,* llevando a cabo una guerra climática contra los Estados Unidos, y enriqueciéndose en el proceso.

¿Cómo? Invirtiendo en energías futuras y luego torpedeando el mercado con enormes trastornos premeditados (huracanes que destrozan plataformas petrolíferas de costa afuera y obligan a cerrar refinerías), lo cual hace que los precios suban. El hecho de que el puerto de Nueva Orleans estuviera cerrado durante algún tiempo privó a los Estados Unidos del 20 por ciento de su capacidad portuaria y paralizó importaciones y exportaciones apremiantes. Como consecuencia directa de la devastación del Katrina el precio de los combustibles para la calefacción subió, afectando el bolsillo de millones de americanos. Y esto no es más que la punta del iceberg del desastre económico en cascada. Y no es la primera vez que ocurre. En el capítulo quinto de «Bright Skies», Mason cita una serie de ataques climáticos dirigidos justamente a países occidentales y sus aliados; nada nuevo para Tom Bearden, para quien estos ataques se remontan a la Guerra Fría y el uso modificado del clima operacional del «Pájaro carpintero» ruso (una combinación de

* Para más detalles escalofriantes, véase «The Quantum Menace», *Atlantis Rising 50, Fer De Lance* de Bearden, segunda edición, y los bajones armamentísticos anteriores en www.cheniere.org/images/weapons/index.html.

sistema de radar y de arma escalar): «América del Norte no tiene un clima 'normal' desde 1976». Los rusos decidieron expresamente empezar con la modificación climática escalar del «pájaro carpintero» un 4 de julio.

Otro aspecto preocupante de este escenario es que Mason encontró pruebas de que el diputado Aum Shinrikyo podría haber estado implicado en un programa armamentístico escalar japonés encubierto, en Kobe, Japón, un programa que fue literalmente demolido por el terremoto de Kobe, de intensidad 7,2, que se produjo el 17 de enero de 1995, siguiendo una «profecía» del jefe de la secta. Parece ser que además los Yakuza quebrantaron las normas de seguridad del KGB/FSB sobre

Huracán Katrina (NASA).

las armas arrendadas y aprendieron la tecnología, hasta el punto de que actualmente están fabricando sus propias armas escalares portátiles.

Es verdad que esto «no existe» para la mayoría de personas, pero tal y como he señalado, está empezando a atraer la atención del gran público. El tono de la información es a la vez despectivo y burlón, pero el mero hecho de que se hable del tema y de algunas de sus piezas claves ya es de por sí sorprendente.

En una historia autorizada del *Business Week Online* titulada «Who Controls The Weather?» (¿Quién controla el clima?) (www.wtov9.com/money/5141496/detail.html) en los dos primeros párrafos aparecen bastante bien presentados Tom Bearden y los aspectos básicos del escenario; en el tercero aparecen algunas webs que apoyan lo anterior (bajo el término de «teorías de la conspiración»), seguidas de un mordaz rechazo en la primera frase del cuarto párrafo: «Casi todos los científicos y los profesionales especializados en temas climáticos piensan que esta clase de racionalización es absurda». Menos mal que el autor usó el calificativo «casi», porque al menos un profesional televisivo de la meteorología no piensa igual y está armando también un buen jaleo.

Pocatello, en Idaho, no suele ser un foco de polémica, pero Scout Stevens y su web Weather Wars («guerras climatológicas» —www.weatherwars.info) han hecho que lo sea. Utiliza no solo el trabajo de Bearden, sino también información, videos y fotografías que él y otros han recogido y presenta, de un modo claro y sencillo, las asombrosas pruebas del carácter antinatural no solo del Katrina, sino de otros muchos huracanes «imposibles» y «sin precedentes». Un artículo de *MosNews.com* (como en Moscú, Rusia), cita la entrevista con Stevens de *Village Voice:* «El meteorólogo estadounidense dice que unos inventores rusos provocaron el huracán Katrina, justo después de la recalada del Katrina», información que interceptó *Wireles Flash.* Era una opinión intrépida: «Existen cero posibilidades de que sea un fenómeno natural, cero». Siente tanta pasión por lo que hace que hace poco dimitió de su trabajo como meteorólogo televisivo, que había ejercido durante años, para dedicar todo su tiempo a sus investigaciones y a dejar al descubierto la verdad. Naturalmente, está recibiendo todo tipo de críticas, en algunas webs le califican de «chiflado» y un columnista que escribe para el *Chicago Tribune* le tildó de «alucinado».

«CLIMA HECHO POR ENCARGO»

En 1992 el *Wall Street Journal* informó de que una empresa rusa con el fascinante nombre de Elate Intelligence Technologies Inc. ofrecía modificaciones climatológicas para alquilar; tenía las oficinas cerca del aeropuerto Bykovo de Moscú, tan cerca que las antenas especiales de la empresa podían verse desde allí. Diversas fuentes indicaban que dichas modificaciones climatológicas podían realizarse a más de «200 millas cuadradas». El director de la empresa, Igor Pirogoff, autor del subtítulo que encabeza este apartado, no tenía ni la más mínima duda acerca de lo que su empresa era capaz de hacer y afirmaba que podría haber convertido el huracán Andrew (17 billones de pérdidas) en «una ráfaga debilucha y diminuta». Ese individuo fue asimismo el primero en utilizar un nuevo concepto de la perversidad, la «extorsión climática»: «Nosotros garantizamos buen tiempo para sus celebraciones al aire libre si nos contrata, y mal tiempo si no nos paga lo acordado».

Tal y como explican de una forma bonita Bon Fritakis y Fritz Chess en «Stormy Weather: The Government's topsecret efforts to control Mother Nature» (Clima tormentoso: los esfuerzos más secretos del gobierno para controlar la Madre Naturaleza), los Estados Unidos no solo conocen, desde los años cincuenta, el amplio abanico de ventajas militares que suponen el control y las modificaciones climáticas, sino que además ha invertido considerables recursos, durante muchas décadas, en el desarrollo y estudio de una serie de capacidades operativas. Uno de esos primeros usos, el proyecto Popeye, sembró nubes con yoduro de plata sobre la red de caminos del Vietcong con el fin de eliminarlo, destruyendo de paso los arrozales usados para respaldar la vasta red logística que éste abarcaba. Según parece la lluvia aumento en un 30 por ciento. Más tarde se produjeron precipitaciones inesperadas en forma de vistas escandalosas en el Senado y de un tratado de las Naciones Unidas.

El 10 de diciembre de 1976, tan solo unos cuantos años después del proyecto Popeye, los alarmados diplomáticos que formaban la Asamblea General de las Naciones Unidas aprobaron la *Convention on the Prohibition of Military or Any Other Hostile Use of Environmental Techniques.* El artículo I.1. del mismo exige a todos los Partidos Estatales de la convención «no involucrarse en el uso militar o cualquier otro uso hostil de las técnicas de modificación medioambiental que puedan tener efectos extendidos, de larga duración o graves como medio para destruir, perjudicar o dañar a cualquier otro Partido Estatal». El artículo I.2. pide a los firmantes que no anime a los estados, grupos de los mismos o organizaciones internacionales a hacer lo mismo. El artículo II define la modificación medioambiental como «cualquier técnica para cambiar —por medio de la manipulación deliberada de los procesos naturales— la dinámica, composición o estructura de la Tierra, incluidas su flora y su fauna, su litosfera, su hidrosfera y su atmósfera, o del espacio exterior». El artículo III exime específicamente los usos pacíficos de acuerdo con los principios establecidos y la ley internacional. Hasta aquí de acuerdo, ¿pero qué hay, pongamos, de los individuos, las compañías y las organizaciones independientes? El artículo IV exige a los firmantes que controlen las actividades ilegales que modifiquen el medioambiente «en cualquier lugar que esté bajo su jurisdicción o control». El artículo V exige negociación y cooperación pero les confiere poder para hacerlo.

Antes de la firma del tratado, la entonces Unión Soviética había iniciado una guerra climática, que representaba una gran violación del tratado contra los Estados Unidos, que por su parte y mientras tanto, parece ser, estaba dedicándose discretamente a todo tipo de proyectos clasificados sobre la modificación climática.

HAARP

El proyecto estadounidense High-Frequency Active Auroral Research Project (HAARP), la instalación primaria, en Gakona, Alaska, según parece surgió del deseo de utilizar los vastos recursos de gas natural de Alaska para generar energía y teletransportarlo hasta los usuarios, en lugar de construir un gaseoducto con todo lo que ello supone. La actividad tapadera del Departamento de Defensa es la investigación de la región ionosférica superior pero, tal y como demuestra el investigador Bob Fletcher en su informe especial «Weather Control as a Weapon» (el control del clima como arma) y Nick Begich y Jeane Manning en su libro seminal, *Angels Don't Play This Haarp* (Los ángeles no tocan este [ha]arpa), la realidad es mucho más espantosa. Desde el punto de vista de la modificación medioambiental, el HAARP puede: a) mover o bloquear la corriente en chorro, alterando el clima en regiones enteras, b) cargar artificialmente las zonas de fallas, desencadenando terremotos, c) alterar energéticamente el espacio, y d) usar espejos y lentes ionosféricos, para impregnar el cielo con cosas como componentes tóxicos del bario mediante el rastreo químico, no solo para interrumpir o cortar todas las comunicaciones, la energía y los componentes electrónicos en una zona seleccionada, sino también para alterar el sistema nervioso de las personas y/o otras criaturas vivas, matándolas a voluntad si se desea. El HAARP, alarmantemente versátil, puede influir en todos y cada uno de los ámbitos y puntos prohibidos por el tratado.

Así pues, la próxima vez que se produzca un «desastre natural», debemos preguntarnos: «Natural, antinatural o artificialmente provocado?». Y también debemos preguntarnos: «¿Quién sale beneficiado?».

Cuarta parte

La ciencia espiritual

Si el agua lleva mensajes sobre las intenciones —ya sean cariñosas o enojadas— de aquellos que las controlan, ¿Qué implica eso en nuestra vida cotidiana?

14 La sensibilidad del agua

Nuevas pruebas inesperadas de que el agua puede reflejar el pensamiento y más cosas

Jeane Manning

¿Graba el agua los temas de nuestros pensamientos y sentimientos? ¿Bailan los cristales de agua al son de Mozart y se deshacen cuando oyen letras heavy metal? ¿Puede el agua reflejar el poder del amor incondicional y los efectos de la gratitud?

Un investigador japonés cree que tiene pruebas fotográficas de que el agua posee dicha sensibilidad. Maseru Emoto ha estudiado la arquitectura microscópica de cientos de miles de cristales de agua. Cuando el agua sana se congela, crea cristales, sólidos con una estructura interna ordenada. Pero el agua puede perder la habilidad de formar cristales. Emoto opina que estas estructuras están influenciadas por las acciones y las intenciones humanas. Piensa que hay pruebas físicas de que nuestros pensamientos —energías vibratorias humanas— afectan a nuestro entorno. Opina que incluso la música y las imágenes alteran la estructura molecular del agua.

Emoto visitó hace poco la British Columbia, contó su historia y presentó información nueva posterior a la publicación de su libro *Messages from Water* (Mensajes del agua) acerca de varias fotografías extraordinarias. En 1992 se había doctorado en medicina alternativa en la International Open University, en Sri Lanka. Es un sanador que ha tratado a más de 15.000 personas y es autor de una docena de libros sobre energías etéreas.

Emoto empezó a investigar el agua después de conocer a Lee H. Lorenzen. Lorenzen, que había estudiado bioquímica en la Universidad de Berkeley, desarrolló un agua denominada «agua de resonancia magnética» para curar los problemas de salud de su mujer. A través de Lorenzen, Emoto conoció una máquina llamada Analizador de Resonancia Magnética (MRA) que según parece medía el *chi.* Cuando habla del chi, Emoto utiliza la palabra japonesa *hado,* que significa «el mundo de energía sutil relacionada con la conciencia». Emoto dice que de regreso a Japón aprendió que el «agua hado» producida por Lorenzen a petición suya mejoraba la salud de la gente. Las familias de sus pacientes veían la mejoría, pero los escépticos se burlaban ante la sugerencia de que el agua pudiera retener y transmitir información para mejorar la salud. ¿Alguien ha visto el chi? ¿Qué aspecto tiene el hado?

Para demostrar a los escépticos que lo que estaba ocurriendo en el agua hado era algo más que efectos imaginarios, Emoto quería encontrar una herramienta o método para medir las diferencias entre una clase de agua y la otra. En 1994 leyó un libro que le sugirió cómo podía encontrar dicho método. El libro señalaba que después de varios millones de años de que la nieve cayera sobre la Tierra, los científicos no habían podido encontrar dos copos de nieve idénticos. Eso hizo que Emoto se preguntara si con muestras de agua helada podía encontrar información recogida por las aguas expuestas a distintas influencias.

Sabía que las disoluciones homeopáticas recogían continuamente información, sobre las moléculas de las sustancias que habían sido añadidas al agua antes de que las moléculas fueran diluidas en el agua. Sin embargo, habría sido difícil para él estudiar las aguas grabadas homeopáticamente porque la homeopatía no está oficialmente autorizada en la medicina japonesa. Así que decidió empezar sus experimentos con aguas puras.

Resultó que lo de congelar gotitas y fotografiar los cristales de hielo resultantes individualmente era algo más fácil de decir que de hacer. Debían observarse bajo un microscopio potente y fotografiarse a mucha velocidad antes de que se derritieran. No obstante, él perseveró en desarrollar una técnica para poder fotografiar claramente los cristales con aumentos de entre 200 y 500, noventa segundos antes de que empezaran a derretirse. La técnica implicaba construir lo que era de hecho un congelador grande en el que su equipo trabajaba un máximo de 15 minutos seguidos vestidos con parkas especiales para resistir temperaturas de -5°C.

Emoto admitía riéndose que no resistía más de unos minutos con esas temperaturas y que por tanto tenía que alquilar la fotografía real. Luego ampliaba las fotos en diapositivas y las mostraba a sus estudiantes, que se quedaban fascinados con lo que veían. Así, por ejemplo, una muestra de agua de manantial procedente de la nieve de la Prefectura de Yamanashi dio un cristal hexagonal (seis lados) simétrico con tres ramas que salían de cada arista, dando la impresión de ser un grupo de personas cogidas de la mano.

En cambio, la exposición al cloro hacía pedazos los cristales de agua. Los estudiantes de Emoto llegaron a la conclusión de que dado que la vida en la Tierra dependía del agua, la cualidad relacionada con la fuerza vital del agua en un lugar determinado debía tener un efecto tremendo sobre el entorno.

Los colegas de Emoto le enviaron muestras de agua de distintas partes del mundo: ríos contaminados y sitios sagrados, distintas ciudades y montañas. Su equipo hizo muchas fotografías de cada muestra. Aunque los cristales propios de una muestra de agua se diferenciaban incrementalmente, los cristales de una muestra determinada eran similares. Las muestras de agua no contaminada producían hexágonos simétricos, pero si se congelaban gotitas de agua contaminada, las fotografías mostraban que los cristales eran incapaces de conseguir una estructura hexagonal completa.

Sin embargo, la mayoría de muestras pasaban por una fase común cuando las gotitas heladas se derretían. Justo antes de que el hielo se convirtiera en agua, se podía ver una forma por el microscopio, que era una réplica de las seis líneas dentro de un círculo que constituyen la figura del alfabeto chino para representar el agua.

¿Qué causaba la aparente debilidad en las estructuras ocultas de las aguas? Los problemas estaban en correlación con ello si el agua había estado expuesta a sustancias químicas, a la contaminación emocional (el pánico que se apoderaba de una ciudad después de que un terremoto destruyera la capacidad cristalizadora del agua) y a la contaminación acústica.

En experimentos posteriores, Emoto puso las muestras de agua entre varios altavoces y las expuso a determinadas grabaciones antes de congelar las gotitas. Cuando la letra de las canciones contenía expresiones agresivas, tales como «¡Te odio!» o «¡Imbécil!» el agua no solo no era capaz de formar cristales propiamente dichos, sino que además al mirarlos por el microscopio mostraban un aspecto caótico.

Por otro lado, la música edificante como la sinfonía número 4 en sol menor de Mozart y la *Pastoral* de Beethoven producía hermosos cristales elegantemente formados. Esta línea de investigación llevó a colocar muestras de agua en determinadas fotografías, de las que se prendían etiquetas con palabras escritas, y a pedir a escolares que expresaran verbalmente mensajes a las muestras de agua.

A pesar de que las aguas sanas forman una miríada de variaciones de cristales hexagonales, a Emoto le esperaba una sorpresa. Uno de sus grupos de fotos del antes y el después mostraba unos cristales de agua formados de forma inadecuada procedentes de una muestra de las aguas del lago Fujiwara antes de que el pastor orara sobre él. Las aguas de un lago se quedan estancadas, y la muestra vista por el microscopio parecía la cara de alguien sufriendo. Sin embargo, la muestra «posterior» fue tomada después de que el reverendo Kato Hoki, sacerdote principal del Templo Jyuhouin, en la ciudad de Omiya, estuviera rezando durante una hora junto al lago. Entre los cristales hexagonales exquisitos obtenidos del agua después de los rezos había dos heptágonos (cristales de siete caras). Curiosamente, el reverendo había orado a las Siete Diosas de la Fortuna.

La investigación de Emoto indica que el agua corriente turbulenta que no puede cristalizar adecuadamente puede ser transformada para producir hermosos cristales por medio de pensamientos conscientes centrados en el amor. Descubrió que la combinación más poderosa de palabras era «amor y gratitud».

Sus experimentos más recientes indican que la contaminación electromagnética puede mitigarse si las palabras que vienen del móvil o de la televisión son armoniosas, como las llamadas telefónicas entre enamorados o un programa de televisión sobre la naturaleza. Los debates políticos en general, no obstante, tienen un efecto negativo sobre la capacidad del agua para cristalizarse.

Si el agua lleva mensajes sobre las intenciones —ya sean cariñosas o enojadas— de aquellos que las controlan, ¿Qué implica eso en nuestra vida cotidiana? Hasta que se realicen más estudios científicos, tan solo podemos especular.

Hemos oído historias de plantas que se morían cuando la casa se convertía en un campo de discusiones maritales, y a la inversa, de plantas que salían adelante bajo los cuidados de un jardinero que disfrutaba cuidando de ellas. Quizás el agua del interior de las plantas registra y graba instantáneamente las intensas emociones que emanan de su entorno.

¿Eran las misteriosas coles gigantes que crecieron en los inicios de la comunidad Findhorn, en un lugar recóndito e inhóspito de Escocia, en parte el resultado de las influencias sobre el agua con la que se alimentaban? Un miembro de la Fundación Findhorn que hace poco visitó la British Columbia dijo que el crecimiento abundante de esa huerta había sido una demostración de lo que ocurre cuando el género humano coopera con otro reino (los espíritus de la naturaleza), pero quizás el agua era parte del mecanismo para poder manifestar la demostración. El agua pudo haber transmitido las intenciones más puras de los humanos involucrados. Los experimentos de científicos como el profesor emérito de la

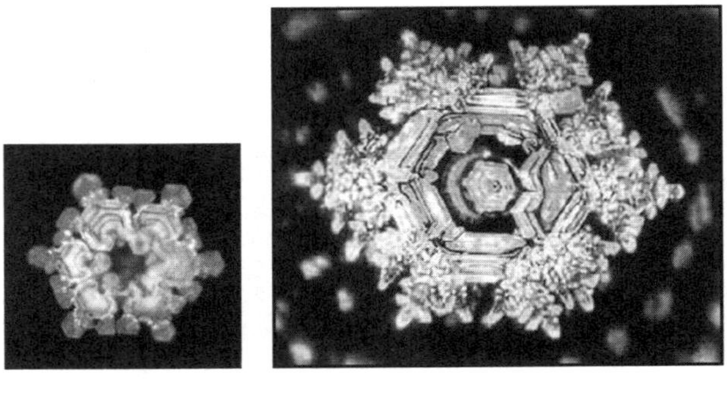

Distintas cristalizaciones del agua.

Universidad de Stranford William Tiller indican que nuestras intenciones tienen efectos perceptibles sobre los objetos físicos.

¿Es el agua el medio más sensible para grabar y transmitir influencias sutiles? Si es así, las implicaciones para nuestra salud y la salud de nuestro entorno son importantes. Un óvulo humano fertilizado está compuesto en un 95 por ciento de agua y un cuerpo humano adulto está compuesto en un 70 por ciento de agua. Vivimos en un planeta cuya superficie está cubierta aproximadamente en un 70 por ciento de agua.

Emoto ha presentado sus hallazgos a audiencias de Europa y Japón. En Inglaterra coincidió con Rupert Sheldrake. Emoto dice que Sheldrake le pidió que hiciera experimentos con personas encarceladas, para ver si el agua influenciada por criminales o por personas que suelen tener un estado mental negativo era distinta de la influenciada por personas de otros sectores.

Como cualquier pionero, el trabajo de Emoto tropezará seguro con bloqueos mentales. Pero como está hecho con sus propios fondos, al menos no se lo podrán clausurar como clausuraron el laboratorio de Jacques Benviste cuando el gobierno francés suspendió los fondos porque sus investigaciones parecían justificar la homeopatía.

Ahora lo que hace falta es que experimentos científicos rigurosos, tentativas impecablemente diseñadas, reproduzcan exactamente o rebatan los hallazgos de Emoto. Sin embargo, Emoto se pregunta si el modelo científico occidental será capaz de realizar dicha tarea. Cuando se trata con algo vivo como él cree que es el agua cuando está sana, no es posible hacer una réplica exacta. Como en el caso de los copos de nieve o las caras humanas, dice, los cristales de agua son creaciones de una miríada de influencias y nunca habrá dos idénticos.

¿Cómo se pueden reproducir las escenas de un calidoscopio? Aparentemente el agua es tan sensible que constituye un registro infinitamente mudable de influencias sutiles.

15 El poder del agua

¿Son sus secretos las claves para solucionar los problemas actuales más molestos?

Jeane Manning

Nuestro sistema mental depende del agua. Nuestros cuerpos físicos están compuestos en dos terceras partes por agua, de modo que está claro que sus cualidades pueden curarnos o perjudicarnos. Ahora sabemos que el agua parece recordar y luego transmitir «información». Hoy en día la frontera más dinámica de la ciencia es la investigación sobre el agua. O quizás se trate solo de reinvestigar, sobre todo si tenemos en cuenta a los investigadores que:

Muestran que la neurociencia suele confirmar los conceptos medievales que sitúan la memoria, la imaginación y la razón en cavidades del cerebro llenas de agua; experimentan con transmitir, desde el agua hasta nosotros, la fuerza vital de la energía chi, también llamada prana a lo largo de la historia; estudian cañerías de agua con formas especiales que usaba la antigua cultura minoica en Creta; muestran que las emanaciones procedentes de las manos de los sanadores transforman el agua; miden las cualidades físicas del «agua sagrada», o los efectos de los propósitos conscientes sobre la estructura cristalina del agua; y construyen prototipos cuya finalidad es usar el agua como fuente de energía.

Algunos estudian el tema en general, por ejemplo los que analizan la afirmación de que los ríos se autoorganizan y se autorrecargan energéticamente por medio de movimientos giratorios. Y otros señalan sus conocidas anomalías: el agua alcanza su máxima densidad a 4° Celsius y se dilata de un modo extraño si se enfría todavía más, (su estado sólido flota en la parte superior de su estado líquido). El agua es un «disolvente universal» que puede combinarse con prácticamente cualquier otro elemento. El principal ingrediente del agua, el hidrógeno, se extiende por todas las galaxias, y el hielo está presente en la polvareda del espacio exterior.

La imagen del agua que se obtiene de todo esto es lo que la autora de *Aquarium Conspiracy,* Marilyn Ferguson, llama «la sustancia más extraña que existe». El aprendizaje de los misterios del agua evoca un conocimiento previo original, como una memoria racial, escribió Ferguson hace algunos años. «Una clarividencia, quizás una ciencia anterior, algo que conocemos desde hace mucho tiempo.»

Antes de que nuestra era materialista perdiera la habilidad de percibir la energética sutil, el agua era fundamental en los símbolos y rituales sagrados. El bautismo. El río sagrado. Las visiones espirituales del océano del amor. Los mitos del Diluvio o de la creación. El ritual de beber las aguas sagradas cuando se visitaba un oráculo o un lugar sagrado. La diosa sumeria Inanna tenía un vaso por corazón del que manaba agua milagrosa. La civilización de la Edad de Bronce, con el rey Minos en su ciudad de Knossos, en la isla de Creta, aparentemente vivía según el principio de que el agua debía ser devuelta a la Tierra en la misma condición que tenía cuando se tomó prestada de ella, tratando toda el agua como sagrada. Nuestra era, en cambio, trata los ríos y los mares como vertederos y nos enfrentamos con la escasez de agua potable. Kart Maret predice que el agua será la moneda de cambio del próximo siglo. Mientras tanto, los que investigan los misterios del agua luchan por conseguir fondos.

Ferguson señala: «La búsqueda para comprender el agua no disfruta del capital ni del glamur de la investigación espacial, aunque puede influir más directamente en nuestras vidas». Mientras los seres humanos destruyen selvas tropicales y alteran otros factores que mantienen nuestro hábitat húmedo, «deberíamos tener presente la sospecha persistente de que Marte fue en el pasado un planeta acuoso».

EL AGUA DEBE MOVERSE; Y MANTENERSE FRÍA

Hemos tenido advertencias de sobra. En el siglo XX Víctor Schauberger (1885-1958), un guardabosques austriaco, advirtió sobre los terrenos baldíos que aparecían en nuestro planeta cuando desaparecían bosques extensos. Observó la interacción del agua con el bosque, por ejemplo la vitalidad del agua pura y fría en arroyos protegidos por árboles. Él aconseja: «Comprender la naturaleza y luego imitarla». Postulaba que el agua es una sustancia viva rítmica. En un signo de madurez, se da a cualquier cosa que precise vida. Sin embargo, el agua puede enfermar si se usa incorrectamente. El agua agonizante puede perjudicar a animales y plantas.

Las aguas calientes y estancadas, estén en una botella o en un embalse, empiezan a deteriorarse. Por el contrario, a 39 grados Fahrenheit, el agua en movimiento es la más densa y fuerte y su capacidad transportadora mejor. Los ríos salvajes tienen un mecanismo de autocontrol inherente si se deja que establezcan su propia homeóstasis, es decir, si se mantienen fríos con vegetación natural colgante y se les permite serpentear libremente y por tanto estar enérgicos gracias a los movimientos giratorios con sentido. La ingeniería humana, que tiene poca visión de futuro —bosques cortados de raíz, megaproyectos de embalses y ríos confinados en canales— modifica el sistema circulatorio de nuestro planeta. Como hemos interferido en el ciclo hidrológico, nos toca enfrentarnos con inundaciones, sequías y otras manifestaciones extremas del agua.

La obra *Living Water* (agua viva), de Olaf Alexandersson, introduce las ideas de Schauberger sobre el manejo de los ríos, los artilugios que funcionan con agua y la energía. Su sucesora es la obra *Living Energies* (energías vivas), de Callum Coats, que podría considerarse el libro de texto de la nueva eco-tecnología: cómo construir o fomentar procesos que no se oponen a la naturaleza sino que trabajan de forma armoniosa con ella. Coats investigó durante dos décadas sobre los descubrimientos de Schauberger, desde la ingeniería forestal hasta las medidas para controlar las inundaciones, desde la fertilidad del suelo hasta la purificación del agua. Leyendo su libro, los hidrólogos pudieron aprender lo cruciales que son las pequeñas variaciones de temperatura en un río. Entre las observaciones de Schauberger estaba la de que el movimiento serpenteante del agua la recarga con energías sutiles.

ENERGÍA HIDRÁULICA SIN EMBALSES

La advertencia del naturalista sigue resonando a lo largo de las décadas: «La tecnología imperante utiliza formas equivocadas de movimiento». Las máquinas del siglo xx dejan residuos porque sus procesos utilizan la mitad destructiva de los ciclos de creación/destrucción de la naturaleza, es decir, los movimientos centrífugos hacia fuera como calentar, quemar, empujar, irradiar o explotar. Canalizan el aire, el agua y los combustibles hacia la clase de movimiento que la naturaleza utiliza para descomponer la materia. Schauberger observó que la fuerza centrípeta en espiral hacia dentro constituye el movimiento creativo, que enfría y aspira sin fricción, que en lugar de destrucción provoca un mayor orden. Aplicó su comprensión del movimiento espiral cicloidal a una amplia variedad de inventos y métodos que están en armonía con el movimiento creativo de la naturaleza. El «mago del agua» encontró soluciones para la agricultura y la producción de energía, así como para el transporte del agua por tuberías que potenciaban el movimiento del agua en espiral hacia dentro.

Los conocimientos de Schauberger están generando experimentos entre los investigadores actuales. Así por ejemplo, unos escandinavos denominados el «grupo Malmö» utilizan la frase «flujo organizado por sí mismo» para describir lo que están creando, dado que la tecnología de Schauberger hacía uso del orden natural espontáneamente creado por un sistema bajo las condiciones adecuadas.

Mientras tanto, nuevos procesos para generar energía, como la BlackLight Power de Randell Mills, transforman el agua corriente en hidrógeno y oxígeno. Paul Pantone de Utah hace funcionar motores con una mezcla de agua y desperdicios; podríamos colocar un pañuelo blanco en un extremo del tubo de escape y el aire que saliera de él no lo ensuciaría.

Hace más o menos un siglo, John Worrell Keely descifró cómo podía hacer funcionar un motor con la energía de cavitación, o implosión, mientras iba condensando y dilatando el agua. Aprovechó un fenómeno que nosotros rechazamos a causa de los prejuicios, el «golpe de ariete» en las tuberías de agua. Dale Pond, investigador de la física de Keely, dice que el motor Hidro-Vacuo de Keely creaba una onda de choque provocada por el golpe de ariete que, si se sincronizaba con el eco de la onda, «produce una Síntesis Aditiva de Amplitud, unas acumulaciones de energía tremendamente aumentadas» rápidamente. Pond advierte que esta amplificación de la resonancia se parece al proceso que es capaz de romper los vasos de vino.

¿CONOCEMOS REALMENTE EL AGUA? LA MEMORIA LÍQUIDA

En unas conferencias sobre la ciencia del agua a las que asistió hace algunos años este periodista —en noviembre de 1998, en el Semiamhoo Resort, en el estado de Washington, financiadas por Living Water Internacional; en una reunión organizada con fondos privados en 1997 en Los Ángeles por Linda McClain; y en el simposio del Institute of Advanced Water Sciences (AWS) que tuvo lugar algunos años antes en Dallas, surgió el tema de que el agua no es un producto homogéneo y sencillo de la naturaleza. El agua de las células vivas tiene una estructura única, y los grupos formados por sus moléculas presentan relaciones organizadas.

Otro factor a tener en cuenta es lo que Schauberger denominaba el agua «tomadora inmadura» *versus* el agua «dadora de vida madura». Dado que el agua que no contiene minerales es un disolvente implacable, si pudiéramos destilar y eliminar el cien por cien de las impurezas de un lote de agua, sería peligrosa beber de ella, porque extraería minerales de nuestros huesos. También está el factor movimiento-vitalidad. El agua embotellada y estancada, aunque esté transparente gracias a las sustancias químicas, está muerta en comparación con el agua de los arroyos. Pero el agua debe moverse de la forma adecuada. Cuando el agua pasa por las ciudades encerrada entre los límites antinaturales de las tuberías metálicas, sus oscilaciones energéticas interfieren y el orden natural de la estructura del agua queda anulado. ¿Cómo lo sabemos? Porque el ingeniero alemán Theodore Schwenk y su Institute for Flow Science desarrollaron una técnica para fotografiar la estructura interna del agua. En las gotas de agua recogidas cerca de manantiales prístinos, aparecía una roseta simétrica. Sin embargo, la estructura interna del agua municipal dañada resultaba caótica. Los contaminantes químicos y la contaminación electromagnética agravan los daños y provocan la agrupación caótica de las moléculas de agua.

En las conferencias hice preguntas como si el «agua viva» es un estado organizado de la materia y la energía, capaz de almacenar y transmitir información. Si fuera así, las repercusiones irían mucho más lejos de la homeopatía y la «medicina energética», y que la interacción entre el agua y la conciencia.

¡David Schweitzer, nieto de Albert Schweitzer, es el primer científico que ha fotografiado los efectos de los pensamientos capturados en el agua! Sus fotografías muestran que el agua puede actuar como un sistema de memoria líquida capaz de almacenar información. David Schweitzer tropezó por primera vez con esta pista haciéndose un experto en análisis de sangre. Aprendió que los glóbulos sanguíneos se expresan con una geometría sagrada y otras formas y colores armoniosos. Dado que los glóbulos sanguíneos suelen estar presentes en el agua, siguió buscando respuestas sobre nuestros procesos mentales en esta sustancia. Tras diez años observando la sangre, en 1996 llevó a cabo el descubrimiento que abrió la puerta para poder fotografiar las frecuencias almacenadas en los remedios homeopáticos y naturales y para investigar el impacto de los pensamientos positivos y negativos sobre los fluidos corporales.

Le contó a Joseph Duggan, en Vancouver, lo siguiente: «Después de haber estudiado la relación entre el cerebro, las células y las emociones, me di cuenta de que se necesitaban determinados oligoelementos para mandar información de una zona del cerebro a otra». Los minerales no podían transmitir información por sí solos. Schweitzer siguió experimentando para averiguar si el transmisor era la propia agua. El científico francés Jacques Benveniste ya había arrojado algo de luz sobre la memoria del agua en la homeopatía. Él y otra docena de científicos demostraron que el agua puede retener una memoria de las moléculas que ha contenido. En 1988 la revista *Nature* publicó sus experimentos mostrando que si un agua con anticuerpos se diluía repetidas veces, hasta no contener ni una sola molécula del anticuerpo, las células inmunes seguían respondiendo al agua. La publicación provocó la indignación de los profesores ortodoxos y la revista acabó mandando un equipo al laboratorio de Benveniste, formado entre otros por el mago James Randi y por Walter Stewart, alguien que se había autoproclamado investigador de los fraudes científicos. El equipo decidió que los resultados obtenidos por los científicos franceses eran un «error». Sin embargo, un libro reciente de Michel Schiff dice que lo que fue un error es la difamación de Benveniste.

Schweitzer dice que había aspectos de la investigación homeopática que no podían medirse con los instrumentos de los investigadores. La caza de brujas de Francia no impidió que siguiera pensando de forma radical. Recordó la idea de Albert Einstein de que determinados «cuerpos ligeros», conocidos como células somáticas, actúan de formas que todavía no comprendemos. Una mañana Schweitzer se despertó sabiendo qué podía hacer para conseguir que esos cuerpos ligeros fueran visibles; empezó a trabajar en un microscopio fluorescente con una intensidad de luz determinada. Quería ver cómo cambiaban las células somáticas en respuesta a los pensamientos y otras influencias. Justo antes de que el agua que había en la platina del microscopio se evaporara, vio como se desarrollaban determinadas formaciones «dependiendo de los pensamientos o la energía ambiente de la que se hubiera impregnado. Observé que dicha agrupación podía modificarse a voluntad». Trabajos posteriores demostraron que los cuerpos livianos microscópicos presentes en el agua se intensificaban en presencia de pensamientos positivos. Brillan intensamente si los pensamientos están respaldados por emociones, e importa mucho si las emociones son positivas o negativas.

Intrigado por esos cuerpos diminutos, hizo pruebas con agua sagrada de distintas religiones de Italia, Rusia, Yugoslavia y América del Norte y observó que las células somáticas seguían flotando incluso muchos años después de que el agua fuera embotellada y colocada en una estantería. «Eso significa que existe un equilibrio ideal en el que las células somáticas nunca se tocan entre sí, lo que les confiere una máxima capacidad para almacenar información.» Al estudiar los remedios homeopáticos, descubrió que era crucial tener cuidado al almacenar las medicinas energéticas. El alergólogo francés Jacques Benveniste había descubierto que los circuitos electrónicos pueden grabar información duradera en el agua, y que la radiación electromagnética de baja frecuencia y el calor destruyen la fuerza homeopática. Además, Schweitzer tiene una advertencia con respecto al agua purificada que compramos en botellas de plástico transparente y que ha sido expuestas a luz fluorescente. Si solo bebemos ese tipo de agua, se nos secan los labios, se nos agrietan y se nos rajan. «Normalmente, beber agua no nos seca la boca, pero la luz fluorescente cambia la estructura del agua de forma que reseca las membranas mucosas».

Randy Ziesenus, de Edmund, en Oklahoma, dice que cualquiera puede mejorar personalmente el agua que utiliza. «Es sorprendente lo que sucede si coges un vaso de agua, lo sujetas con las manos y le pides a tu Yo superior que trabaje con esa agua y consiga lo que necesitas para estar bien. Y luego te la bebes; es increíble lo que ese pequeño ritual puede conseguir». Ziesenus es el presidente de Bio-Com, una compañía especializada en el desarrollo de la biotecnología que usa frecuencias de radio (RF) para modificar la estructura afectiva del agua. Afirma lo siguiente: «Si bebes agua que está en armonía con el cuerpo humano, el agua atraviesa el cuerpo en 10-15 minutos. Y luego tienes que ir al baño. El agua (armoniosa) elimina las toxinas».

Una de sus invenciones condensa agua procedente del aire. «Es una de las cosas más grandes con las que he trabajado: utilizar frecuencias para sacar humedad del aire». Él y otros investigadores de Los Alamos National Laboratory están trabajando en «un programa que consiste en coger un artilugio con una célula fotoeléctrica y ponerlo en un desierto; en una sola noche producirá cerca de cuatro litros de agua». La unidad funciona con fotovoltaicos (electricidad procedente de la luz solar). Ziesenus está de acuerdo con la afirmación de Schweitzer de que nuestra electricidad AC (corriente alterna) deja una huella perjudicial en el agua.

El principal ingrediente del agua, el hidrógeno, se extiende por todas las galaxias, y el hielo está presente en la polvareda del espacio exterior.

WILLIAM TILLER

En la conferencia sobre agua viva, el profesor emérito William Tiller destruyó la opinión convencional de que los seres humanos no pueden interactuar de forma significativa con sus experimentos. «La ciencia convencional declararía de forma incluso más enfática que las intenciones humanas específicas no pueden concentrarse en un simple artilugio electrónico, que luego es utilizado para influenciar de forma significativa en un experimento de acuerdo con la intención específica. Hemos realizado un test válido y hemos descubierto que la conclusión de la ciencia convencional está seriamente equivocada».

En su trabajo Tiller describe a personas que son capaces de mantener intenciones altamente coherentes a modo de «marcadores». Así por ejemplo, un grupo de estas personas se sentaba alrededor de una mesa y transmitía la intención «para activar la conciencia inherente al sistema» de forma que el pH del agua experimental aumentara o disminuyera de forma significativa comparada con el control. Y lo hizo. ¿Cómo lo explicaba Tiller? La teoría usada por Tiller y el investigador con el que lo hizo, Walter Dibble Jr, es multidimensional. Estos científicos ven el agua como un material especial, «muy apropiado para la transmisión de información/energía desde este campo de frecuencia a nuestro campo convencional de cognición, el físico». En cuanto al factor de la capacidad mental —si los marcadores conocen la ciencia suficiente como para visualizar cambios en el pH— Tiller dijo: «La inteligencia desconocida del Universo es un factor incluso más importante». Luego añadió: «En mi opinión, lo que origina la fuerza vital es la chispa del Espíritu presente en las células».

Otro científico que asistió a la conferencia, Glen Rein, señala que los físicos conocen la existencia de campos energéticos que tienen unas propiedades que las ecuaciones clásicas no pueden explicar. Llama a los campos no clásicos campos cuánticos. El trabajo de Rein muestra de nuevo que esta energía no electromagnética —la información procedente del vacío primordial del espacio— puede almacenarse en el agua y luego comunicarse con las células vivas.

Quizás el comentario más llamativo de Víktor Schauberger sea que las cualidades sutiles del agua pueden afectar a los seres humanos mental y espiritualmente, influyendo en la revitalización o el deterioro de la sociedad. Thomas Narvaez ha demostrado para su propia satisfacción que existe un factor de vitalidad y que puede aumentarse o disminuirse en el agua por medio de la actividad humana. «Ahora sabemos que nuestros pensamientos no solo influyen en nuestro propio cuerpo, sino también en el cuerpo de esos que nos rodean. Los miembros de este grupo (hablando con el Institute of Advanced Water Science) que embotellan el agua o que trabajan con energías transmitidas como los cristales o los imanes tienen por lo tanto la responsabilidad de mantener nuestra visión del mundo optimista y positiva».

16 LA SEÑORA CURIE Y LOS ESPÍRITUS

¿Qué debemos pensar de la extraña alianza entre una científica ganadora del premio Nobel y una médium famosa?

John Chambers

El contraste entre la médium y la mujer científica que participaba en sus sesiones de espiritismo no podía ser mayor.

Ocurrió en el año 1905, en el Instituto Psicológico de París, en Francia. La médium era Eusapia Palladino, la vidente europea más respetada de su tiempo y la primera que fue estudiada exhaustivamente por muchos de los principales científicos de todo el mundo.

La científica era Marie Curie, la primera mujer que había conseguido fama mundial como científica y que en 1903 había ganado, junto con Henri Becquerel y su marido Pierre, el premio Nobel de física por su trabajo sobre la radioactividad. (En 1911, Marie Curie recibiría un segundo premio Nobel, en esta ocasión de química, por descubrir el radio y el polonio, y por aislar el radio.)

Eusapia Palladino, nacida en 1854 en una aldea de montaña llamada Minervo Murges, en Italia, no sabía ni leer ni escribir. Durante su infancia se golpeó la cabeza y se hizo un agujero en el cráneo, que latía cuando estaba en trance; según los entendidos, la caída era la causante de sus ataques de histeria, su sonambulismo, su epilepsia y su catalepsia. Su madre murió durante su parto, su padre fue asesinado cuando ella tenía ocho años y su abuela la maltrataba y la puso a trabajar de sirvienta a los catorce años. Eusapia hablaba un italiano propio de los barrios bajos y, cuando entraba en trance, una extraña mezcla de italiano y francés que resultaba prácticamente ininteligible. Esta vidente indomable, de carácter tempestuoso e iracundo, odiaba asearse, pero disfrutaba bebiendo y seduciendo a marineros.

La científica mundialmente famosa que sujetaba la mano de Eusapia en la sesión espiritista de 1905 no podía ser más distinta. Marie Curie, de soltera Manya Sklodowska, nació en Varsovia, Polonia, en 1867. Fue educada por unos padres cariñosos, cultos y muy inteligentes; su madre era una pianista con mucho talento y era la directora de un colegio para señoritas; su padre era un científico empobrecido y trabajaba como profesor y subinspector en un instituto dirigido por el gobierno ruso. En su época de estudiante en París, Marie sabía hablar, leer y escribir en polaco, francés, ruso y alemán y tenía conocimientos profundos de otras lenguas. Fue la primera de su promoción en el máster de física que hizo en la Sorbona, con 25 años, y la segunda en un máster de matemáticas, a los 26 años; en ambos casos fue la primera mujer en finalizar el programa. Obtuvo su doctorado por la Sorbona a los 36 años, pero casi como algo adicional, ya que para entonces ya contaba con el respaldo de sus principales descubrimientos científicos. Marie se movía con comodidad entre las mentes más privilegiadas de su tiempo. Aunque era una mujer muy liberada y nada ortodoxa, se comportaba con propiedad (la única excepción fue su apasionada aventura amorosa con Paul Langevin, un científico brillante pero que estaba casado, dos años después de la muerte de su marido). Escribió varios libros, entre ellos su autobiografía en inglés.

Marie Curie era hermosa; Eusapia Palladino no. La chiquilla polaca era menuda como una figura de porcelana, tenía el pelo fino de color rubio ceniza, los pómulos salidos y unos ojos color gris intenso que resultaban amables cuando no estaban perdidos en sus pensamientos. La postura perfecta de Marie realzaba la atractiva esbeltez de su figura: unos tobillos finos, unas muñecas finas y una cintura muy estrecha. Con la edad, una cierta austeridad, incluso una cierta seriedad, enmascararon sus rasgos e hicieron que empezara a andar de forma más lenta, pero no perdió nunca la delicada belleza de su aspecto físico.

Eusapia Palladino, por su parte, no tenía ningún atractivo físico. Era baja, con tendencia a engordar, se vestía de negro y andaba como un pato. Tenía la boca permanentemente torcida hacia abajo en una mueca que expresaba... ¿desdén?, ¿sarcasmo?, ¿sufrimiento? Nadie lo sabía. Sus ojos se hundían en una cara de bulldog con una doble barbilla, escondiendo en lo más profundo un fuego siniestro que presagiaba sus explosiones repentinas de furia. La sexualidad liberal de Eusapia le proporcionaba un atractivo vibrante, pero a los científicos que buscaban en ella energías ocultas les resultaba fácil ignorar dicho atractivo.

¿Qué hacía Eusapia Palladino? Pues cosas que hacían que pareciera salida de otro planeta, distinto al de Marie Curie. Deborah Blue describe sus actividades en el libro *Ghost's Hunters: William James and the Search for Scientific Proof of Life After Death* (Penguin, 2006 – «Cazadores de fantasmas: William James y la búsqueda de pruebas científicas de que hay vida después de la muerte): «Hacia volar los muebles. Conseguía que aparecieran marcas en las hojas de papel simplemente extendiendo la mano. Atada a una silla, lograba que aparecieran huellas dactilares en un trozo de arcilla lisa que se encontraba al otro lado de la habitación [...]

Durante una sesión de espiritismo en Génova, aparecieron unas luces que brillaban por encima de la cabeza como si fueran luciérnagas danzando. Una luz se posó en la palma de la mano de uno de los observadores, un ingeniero alemán». Eusapia hacía aparecer objetos de la nada; canalizaba oralmente lo que decían los espíritus; realizaba escritura automática; extendía su cuerpo «ectoplasmáticamente», tocando a otras personas con sus brazos inmateriales.Y hacía mucho más, y lo hacía todo de forma intermitente, inesperadamente, nunca bajo presión y, en muchas ocasiones, de forma fraudulenta. Los científicos distinguidos que asistían a sus sesiones siguieron enfrentados a muerte hasta el final con respecto a la naturaleza de sus logros.

¿Por qué se metió en esto Marie Curie? Deborah Blue responde a esta pregunta en la página de tribuna del *New York Times* del 30 de diciembre de 2006:

> *Los estudios científicos acerca de lo sobrenatural empezaron a finales del siglo XIX, en sincronía con la edad de la energía. No es casualidad que a medida que la ciencia tradicional empezaba a revelar el potencial oculto de los poderes de la naturaleza —campos magnéticos, radiación, ondas de radio, corrientes eléctricas— los investigadores de fenómenos paranormales empezaran a sugerir que lo oculto funcionaba de forma parecida.*
>
> *Un buen número de estos investigadores de lo oculto eran científicos que estudiaban los circuitos altamente cargados de la naturaleza. Marie Curie, que realizó parte de las primeras investigaciones con elementos radioactivos como el uranio, asistía a las sesiones de espiritismo para evaluar los poderes de los médiums. Y también el físico británico J.J. Thomson, que demostró la existencia del electrón en 1897. Y también el colega de Thomson, John Strutt, Lord Rayleigh, que ganó el premio Nobel de física en 1904 por su trabajo con los gases atmosféricos.*
>
> *Más tarde Rayleigh sería el presidente de la British Society for Psychical Research. Junto a él se unirían a esta organización otros físicos, entre ellos el pionero de la telegrafía sin cables Oliver Lodge, quien sugirió que tanto la telepatía como las apariciones espectrales se conseguían por medio de transmisiones de energía que conectaban las mentes vivas entre sí y quizás incluso las mentes de los vivos con las de los muertos.*

Disponemos de un testimonio escrito sobre una de las sesiones de espiritismo de Eusapia Palladino en la que estaba Marie Curie. (Ella y Pierre fueron a varias en 1905.) Es de Charles Richet, ganador del premio Nobel de psicología en 1913 y uno de los investigadores europeos contemporáneos de fenómenos ocultos más destacados:

(La sesión de espiritismo) [...] se realizó en el Instituto Psicológico de París. Tan solo estábamos la señora Curie, la señora X, un amigo polaco de esta y P. Courtier, el secretario del Instituto. La señora Curie estaba a la izquierda de Eusapia, yo a su derecha, la señora X un poco más allá, tomando notas, y el señor Courtier todavía más lejos, al otro extremo de la mesa. Courtier había colocado una doble cortina detrás de Eusapia; la luz era débil pero suficiente. Podía ver claramente sobre la mesa como la señora Curie sujetaba la mano de Eusapia, y la mía sujetando la mano derecha de esta última [...]Vimos como la cortina se hinchaba, como si algún objeto grande la empujara [...] pedí que me dejara tocarla [...] sentí la resistencia y noté una mano real, que cogí entre las mías. Podía notar los dedos a través de la cortina [...] la sujeté firmemente y conté 29 segundos, tiempo durante el que pude observar que Eusapia tenía ambas manos sobre la mesa y que aproveché para preguntar a la señora Curie si estaba segura de su control [...] Transcurridos los 29 segundos dije: «Quiero algo más, quiero uno anello («un anillo»). Al momento la mano me hizo notar un anillo [...] me cuesta imaginar un experimento más convincente [...]. En este caso se produjo no solo la materialización de una mano, sino también de un anillo.

¿Cuál fue la reacción de Marie Curie ante dicha escena? No lo sabemos. Pero sí conocemos la reacción de su marido acerca de las sesiones de espiritismo de Eusapia Palladino. Pierre Curie, un científico cuyos eminentes logros en el campo

La científica mundialmente famosa Marie Curie (1867 – 1934).

de la piezoelectricidad, la simetría en los fenómenos físicos, el magnetismo y, más adelante, la radioactividad hablaban por sí mismos. Maurice Goldsmith escribe: «Los Curie, sobre todo Pierre, creían en el espiritualismo [...] Pierre pensaba que Palladino trabajaba «en condiciones (científicamente) controladas». Después de una sesión de espiritismo en la Society for Physical Research, donde en una habitación bien iluminada «sin posibles cómplices» observó cómo las mesas se levantaban misteriosamente del suelo, los objetos volaban por la habitación y manos invisibles le pellizcaban y le acariciaban, escribió lo siguiente a George Gouy: «Espero que seamos capaces de convencerte de la realidad de estos fenómenos o al menos de algunos de ellos».

Unos días antes de su muerte Pierre había escrito sobre su última sesión de espiritismo con Palladino: «Hay aquí, en mi opinión, un campo entero de estados físicos y hechos completamente nuevos en el espacio de los que no tenemos ni idea». En 1910, cuatro años después de la muerte de Pierre, cuando Marie fue rechazada por la Academy of Sciences, Henri Poincaré escribió que el espíritu de Pierre se había dirigido a Marie y había tratado de consolarla diciéndole: «La próxima vez tú serás la elegida».

Hubo un momento concreto en que Marie Curie pareció manifestar de repente, dolorosamente, que creía en el más allá. Eso fue cuando Pierre, al que amaba apasionadamente, y que era, según parece, un hombre excepcionalmente bueno así como un científico excepcionalmente genial, murió repentinamente en un accidente de tráfico el 19 de abril de 1906, en París. Había resbalado mientras cruzaba distraídamente la calle bajo la lluvia; su cabeza quedó aplastada bajo las ruedas de un pesado carruaje y murió casi al instante. Tenía 47 años.

Marie jamás llegó a recuperarse de su pérdida. Unos 24 años más tarde, mientras intentaba reconstruir la cronología de su vida, escribió lo siguiente sobre ese 19 de abril de 1906: «Perdí a mi amado Pierre, y con él cualquier posibilidad de esperanza o apoyo para el resto de mi vida». Durante los días que siguieron a la muerte de Pierre, escribió en un diario íntimo (que no salió a la luz hasta muchos años después) palabras estremecedoras que, aunque salidas de ella en un momento de terrible conmoción, sugieren que sus creencias en el mundo de los espíritus eran algo más que pasajeras.

Escribió: «Apoyé la cabeza (en el ataúd). Te hablé. Te dije que te quería y que siempre te había querido con toda mi alma [...] Me pareció que a través de ese frío contacto entre mi frente y el ataúd me llegaba algo, algo parecido a la calma y a la intuición de que encontraría la fuerza para seguir viviendo. ¿Fue una ilusión o se trataba de una acumulación de energía condensada en el ataúd cerrado que venía de ti lo que me llegó... como un acto de caridad por tu parte?».

Luego añadía: «A veces tengo la idea absurda de que vas a volver. ¿Acaso no lo pensé ayer al oír el sonido de la puerta de casa que se cerraba, no tuve la idea absurda de que eras tú?».

La muerte de Pierre Curie fue la mayor tragedia de la vida de Marie Curie. La soportó con una entereza adusta y amarga. Había sido educada en la fortaleza; para los polacos la tragedia era el pan nuestro de cada día en la Europa del siglo XIX. Después de la derrota de Napoleón en Waterloo, en 1815, Polonia había sido cedida a Rusia, Prusia y Austria. Rusia suprimió el nombre de Polonia y durante el siglo siguiente intentó absorber el país; los polacos no recuperarían su soberanía hasta el final de la Primera Guerra Mundial. Los dos alzamientos infructuosos de los polacos contra los rusos, que tuvieron lugar en 1830 y en 1863, empeoraron más las cosas. Los vengativos rusos no permitían que las mujeres polacas realizaran estudios superiores; Marie, sedienta de conocimiento, proseguía su educación en clases «relámpago» clandestinas o por su cuenta. Consiguió ahorrar el dinero suficiente trabajando de institutriz y se marchó a París; allí pasó años de estudio en un desván sin calefacción, subsistiendo a base de té, chocolate, pan y fruta y durmiendo muy poco ya que estudiaba de día y de noche. Sus logros le proporcionaron premios y subvenciones. Pero sus años heroicos de esfuerzo la habían endurecido contra la adversidad, mientras aprendía a no descartar nada y a alargar la mano en todas direcciones; si esta dura mujer con tanto talento decidió pasar parte de su preciado tiempo con Eusapia Palladio, quizás deberíamos dar a esa vidente rebelde y genial como mínimo el beneficio de la duda.

17 Los militares místicos de la India

¿Están los monjes tibetanos modificando el equilibrio de fuerzas del subcontiente de la India?

John Kettler

Los chinos invadieron el Tíbet y el Dalai Lama huyó. Esa parte de la historia la conoce mucha gente. Pero son pocos los que conocen los estragos y la represión sistemática que se está ejerciendo sobre su cultura, sus instituciones, sus monumentos, sus escritos y, sobre todo, de la propia población tibetana; los tibetanos se han convertido en forasteros infrahumanos en su propio país, deliberadamente desahuciados por oleadas de inmigrantes chinos introducidos para «achinar» el Tibet. Y los monjes tibetanos han sido el objetivo directo y específico de la represión china, porque ellos son los que simbolizan la esencia de la cultura tibetana, sus profundas creencias espirituales que constituyen el polo opuesto del comunismo; y es en ellos en los que reside la mayor parte de su tradición cultural.

Perseguidos en su propio país, muchos, como el Dalai Lama antes que ellos, han huido a la India, según se dice llevándose con ellos un montón de habilidades místicas, unas habilidades desarrolladas por generaciones sucesivas de monjes durante milenios. Pues bien, esto ya sería noticia por sí solo, pero en realidad no es más que el punto de partida de toda la historia.

En teoría las fuerzas militares indias están explotando a estos refugiados por sus técnicas místicas tanto tiempo guardadas, buscando evidentemente algún tipo de ventaja militar única.

Sí, eso puede parece algo decididamente «lejano», pero los lectores de *Atlantis Rising* quizás recuerden el artículo anterior del autor (del número 51 de la revista *Atlantis Rising*), «The Indian Antigravity Report: Has a Modern Technological Breakthrough Been Developer from Ancient Sorces?» (Reportaje sobre la antigravedad india: ¿Se ha desarrollado a partir de fuentes antiguas algún adelanto tecnológico moderno?). En él se desenmascara lo que podría considerarse como una especie de proyecto Manhattan indio, con la salvedad de que la India hace mucho que tiene la bomba atómica, además de una serie de medios de entrega. Pero hay más; la antigravedad y otras tecnologías, obtenidas de la más extraña de las fuentes: antiguos poemas e historias religiosas indias tales como el *Ramayana* y las *Vedas,* con datos que extraen usando expertos en sánscrito y clérigos hindús, además del lote habitual de militares y expertos técnicos. Ahora, sin embargo, otra pieza de lo que está sucediendo ha salido a la luz, y lo ha hecho a través de un artículo aparecido en la versión electrónica del *India Daily* bajo el título «Tibetan monks can become invisible and fly – stealth and anti-gravity reverse engineering from UFOs?» (Los monjes tibetanos pueden volverse invisibles y volar: ingeniería de la invisibilidad y la antigravedad procedente de los OVNIS) (véase www.india-daily.com/editorial/2251.asp).

En él se nos informa de que los monjes tibetanos son capaces de hacer toda clase de cosas sorprendentes, aunque nunca las hacen en público, pero que no son los únicos ya que también los ermitaños hindús que viven perdidos en el Himalaya pueden hacerlas. Además, el artículo dice que luchar de modo clandestino y usando la antigravedad eran cosas corrientes en esa misma bibliografía sagrada hindú mencionada arriba. Evidentemente, los indios están intentando reconectar con una parte perdida de sus capacidades completas.

LA CAPACIDAD MÍSTICA ANTIGUA EN LA GUERRA MODERNA

La información acerca de lo que viajeros han visto y a veces incluso filmado en el Tíbet es extraordinaria. Hay relatos sobre monjes vestidos con taparrabos y con toallas mojadas alrededor del cuello que se sientan con las piernas cruzadas sobre la nieve en pleno invierno y que, usando una respiración especial pensada para elevar el chi o fuerza vital, compiten para ver quien consigue secar su toalla primero. Las aplicaciones de dicha habilidad para combatir en invierno y con clima adverso son evidentes, ya que las tropas heladas y húmedas suelen resultar ineficaces y a menudo se convierten en bajas.

Monjes tibetanos tocando grandes trompas rituales.

Existen relatos de visitantes que han visto a monjes desplazándose a pie, a veces tremendamente cargados, abriéndose camino por el campo muy concentrados y a una velocidad más conocida por aquellos a los que les gusta ver al correcaminos de los dibujos animados en acción. Si un visitante expresaba el deseo de hablar con alguno de esos modelos de comportamiento humano, se le advertía sistemática pero educadamente de que dicha interrupción podía «dañar» al monje, aunque no el mecanismo, aparte de que constituía un «shock» para el organismo del monje.

En contra de lo que podamos pensar por las noticias y las películas, incluso los combates modernos exigen andar mucho, y hay muchos lugares a los que no pueden acceder los vehículos. Los británicos reaprendieron esta lección a las duras en las Malvinas; cuando el buque de transporte *Atlantic Conveyor* se hundió, de repente se vieron privados de sus helicópteros y las tropas hambrientas y tremendamente cargadas tuvieron que realizar una marcha penosa a través de la isla rumbo a una batalla en Goose Green. A lo largo de la historia son muchas las batallas que han ganado los ejércitos que simplemente conseguían dejar atrás a sus enemigos y apropiarse de terreno vital primero. ¿Qué pasaría si los indios pudieran adiestrar a sus tropas consiguiendo un estado mental que les permitiera avanzar más rápidamente que las tropas enemigas?

Los ejércitos modernos suelen usar mucha maquinaria pesada, como carros de combate blindados, grúas, etcétera, que les facilitan determinadas tareas, pero

¿Están los monjes tibetanos modificando el equilibrio de fuerzas del subcontiente de la India?

sigue siendo necesario mucho trabajo manual para cavar las posiciones de combate, llenar sacos de arena, construir búnkeres y otras tareas parecidas. ¿Qué pasaría si hubiese otra forma de conseguir esta clase de resultados pero sin todo ese equipo y el mantenimiento y la logística que requiere? Imaginemos que los tibetanos tienen algo increíble que ofrecer, la levitación acústica y colocación de objetos pesados. Sí, lo ha leído bien.

Bruce Cathie, que investigaba sobre la antigravedad, en su monografía «Acoustic Levitation of Stones» (levitación acústica de piedras), una parte de la obra *Antigravity and the World Gris* (la antigravedad y la red mundial), editada por David Hatcher-Childress, cuenta lo siguiente; en 1939 un médico sueco que se llamaba Jarl se encontraba en Egipto procedente de Oxford. Estando allí contactó con un mensajero de un amigo tibetano que había estudiado con él en Inglaterra. El mensajero pidió a Jarl que fuera urgentemente al Tíbet para tratar a un viejo lama (un monje tibetano) que estaba enfermo. Se trataba de un lama importante y la visita de Jarl se prolongó. Gracias a ello Jarl no solo tuvo acceso, un acceso sin precedentes, a lo que tradicionalmente se consideraba secreto, sino que incluso le permitieron filmarlo. ¡Y vaya filmaciones! Mostraban una serie de tamborileros, trompeteros y monjes cantando y salmodiando, cuidadosamente dispuestos, alineados en un arco de 90 grados que medía 63 metros; el arco salía de una piedra que medía 1 x 1,5 metros * que estaba colocada en un cuenco de 1 metro hecho de piedra pulida lisa en medio de un prado. Había un total de 13 tambores y seis trompetas tibetanas.

Lo que ocurrió a continuación precisa de una cita directa:

> *Cuando la piedra estuvo en posición el monje que estaba detrás del tambor pequeño dio la señal para que empezara el concierto. El tambor pequeño tenía un sonido muy nítido y podía oírse incluso con todos los demás instrumentos haciendo un estrépito terrible. Todos los monjes estaban cantando y salmodiando una oración, aumentando poco a poco el tempo de ese ruido increíble. Durante los cuatro primeros minutos no sucedió nada, luego, a medida que el tamborileo y el ruido aumentaban, el enorme bloque de piedra empezó a mecerse y a balancearse y de repente empezó a subir hacia el cielo a una velocidad increíble en dirección a la plataforma que estaba delante del agujero de una caverna, a 250 metros de altura. Estuvo subiendo durante tres minutos y luego aterrizó en la plataforma.*

---

* No se da una tercera dimensión, pero probablemente era de un metro, para corresponder a la descripción del cuenco.

Llevaban continuamente bloques nuevos al prado y los monjes, utilizando este método, transportaron entre 5 y 6 bloques por hora describiendo un vuelo parabólico de unos 500 metros de largo y unos 250 metros de alto.

Para aquellos de ustedes que no estén acostumbrados al sistema métrico, lo que hacían era lanzar, de un modo controlado y repetido, usando únicamente el sonido concentrado y la oración, rocas que pesaban cientos de libras a una altura de 82 pisos y a una distancia de casi una tercera parte de una milla. En este caso, las rocas iban a parar a un saliente de un alto precipicio, al que solo podían acceder desde arriba los monjes del grupo de trabajo, para excavar un túnel natural. Piense solo en lo que habría costado hacer sino este trabajo, tanto en equipamiento como en trabajo manual, en ese lugar de tan difícil acceso. Incluso en la actualidad sería una empresa costosa y de gran envergadura.

Las aplicaciones militares de esta levitación acústica resultaban tan obvias que la English Scientific Society, para la que trabajaba Jarl, cogió las dos impresionantes películas que Jarl había grabado y las declaró material «confidencial». No se dieron a conocer hasta 1990, y el escritor no está seguro de si ocurrió o no.

La monografía aludida contiene una descripción más amplia, junto con una discusión detallada sobre el pensamiento matemático especial de fondo que se cree hace funcionar el fenómeno de la levitación.

EL MISMO O MEJOR RESULTADO, UN ENFOQUE DISTINTO

Uno de los temas recurrentes de *Atlantis Rising* y de muchos de los propios sondeos del escritor es que hay muchas formas de obtener un efecto determinado, y que esta no tiene por qué ser necesariamente de la forma que se hace en Occidente. Un ejemplo muy simple que sigue siendo válido en la actualidad es el diseño de la sierra. Las sierras de mano de occidente cortan hacia abajo, mientras que las sierras japonesas, que tienen los dientes en el lado opuesto que nuestras sierras, cortan hacia arriba, un método que ellos consideran más «armonioso» y, desde una perspectiva animista, «respetuoso con la madera». Si tenemos en cuenta su larga historia de magníficas construcciones de madera, que van desde rompecabezas hasta templos, está claro que les ha ido bastante bien. En realidad, ciertas creaciones de algunos carpinteros japoneses son muy apreciadas en Occidente, precisamente a causa de su elegancia y destreza.

El ejemplo anterior es solo la punta del iceberg. En Occidente la mayoría de nosotros, especialmente en las comunidades científicas, técnicas y médicas, solemos pensar que nuestra forma de hacer las cosas es la única y la mejor, cuando las pruebas muestran claramente que muchos de nuestros «más grandes descubrimientos» y de nuestros «logros más fantásticos» son simplemente recapitulaciones de lo que se hizo cientos, miles y a veces incluso decenas de miles de años antes. ¡Es algo embarazoso y molesto, pero completamente cierto! Eso nos lleva a la elocuente frase que aparece en la Biblia, «coláis el mosquito».

Christopher Duna ha demostrado, por ejemplo, que ni siquiera las técnicas mecánicas más modernas pueden producir la increíble lisura y ortogonalidad que él personalmente vio y midió dentro del sarcófago de granito del Serapeum en Saqqara y dentro de la Gran Pirámide en Giza. Sin embargo, la corriente principal de la arqueología sigue sosteniendo como si nada que eso se hizo con un «sistema visual uno», cinceles de cobre y bolas de diorita. ¡Seguro! Asimismo nos dicen que para construir la Gran Pirámide se movieron un millón de bloques de piedra caliza de 2,5 toneladas mediante trineos (con o sin cilindros) por rampas de suave pendiente, olvidando muy oportunamente que el núcleo de dicha pirámide se hizo con bloques de granito de 70 toneladas.

Se pensaba que la trepanación (hacer agujeros en el cráneo) era una técnica moderna, hasta que se encontraron pruebas de que los neandertales la usaban y que los pacientes seguían viviendo muchos años. Las cuhillas de obsidiana de los antiguos han resultado ser más afiladas que nuestros mejores bisturís quirúrgicos de acero, y ahora vuelven a usarse como escalpelos. Pensábamos que habíamos descifrado cómo producir y usar la electricidad, pero hemos descubierto que los antiguos estaban electrochapeando metales base con oro y ahora disponemos de pruebas de que los egipcios posiblemente tenían algún tipo de luces eléctricas. Los fabricantes de relojes occidentales estaban muy pagados de sí mismo hasta que apareció el antiguo mecanismo griego de Antikitera, que podía predecir y seguir la trayectoria de complejos fenómenos astronómicos por medio de un sistema increíblemente complejo de engranajes, que no ha sido analizado y reconstruido definitivamente hasta hace poco.

«¡Está bien, está bien. Los antiguos hicieron algunas cosas increíbles, pero nosotros hemos inventado la bomba nuclear!» Lo siento, también en eso llegamos tarde, tal y como queda atestiguado no solo en el *Ramayana* y el *Vedas,* sino también en los mismos muros de Mojensho Daro, donde los investigadores han encontrado no solo las mismas «sombras humanas» horribles que se formaron en Hiroshima y Nagasaki, sino también índices elevados de radiación; y es algo que también se ha hallado allí donde una vez se erigieron Sodoma y Gomorra, lugar donde una tradición antigua advierte que no debe darse de beber a los animales para que no enfermen y mueran, tradición que fue verificada por Zechariah

Sitchin por medio de análisis científicos en los años treinta. ¿Y sabía que la traducción correcta de la expresión hebrea «columna de sal», en la que la mujer de Lot fue convertida según la Biblia, debería en realidad ser «columna de ceniza», y que eso es exactamente lo que les ocurre a las personas cercanas al terreno que está justo encima o debajo de la explosión atómica, cuando detona una bomba nuclear o termonuclear? Esto no es nada comparado con la abundancia de informes explícitos e incluso detallados que encontramos en las obras sagradas hindús, con ciudades destrozadas, ejércitos consumidos por columnas de humo y cosas peores. ¡Y por si esto fuera poco, también se usaban misiles y armas láser de distintos tipos!

A pesar de lo impresionantes que son todos estos logros antiguos, no son el tema central del artículo que apareció en el *India Daily* ni lo que quiere dejar claro el autor; lo que él quiere dejar claro es que cuanto más avanzada es una sociedad, menos necesita la tecnología de por sí, y más capaz es de lograr cosas a través del pensamiento y de la voluntad, lo que en el artículo se llama «poder espiritual», un concepto que encontramos una y otra vez en los textos antiguos, en las conversaciones con los Chamanes y en un montón de informes sobre contactos con ovnis.

Existen relatos de que determinadas culturas nativas (por ejemplo, los Hopi y los aborígenes australianos), renunciando a las ventajas de la vida moderna, actúan a modo de contrapeso sustancial y consciente ante el estrés y la tensión infligidos al planeta por las culturas altamente tecnológicas que «viven a tope». Leemos que lo que hacen las civilizaciones menos avanzadas con la tecnología, las más avanzadas lo hacen con el poder de sus mentes, moldeando literalmente la realidad para satisfacer sus necesidades. Lo cual por supuesto nos lleva a todas esas advertencias de los maestros religiosos y metafísicos de que vigilemos lo que pensamos y lo que decimos.

El lado positivo de todo esto estaría en conceptos como la «creación consciente» y la «co-creación».

Ciertas fuentes hablan de que la Tierra está en cuarentena porque sus habitantes podrían causar estragos a gran escala en el Universo; lo cual demuestra el principio de que el mero hecho de nombrar las cosas hace que existan. Un ejemplo muy típico de dicho concepto es el decreto divino que dice «¡Que se haga la luz!» No obstante, si aquí en el planeta no conseguimos, por alguna razón, vivir en armonía los unos con los otros, ¿se imagina el increíble trastorno que podrían causar esas mentes inestables si se soltaran por la galaxia? Y eso sin contar con aquellos que deciden deliberadamente meter un palo en la rueda galáctica.

HACIA UN EJÉRCITO INDIO HÍBRIDO

Parece que la India está siguiendo un planteamiento triple. Numéricamente, tiene una de las mayores fuerzas militares del planeta. Cada año que pase además aumenta su nivel de alta tecnología, un rasgo al que han contribuido enormemente un gran número de personas inteligentes y cultas, con conocimientos informáticos y matemáticos. Por otra parte, la India tiene una base industrial militar e industrial considerable y en crecimiento, que le permite producir recursos militares como armas nucleares, ordenadores, componentes electrónicos y opto-electrónicos, misiles, aviones, tanques, artillería, armas pequeñas y munición a nivel nacional, mientras compra/alquila en otros países (submarinos nucleares rusos) o construye lo necesario bajo licencia (cazas Su-27). Estos dos primeros aspectos hacen que sea formidable, pero es el tercero el que la coloca realmente en otra dimensión; porque encontramos, además de las ya mencionadas capacidades místicas que no solo incluyen volar (levitación personal, al estilo científicamente atestiguado de David Home ‹1800›), sin necesidad de un motor a reacción a lo James Bond, sino también un esfuerzo enérgico por aprovechar y explotar precisamente las tecnologías de la Nueva Energía que luchan por abrirse camino en los Estados Unidos. Estamos hablando de trabajos serios y consolidados en instalaciones dedicadas a la investigación nacional.

QUINTA PARTE

LA ASTRONOMÍA DA UN PASO MÁS ALLÁ

¿Cómo se acaba el Universo? Según el Big bang, existen tres posibilidades: puede seguir expansionándose infinitamente. O puede alcanzar el equilibrio y permanecer estable para siempre. O la expansión podría detenerse y todas las galaxias volverían a desaparecer en un agujero negro.

18 ¿ESTÁ OBSOLETA LA TEORÍA DEL *BIG BANG*?

Un astrónomo inconformista pone en duda la teoría reinante sobre el origen del Universo

Amy Acheson

En los años sesenta, el astrónomo Halton Arp descubrió que las galaxias «nacen» y se desarrollan en grupos de familias. En algunos casos, pudo trazar su genealogía hasta un total de cuatro generaciones. Esta es la clase de descubrimiento que cualquier astrónomo sueña con hacer. Promete mejorar nuestra comprensión del Universo del mismo modo que los descubrimientos de Galileo mejoraron nuestra comprensión del sistema solar. Las observaciones de Arp deberían haber sido celebradas y promocionadas. Pero, como ya ocurriera con Galileo, su trabajo ha sido rechazado y ridiculizado por las altas esferas del mundo de la astronomía.

En su análisis del libro de Arp, *Quasars, Redshifts and Controversies* (Controversias sobre las distancias cósmicas y los cuásares), desviaciones hacia el rojo y otras polémicas), el astrónomo Geoffrey Burbidge explica lo que le ocurrió a Arp después de dicho descubrimiento: «Arp pasó de estar entre los 20 primeros en el *ranking* de la 'Association of Astronomy Professionals' a estar por debajo de los 200. Como seguía afirmando que no todas las desviaciones hacia el rojo de la galaxia eran debidas a la expansión del Universo, bajó todavía más en el escalafón».

«El golpe final se produjo (a mediados de los ochenta): todo el campo de investigación al que se dedicaba fue considerado inaceptable por el comité telescope-allocation de Pasadena. Ambos directores (el del observatorio del monte Wilson y Las Campanas, y el del observatorio Palomar) respaldaron la censura. Dado que Arp rechazó trabajar en un campo más convencional, no se le concedió más tiempo para usar el telescopio. Tras una serie de apelaciones frustradas a los dirigentes de la Carnegie Institution, optó por prejubilarse y trasladarse a Alemania Occidental».

¿Por qué es tan importante este descubrimiento? ¿Por qué estaba dispuesto Halton Arp a sacrificar una carrera prometedora en el campo de la astronomía por defenderlo?

En primer lugar, veamos el porqué: Arp es uno de esos pioneros cuya motivación es descubrir cómo funciona el Universo. Quiere seguir la pista de este misterio hasta solucionarlo. Para él esto es más importante que su reputación como astrónomo. ¿Vale la pena el sacrificio? La esposa de Arp, que también es astrónoma, lo expresó de este modo: «Si estás equivocado, que más da; si tienes razón, tiene una importancia enorme».

En segundo lugar, veamos el qué: Arp descubrió un fallo muy importante en una de las herramientas de la cosmología moderna. Esta herramienta, la desviación hacia el rojo, se considera una desviación por efecto Doppler, una medición de la velocidad y nada más. Arp ha demostrado que un importante componente de la desviación hacia el rojo es intrínseco (una propiedad de la propia galaxia o cuásar), y no el producto de la velocidad. Para poder entender por qué una desviación hacia el rojo intrínseca es una amenaza para la corriente principal de los astrónomos, debemos examinar las teorías de la cosmología aceptadas actualmente.

UNA CADENA DE TEORÍAS COSMOLÓGICAS

Desde el punto de vista de la cosmología moderna, hubo solo un acontecimiento. Hace 12 o 15 billones de años, el abuelo de todos los agujeros negros explotó, creando el Universo. Todo lo que ha sucedido desde entonces son consecuencias, réplicas y metralla. El Universo recibió un estallido inicial de energía, y desde entonces esta ha ido disminuyendo. Pero el *Big bang* no puede observarse a través de un telescopio. El *Big bang* es una teoría.

De hecho, el *Big bang* forma parte de una cadena de teorías. Cada teoría está conectada con la siguiente teoría. El *Big bang* se inventó para explicar cómo empezó a expandirse el Universo en expansión. El Universo en expansión se inventó para responder la pregunta siguiente: «¿Por qué se alejan unas galaxias de otras?» El movimiento de las galaxias es una extensión de la interpretación Doppler de la desviación hacia el rojo, que asume que la desviación hacia el rojo se debe al movimiento de la fuente de luz lejos del observador. La desviación hacia el rojo mide cuánto se desvían hacia el extremo rojo del espectro las líneas del espectro de una fuente de luz distante. La observación que afianza esta cadena es la correlación del aumento de la desviación hacia el rojo con la disminución de la luminosidad. Así pues, cuanto más débil (y se supone que lejana) sea una galaxia, más rápidamente se está alejando. Así pues, la cadena de teorías se basa en la suposición de que la desviación hacia el rojo es una medida de velocidad y nada más que eso.

Para los astrónomos, considerar que «la desviación hacia el rojo» es una medida de velocidad» resulta muy práctico. Unido a la correlación con la luminosidad decreciente, creaba un patrón que podían usar para determinar la distancia. Una desviación grande hacia el rojo significa lejos; una desviación pequeña hacia el rojo significa cerca. Eso resulta útil porque la mayoría de los millones de galaxias están demasiado lejos como para poder medir su distancia por cualquier otro método. La segunda mitad de la suposición, «y nada más que una medida de velocidad», fue ignorada.

La mayor parte de la cosmología del siglo XX se basa en esta cadena de teorías. Si cualquiera de los eslabones de la cadena es erróneo, toda la cadena se desmorona y tenemos que volver a empezar. Miles y miles de artículos, libros de texto, revistas, tesis doctorales, páginas de Internet y comunicados de prensa podrían quedarse obsoletos de la noche a la mañana. Esta es la amenaza que hace que la mayoría de astrónomos decidan no buscar un posible error en la cadena.

Halton Arp ha encontrado ese error.

LA CADENA SE ROMPE

En los años sesenta se descubrieron los cuásares. Ya se conocían varios cuásares, pero no habían sido reconocidos como algo especial. Se creía que eran estrellas de nuestra Vía Láctea con algunas características peculiares, tales como su color violeta azulado y su asociación con fuertes fuentes de radio. Pero entonces se midió su desviación hacia el rojo. Era mucho mayor que la de las galaxias conocidas más lejanas.

¡Qué conmoción! El patrón de la desviación hacia el rojo implica que esos cuerpos están más allá de las galaxias. Si eso es cierto, ¿cómo deben ser de brillantes? El astrónomo Tom Van Flanders describe el problema con el que se enfrentan los astrónomos: «Tiene que existir un mecanismo energético desconocido para producir esos cuerpos con una luminosidad intrínsecamente tan fuerte, que les permite ser tan brillantes a esas distancias tan grandes. Esas energías suelen equivaler a miles de supernovas por año». No se conocía ningún mecanismo que pudiera producir toda esa energía.

Sería más fácil acercar los cuásares. Pero la medida de la desviación hacia el rojo es inflexible, de modo que se supone que los cuásares se encuentran a la distancia dictada por la cadena de teorías.

Por entonces, Arp estaba trabajando en un proyecto con el que se haría famoso. Era un catálogo fotográfico de galaxias peculiares, esos bichos raros cósmicos que no se parecen a la mayoría de galaxias. Las clasificó por categorías: galaxias con un brazo de menos o brazos adicionales, galaxias múltiples interrelacionadas, galaxias con un núcleo especialmente brillante, galaxias alteradas, etcétera. No me extraña que fuera el primero en darse cuenta de que muchos de esos recién des-

Galaxia M82. Las Seyfert son excepcionales y muy distintas de las galaxias corrientes. Tienen un enorme núcleo brillante. Algunas, como la M82, están alteradas, estalladas, destrozadas.

cubiertos cuásares parecieran estar sorprendentemente cerca de algunas de las galaxias de su catálogo. Dichas galaxias son las galaxias Seyfert (también llamadas galaxias activas) y las galaxias starbust.

Arp descubrió que muchos de los cuásares se encuentran en parejas, en líneas y en arcos, con una galaxia Seyfert con poca desviación hacia el rojo cerca. A menudo la galaxia Seyfert está situada de forma que su familia de cuásares parece haber sido expulsada desde ambos extremos del eje de rotación de la Seyfert. Los chorros de rayos X y los lóbulos de radio de la galaxia señalan directamente a la línea de cuásares, a menudo envolviéndolos. ¿Cómo puede ser si los cuásares se encuentran a medio universo de las Seyfert?

Uno, dos o una docena de cuásares colocados cerca de una galaxia corriente pueden ser una coincidencia. Pero las Seyfert son excepcionales y muy distintas de las galaxias corrientes. Tienen un enorme núcleo brillante. A menudo se encuentran entre lóbulos gemelos gigantes de radio y material de rayos X arrojado en la misma dirección que sus familias de cuásares. Algunas, como la M82, están alteradas, estalladas, destrozadas. Otras, como la CentauroA (abreviado como CenA), tienen chorros que se extienden miles de años luz. Y por el extremo de esos chorros espectaculares, estas galaxias lanzan cuásares al cielo.

¿Qué significa esto? Significa que los cuásares no son ni estrellas ni núcleos de galaxias superluminosas. Arp explica lo siguiente: «Los astrónomos han sustituido una idea equivocada por otra idea equivocada. Si los devolvemos a la distancia correcta, al lado de las galaxias desde las que son expulsados, resulta que son más brillantes que las estrellas, pero más tenues que la mayoría de las galaxias». Arp cree que se trata de materia recién creada que con el tiempo se convertirá en una galaxia de tamaño normal.

Arp descubrió que los cuásares y las galaxias activas están relacionados. A pesar de que sus desviaciones hacia el rojo son distintas, la distancia es la misma. Esto implica que la idea de que «la desviación hacia el rojo equivale a distancia» es errónea. Y si esa idea es errónea, toda la cadena de teorías que se basa en ella es errónea, incluido el *Big bang* y el Universo en expansión. Eso significa que ha llegado el momento de buscar otra causa que explique la desviación hacia el rojo en los cuásares. Ha llegado el momento de eliminar las distorsiones provocadas por el hecho de ordenar el Universo según esta idea imperfecta.

En cuanto reconoció que estas familias de galaxias y cuásares contradecían el concepto de la desviación hacia el rojo, Arp dirigió su telescopio hacia otros cuerpos cuya distancia estaba determinada por la desviación hacia el rojo. Descubrió que las distancias de las galaxias y los grupos de galaxias también estaban malinterpretadas, en saltos específicos cuantificados, a causa de la noción imperfecta.

Incluso las estrellas de nuestra Vía Láctea muestran pequeñas desviaciones hacia el rojo no relacionadas con la velocidad.

¿Cómo influyen estas observaciones en nuestra visión del Universo? La teoría del *Big bang* pronostica cuándo se originó el Universo, su tamaño y forma, cómo evolucionan las galaxias, cómo se acabará el Universo. En el Universo de Arp todas estas características cambian.

Comparemos ambas cosmologías.

EL UNIVERSO DE HALTON ARP

En la cosmología de Arp, un componente grande de desviación hacia el rojo significa edad en lugar de velocidad. Cuanto mayor es dicha desviación, más joven es la galaxia o el cuásar. Las galaxias que no tienen un exceso de desviación tienen la misma edad que la Vía láctea. Las siete galaxias (entre millones de ellas) que se desvían hacia el azul son más viejas que la Vía Láctea. Seis de ellas se encuentran en la constelación de Virgo y la séptima es la M31 (también conocida como la Gran Nebulosa de Andrómeda), nuestra vecina más cercana en el espacio y la galaxia dominante de nuestro grupo local de entre 20 y 30 galaxias.

¿Cómo se originó el Universo? Según la teoría del *Big bang*, el Universo empezó a existir a partir de la nada por medio de una gran explosión hace unos 12-15 billones de años. En el Universo de Arp, esa misma fecha, hace 12-15 billones de años, señala un acontecimiento distinto: el «nacimiento» o eyección de la Vía Láctea.

En el Universo de Arp, la M31 es la galaxia madre de nuestra Vía Láctea. Hace 12-15 billones de años, la M31 era una galaxia activa y la Vía Láctea era un nudo de plasma dentro del chorro de la M31. A diferencia del chorro inclinado de la CenA, el chorro de la M31 estaba alineado con el eje de rotación. ¿Cómo lo sabemos? La M31 no está activa en la actualidad, ya no tiene ningún chorro. Pero podemos deducir la dirección de dicho chorro observando la familia de la M31, nuestro grupo local de galaxias.

Tras billones de años, esta familia sigue formando una línea increíblemente recta. La Vía Láctea a su vez también es madre. Las Nubes de Magallanes, que pueden verse desde el hemisferio sur, forman parte de su descendencia.

Hace poco, en un taller, pregunté a Arp qué ocurre cuando las galaxias envejecen. Me contestó lo siguiente: «No disponemos de información suficiente todavía como para saber qué ocurre cuando las galaxias envejecen. Quizás se agotan y se consumen».

¿Qué tamaño tiene el Universo? Según el *Big bang*, el Universo es una esfera cuyo radio mide unos 30 billones de años luz. En el Universo de Arp, no estamos seguros ni del tamaño ni de la forma del Universo, ni en la actualidad, ni tampoco hace billones de años. Todo lo que sabemos es que se extiende en todas direcciones hasta más lejos de lo que podemos ver. También es más viejo de lo que creemos, probablemente infinito y eterno. Pero en la parte del Universo que vemos a través de nuestros telescopios, los cuerpos con una gran desviación hacia el rojo están más cerca de lo que la noción de la desviación hacia el rojo indica.

Muchos conceptos astronómicos modernos, tales como el espacio-tiempo curvo, son solo intentos de compensar las distorsiones que resultan de medir el Universo con una regla rota. Arp lo expresó de este modo: El Universo es «plano y Euclidiano. Se acabó la lógica que desafía el espacio curvo, que tantas personas se han esforzado en imaginar (y todavía más el tiempo curvo). Se acabaron las hipotéticas singularidades (los agujeros negros) donde la física se derrumba; y también se acabó el Universo compuesto por más de un 90 por ciento de materia invisible».

¿Cómo evolucionan las galaxias? Según el *Big bang*, pedacitos de materia procedentes de la explosión inicial cayeron juntas bajo la influencia de la gravedad formando una galaxia. En el Universo de Arp, las galaxias activas expulsan materia nueva en forma de cuásares con una gran desviación hacia el rojo. Los cuásares aumentan de masa y pierden desviación hacia el rojo en saltos regulares a medida que crecen para convertirse en galaxias maduras. En la actualidad podemos observar el proceso. Está claro que las noticias de las once no mencionarán la interpretación de Arp, pero si uno sabe lo que busca, puede verlo por sí mismo. Las galaxias no «hacen pompas», lo que hacen es expulsar cuásares. Los agujeros negros no tienen un tamaño estándar, de hecho ni tan siquiera existen. Arp explica lo siguiente: «Los agujeros negros, en los que se supone que está cayendo todo, son una pésima explicación; donde parece que está cayendo todo es en el centro de las galaxias activas.

¿Cómo se acaba el Universo? Según el *Big bang*, existen tres posibilidades: puede seguir expansionándose infinitamente. O puede alcanzar el equilibrio y permanecer estable para siempre. O la expansión podría detenerse y todas las galaxias volverían a desaparecer en un agujero negro. Ninguno de esos argumentos es aplicable al Universo de Arp. No tenemos ni idea de cómo se acabará, ni siquiera de si lo hará. Es una pregunta sin respuesta, un misterio que los futuros investigadores deberán resolver.

Si se suprimen las distorsiones de la noción de desviación hacia el rojo, aparece una imagen general de la forma del Universo. Toda la población del cielo se transforma en dos enormes superclusters en espiral. Nuestro grupo local se encuentra entre ellos, posiblemente a lo largo de los brazos del supergrupo más brillante. Estos superclusters están concentrados en el cluster Virgo, en una parte de nuestro cielo, y en el cluster Fornax, en otra parte. Espirales de espirales. Galaxias de galaxias. ¿Y quién sabe qué hay más allá, esperando a ser descubierto? Halton Arp nos da una pista: «Podría tratarse de algo muy grande».

19 Los ciclos del peligro

¿Indican los nuevos descubrimientos que vamos por el mal camino?

William Hamilton III

Estamos condicionados a considerar la historia como una progresión linear, desde una fase de desarrollo a la siguiente, con una serie de vacíos irregulares en el tiempo que debemos ir rellenando a medida que nuestra base de datos crece. La imagen generalmente aceptada por la corriente principal de la ciencia es la de un desarrollo evolutivo gradual de la geosfera y la biosfera hasta nuestros días. Cualquier indicio de que haya alguna anomalía en dicha progresión es recibida con escepticismo por la comunidad científica, una actitud que todos conocemos demasiado bien.

Pero la mayoría de nosotros, al enfrentarnos a historias, leyendas y epopeyas de épocas pasadas, sentimos la necesidad de considerar que pueden contener pruebas extraordinarias de acontecimientos verdaderos, que no son simples invenciones mitológicas inventadas por antepasados con mucha imaginación. Así pues, deberíamos tratar las leyendas antiguas de civilizaciones prediluvianas como algo basado en hechos, algo que vale la pena investigar y analizar, en lugar de desestimarlas. Relatos como el de la Atlántida son vistos como potencialmente reales, no como algo meramente simbólico. En estas historias oímos hablar, una y otra vez, de cataclismos y cambios catastróficos que han alterado el registro geológico y borrado las pruebas sustanciales que buscamos, ¿Pero debemos creerlas?

A pesar de la inclinación ortodoxa por considerar el tiempo como una progresión linear de acontecimientos, existen muchas pruebas de que en realidad los movimientos naturales ocurren en ciclos, tal y como los sacerdotes de Sais le decían a Solón en el relato de Platón sobre la Atlántida. Y no debería sorprendernos. Después de todo, si uno observa la estructura del cosmos, tanto desde el punto de vista atómico como desde el galáctico, aparece claramente una pauta de movimientos circulares y en espiral, una repetición regular de condiciones como en las estaciones periódicas del año y el movimiento de los planetas por el zodíaco.

Si un cuerpo celeste, en una repetición orbital en curso, vuelve a una posición anterior con respecto a otros cuerpos celestes podemos decir que tenemos un ciclo, y la posibilidad de encuentros con condiciones anteriores que tienen relación con la ubicación del planeta en el espacio. Estos ciclos pueden ser investigados para encontrar acontecimientos repetidos que podrían señalar posibles cambios catastróficos y, quizás, incluso la extinción periódica de la vida.

De hecho, el análisis del pasado revela tanto ciclos de tiempo largos como breves a tener en cuenta. El propósito de modelar dichos ciclos es ver si sería posible predecir zonas amenazadas en el futuro y así prepararnos para lo que podrían ser cambios catastróficos de nuestro mundo.

Consideremos brevemente un ejemplo del que se ha hablado mucho y que algunos afirman fue el causante de la destrucción de la Atlántida. Este acontecimiento, si vuelve a producirse tal y como se predice, no tardará muchos años en tener lugar.

De vez en cuando, una estrella enana blanca acumula demasiado hidrógeno procedente de una vecina, un proceso que a la larga provoca una explosión tremenda de dicho gas que ilumina la estrella en el cielo. Es lo que llamamos una nova. Suele ocurrir durante las etapas finales del ciclo vital de la estrella.

¿Sabemos todo lo que debemos saber sobre las novas? ¿Qué sucedería, por ejemplo, si una nube de hidrógeno con una densidad excepcionalmente elevada se tragara nuestro Sol? ¿Podría una mininova provocar la expulsión de una granada de gas que irrumpiera como una tormenta de fuego en nuestro sistema solar? Aunque no parece probable, estudios sobre la historia antigua indican la existencia de variaciones en el rendimiento solar que podrían haber provocado cambios catastróficos en la Tierra. Incluso hoy en día se está produciendo una variación de la luminosidad solar y los científicos denuncian que el ligero aumento del rendimiento solar podría estar contribuyendo al cambio climático y al calentamiento global. Además, existen pruebas de que algunos de los otros planetas de nuestro sistema están experimentando también temperaturas más altas y cambios climáticos. Dichos cambios podrían ser el resultado de acumulaciones cada vez mayores de polvo cósmico por los que está pasando nuestro sistema solar.

El interés de este escritor por el Sol se ha visto recientemente alentado por una serie de informes que le ha enviado Dan B.C. Burisch, quien afirma ser un microbiólogo que trabajaba en la construcción de un arma misteriosa para el gobierno. Me explicó que se estaban realizando los preparativos para una catástrofe que iba a tener lugar en el año 2012, una catástrofe que provocaría cambios en nuestro Sol y consecuentemente en la Tierra. Esto, por supuesto, tiene relación con los símbolos mayas que se cree señalan el solsticio de invierno de 2012.

Para abreviar lo que dicen las predicciones, se cree que un acontecimiento periódico podría causar un cambio significativo en nuestro Sol. Dicho acontecimiento, conocido como el «Gran Cruce», está sincronizado con un fenómeno del que se ha escrito mucho en estas páginas, la precesión de los equinoccios. Muchos no creen que vaya a ocurrir nada especial, pero otros piensan que los mayas dejaron constancia de los acontecimientos significativos y utilizaron calendarios precisos para predecir la recurrencia de ciclos periódicos marcados por dichos acontecimientos.

¿Por qué constituiría la intersección de nuestro Sol y del sistema solar con el plano ecuatorial de la Vía Láctea un acontecimiento digno de atención? Según una página web: «El año propicio de 2012 señalado en el calendario aclara el hecho de que el movimiento precesional del Sol del solsticio de invierno consiste en irse alineando gradualmente con el centro mismo de nuestra galaxia. Para los mayas, esto equivale a la última campanada de la noche de fin de año, solo que en 2012, el año nuevo será el nuevo año galáctico equivalente a 26.000 años solares. El reloj galáctico estará en el punto cero y empezará un nuevo ciclo precesional» (véase www.kamakala.com/2012.htm).

Así pues parece que una observación más detenida de los cambios de clima y tiempo estaría justificada. ¿Se volverá el Sol más activo? De hecho, se han producido más erupciones solares de clase X y más expulsiones de masa coronal en los últimos años y, por extraño que parezca, durante un período de tiempo en el que nuestro Sol, según la erudición convencional, debería haber estado calmándose.

El Sol no es más que una de las cientos de billones de estrellas que hay en nuestra galaxia. La Vía Láctea, tal y como la llamamos, está compuesta por medios interestelares gaseosos, neutrales o ionizados, a veces concentrados en densas nubes de gas compuestas por átomos, moléculas y polvo. Toda la materia —gas, polvo y estrellas— gira alrededor de un eje central perpendicular al plano galáctico. Se cree que la fuerza centrífuga causada por dicha rotación compensa las fuerzas gravitatorias, que atraen toda la materia hacia el centro.

De acuerdo con la erudición convencional, todas las estrellas de la galaxia giran alrededor de un centro galáctico, pero no en el mismo espacio de tiempo. Las estrellas que están en el centro lo hacen en un espacio de tiempo más corto que las que están más lejos. El Sol se encuentra en la parte exterior de la galaxia. Se cree que la velocidad del sistema solar debida a la rotación galáctica es de unos 220 kilómetros por segundo. El disco de estrellas que hay en la Vía Láctea está a unos 100.000 años luz y el Sol está ubicado a unos 30.000 años luz del centro galáctico. Así pues, si nos basamos en una distancia de 30.000 años luz y una velocidad de 220 km/s, el Sol gira alrededor del centro de la Vía Láctea cada 225 millones de años. Este período de tiempo se denomina año cósmico. Se cree que el Sol ha girado alrededor de la galaxia más de 20 veces durante su existencia de 5 billones de años. Y que los movimientos del período pueden ser determinados midiendo las posiciones de las líneas de los espectros de luz de la galaxia.

Tras realizar un estudio informático concienzudo de restos fósiles de hasta más de 500 millones de años, dos científicos de la Universidad de Berkeley afirman que la vida en la Tierra ha prosperado y luego se ha desvanecido virtualmente en ciclos de extinción en masa, con una regularidad misteriosa y sorprendente cada 62 millones de años.

Seguro que dichos hallazgos generarán un estallido renovado de especulaciones entre los estudiantes acerca de la historia y la evolución de la vida. Sostienen que cada período de vida abundante y cada extinción en masa ha durado como mínimo varios millones de años, y que la pauta de la biodiversidad ha ido aumentando de forma constante desde la última extinción en masa, hace unos 65 millones de años, cuando los dinosaurios y millones de otras formas de vida desaparecieron.

Los investigadores de Berkeley no son biólogos, ni geólogos, ni paleontólogos, sino físicos, pero han analizado el más exhaustivo compendio de restos fósiles que existe, una información que cubre las primeras y últimas apariciones de no menos de 36.380 géneros marinos distintos, incluidos millones de especies que una vez

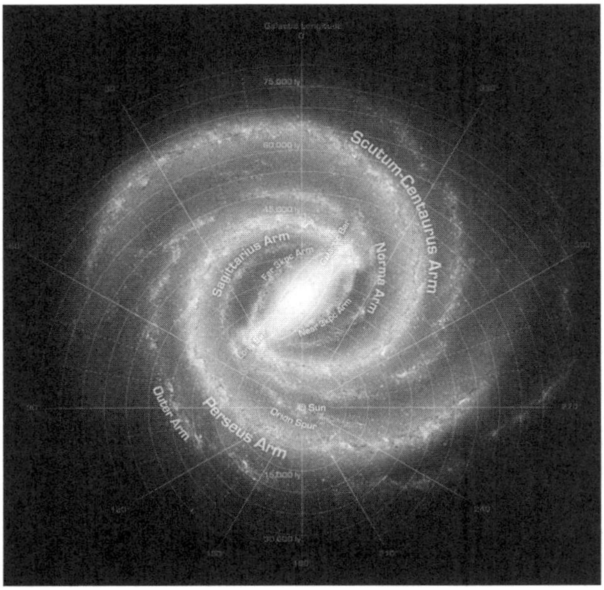

El disco de estrellas que hay en la Vía Láctea está a unos 100.000 años luz y el Sol está ubicado a unos 30.000 años luz del centro galáctico.

prosperaron en los mares del mundo, que luego desaparecieron y que, en muchos casos, volvieron a aparecer más tarde.

En su nuevo libro *When Life Nearly Died* (Cuando la vida estuvo a punto de morir), Michael J. Benton habla sobre la extinción del final del Pérmico, que según parece tuvo lugar hace 251 millones de años, en un intento de entender la causa de un episodio en el que el 90 por ciento de la vida en la Tierra fue aniquilada, en la que fuera la mayor extinción en la historia de la Tierra, mucho mayor que la que supuestamente acabó con los dinosaurios.

Basándonos en la suposición de que nuestro Sol y su familia de planetas no siguen una trayectoria elíptica plana alrededor de la Vía Láctea, sino más bien una trayectoria elíptica sinosuidal, que tendría el efecto de alargar el llamado año cósmico, podría aducirse que la duración del año cósmico debería volver a calcularse. Dado que no conocemos la extensión de los nodos extremos de esta onda orbital sinusoidal, dicho cálculo tan solo puede ser aproximado. Pero según este razonamiento, el año cósmico podría tener una duración de entre 248 y 251 millones de años, lo que sugiere que estaríamos volviendo al mismo punto de nuestra órbita galáctica que durante el anterior acontecimiento (de extinción) y que habríamos entrado en una zona de amenaza.

Entre las consideraciones de este análisis estarían las variaciones en el rendimiento solar que pueden provocar un cambio climático; la probabilidad creciente de encuentros con cometas, asteroides y polvo; y la posibilidad de plagas consecuencia de las bacterias y los virus incrustados en el polvo, los cometas y los asteroides que pueden traernos enfermedades del espacio tal y como planteaba el difunto Fred Hoyle en su libro, con Chandra Wrickramasinghe, *Diseases from Space* (Enfermedades procedentes del espacio). Otro acontecimiento periódico sería la inversión de la polaridad en el campo magnético terrestre. Parece existir cierta corroboración de este posible escenario cósmico en los acontecimientos periódicos especulativos tales como los sugeridos por las predicciones basadas en el calendario maya para el solsticio de invierno de 2012.

Un ciclo sinusoidal completo cruzaría el ecuador galáctico cada 62 o 62,5 millones de años, y la mitad del período sería de 31 años. Eso sería según los datos que este escritor habría obtenido del investigador Bob Alexander, que ha estado investigando esta misma hipótesis pero que ha utilizado unas cifras ligeramente distintas para realizar el cálculo. Alexander admite que el eje menor de la onda elíptica sugerida podría ser menor de los 3.000 años luz que él inicialmente calculó.

Este escritor utilizó una calculadora para determinar la longitud del perímetro de una elipse, lo cual implica una aproximación muy aproximada, y usó el eje semimayor y el eje semimenor para determinar la longitud real de la trayectoria de la órbita basada en las cifras de Alexander y por tanto el tiempo que tarda en realizar una vuelta alrededor de la galaxia.

Con un mínimo margen de error, se determinó que la longitud total de la trayectoria sinusoidal sería de 180.941,0769 años luz (ligeramente menos si el eje semimenor es más corto). Eso daría un período para el año cósmico de 249.698,580 años; si se acorta ligeramente, por los posibles errores de las estimaciones, sería de 248 millones de años; así pues, tendríamos el cálculo siguiente: 248MY/62MY = 4.

Dado que, según las investigaciones de Berkeley, hemos tenido acontecimientos catastróficos aproximadamente cada 62 millones de años (a veces cada más, a veces cada menos), se deduce que podríamos tener como mínimo cuatro puntos críticos donde nuestro Sol y nuestros planetas, componentes del brazo de Orión de la Vía Láctea, podrían cruzar una zona crítica con una alta concentración de polvo, escombros, asteroides y quizás incluso radiación, que pueden constituir un peligro en nuestro viaje celestial. Pero eso no es todo.

Puesto que la Tierra ha soportado cataclismos con mucha más frecuencia que cada varios millones de años, podría ser que esos acontecimientos horribles debieran asociarse con otro ciclo: la precesión de los equinoccios. Hay quien sostiene que este ciclo de 25.770 años podría indicar que nuestro Sol tiene una estrella oscura por compañera con un período orbital de miles de años, que podría influir en nuestro Sol y su familia de planetas hasta el punto de alterar el ciclo climático del espacio.

De hecho estamos viendo indicios de cambio en nuestro Sol, en la Tierra y también en Marte —donde también se está produciendo un calentamiento global—, así como indicios de cambio en algunos de los otros planetas. ¿Presagia eso otro cataclismo en un futuro? En este momento, ninguno de nosotros puede decirlo a ciencia cierta, pero parece plausible pensar que el análisis de estos ciclos, en busca de una pauta significativa, podría llevar al pronostico de cambios importantes que puedan suponer una amenaza para la existencia continuada de la civilización tal y como la conocemos.

Un último comentario significativo que vale la pena examinar más detalladamente es el de si los cambios recientes que se han producido con respecto al debilitamiento del campo magnético de la Tierra y a las desviaciones polares reflejan un cambio en el núcleo y el manto/capa de la Tierra que está provocando un aumento de las temperaturas internas, lo cual a su vez estaría precipitando un aumento de la actividad volcánica y de los terremotos.

Investigadores de la Universidad Abierta han descubierto nuevas pruebas inesperadas acerca de un posible período extremo con una dosis repentina y fatal de calentamiento global hace unos 180 millones de años. El hallazgo podría proporcionar pistas vitales del cambio climático que se está produciendo en la actualidad y que podría seguir en un futuro.

Durante los últimos tres o cuatro años, el satélite Envisat de la Agencia Espacial Europea ha estado observando la Tierra sin parar y reuniendo información muy valiosa para la humanidad. Está claro que debemos establecer una mayor vigilancia espacial de nuestro planeta y obtener una mejor estimación de las posibles amenazas a la vida y a la civilización.

Todavía no es demasiado tarde para reaccionar.

SEXTA PARTE

UNA MEDICINA DISTINTA

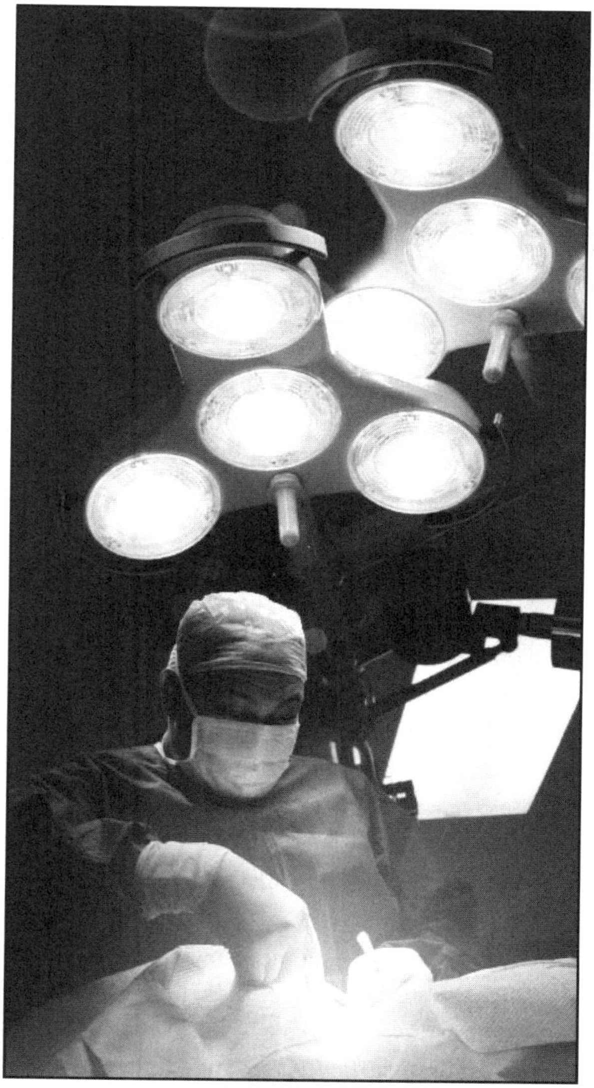

Millones de personas se someten cada año a procedimientos innecesarios, a menudo bajo la «amenaza» del médico de que, sin dicho procedimiento, la muerte podría ser inminente.

20 Vibraciones curativas

Richard Gerber sigue convencido de que existen más cosas para sanar además de las que la comunidad médica es capaz de comprender

Cynthia Logan

Richard Gerber acaba de terminar su trayecto diario de media hora hasta el trabajo desde su casa de dos pisos situada en los suburbios de Detroit, donde ha disfrutado de un desayuno vegetariano en su mesa escritorio, desde la que se domina un amplio jardín, un hermoso paisaje y el fluir tranquilo y los sonidos suaves de un río cercano. Bien nutrido en cuerpo, mente y alma, ahora está sentado en su despacho del hospital St. John Macomb, en las afueras de Livonia, en Michigan, donde trabaja como internista. Todas las mañanas llega temprano, no para estudiar gráficos, sino para rezar y enviar energía curativa a cada uno de sus pacientes. Es un ritual que considera forma parte de su trabajo como sanador. Conecta con su corazón y va concentrándose en sus pacientes, uno por uno, «sosteniéndolos» en una luz blanca o rosa. Es justo la clase de cosa que podría esperarse de un médico del futuro, y sin duda del individuo que escribió *Vibrational Medicine* (*Medicina vibracional*, Ediciones Robinbook) allá por el año 1988.

Con su publicación, Gerber proporcionó una estructura, un puente si lo prefiere, entre la medicina predominante y la comunidad sanadora alternativa, complementaria, el «modelo científico transicional que cerraría la brecha existente entre la física y la metafísica».

Gerber se licenció en zoología por la Universidad de Michigan y en medicina por la Wayne State University, de modo que tenía las credenciales necesarias para sostener lo que algunos podrían considerar teorías «estrafalarias», teorías que él sostiene en su libro (disponible ahora en la colección de CDs *Exploring Vibrational Medicine* de Sounds True). Tanto el libro como los CDs citan numerosos estudios científicos sobre fotografía Kirlian, homeopatía, curación con cristales, terapias de sonido, remedios hechos con flores de Bach, electrónica y una plétora de otras modalidades curativas *new age* y vanguardistas. La voz agradable y la presentación comedida, aunque un poco redundante, hacen que el conjunto de Cds resulte una introducción agradable y reveladora.

Gerber ha sentido interés por la ciencia desde que tenía once años. Pero mientras estudiaba en la facultad, empezó a preguntarse si habría alternativas menos invasivas, menos tóxicas y menos costosas para muchos de los tratamientos que estaba aprendiendo en 1976. Tropezó con *A Course in Miracles,* y empezó a asistir todas las semanas a una reunión de profesionales interesados en este tipo de conceptos. Inspirado, Gerber emprendió un estudio personal que duraría 11 años sobre medicina alternativa; luego reunió sus hallazgos y creó el *best seller* que ha sido utilizado como libro de texto en distintas disciplinas, ha sido traducido a muchos idiomas y sigue siendo el libro definitivo sobre el tema. Aunque está «un poco sorprendido» por la gran aceptación que ha tenido el libro y su popularidad continuada, reconoce su aportación. Así pues, afirma: «He añadido nuevas percepciones a estudios ya existentes. He logrado una nueva síntesis de entendimiento en un campo que necesita desesperadamente algún tipo de fundamento teórico sobre el que construir una nueva ciencia de la curación.»

Esta nueva ciencia debe construirse sobre lo que Gerber llama un «modelo einsteniano» de curación, distinto al «paradigma newtoniano» actual. Las filosofías curativas vibracionales consideran que el cuerpo es algo más que una máquina exquisita y los seres humanos algo más que carne y sangre, proteínas, grasas y ácidos nucleicos. La fuerza vital, una energía sutil que la mayoría de científicos o médicos no acaban de entender, es el componente clave del nuevo paradigma, que ve a las personas como redes formadas por complejos campos energéticos que conectan con sistemas físicos/celulares. Nos referimos a energía electro-magnética oscilante que se mueve más rápidamente que la luz y es la esencia misma del universo multidimensional. Gerber explica: «A los físicos les llevó casi 100 años comprender las profundas revelaciones de Einstein sobre la relación entre la materia y la energía. Quizás los próximos 100 años servirán para que los biólogos finalmente lleguen a comprender e integren estas mismas nuevas percepciones einstenianas en la 'medicina futura' que todos esperamos que surja».

Gerber considera que la medicina vibracional es una subespecialidad de la medicina basada en dos conceptos claves: somos algo más que cuerpos físicos, y existen seres espirituales que quieren ayudarnos a entender nuestra propia multidimensionalidad y la del Universo. Gerber cree que dentro de poco se enseñará anatomía humana multidimensional en las facultades de medicina: «Ya estamos en pleno proceso de escribir los libros de texto necesarios para ello». Según Gerber, hemos desarrollado las analogías mecánicas del cuerpo hasta tal punto que ahora vemos que es un bio ordenador electrónico, algo que, en su opinión, está más cerca de la verdad pero todavía se queda corto. No se quedará tranquilo hasta que se reconozcan los equivalentes de los sistemas de control fisiológicos como el CNS, el sistema nervioso autónomo y el sistema endocrino. Equivalentes como la acupuntura, cuyos puntos —poros de energía, si se prefiere— recogen y distribuyen el chi a través de los meridianos, lo cual equivale a una tarjeta de circuitos eléctricos que establece una comunicación entre los cuerpos físicos y etéreos.

El cuerpo etéreo es otro de los equivalentes que Gerber quiere que se reconozca. Opina (y cita estudios, por supuesto) que este cuerpo sutil es una plantilla energética holográfica que está superpuesta al cuerpo físico y que dirige el crecimiento celular físico. También dice que lleva información espacial sobre cómo el feto en desarrollo se desenvolverá en el útero y confiere información estructural para el crecimiento y la reparación del organismo adulto (este es el modo por el que una salamandra desarrolla una nueva extremidad cuando una se le rompe). La elegante teoría de Gerber se originó cuando empezó la carrera de medicina, pero tomó velocidad durante el cuarto año de carrera, cuando trabajó en la Edgar Cayce A.R.E. Clinic, en Arizona, y con el doctor Norman Shealy (el médico ahora famoso por su colaboración con la intuitiva Carolyn Myss), terminando una asignatura optativa llamada Comparisons in Primary Health Care. Su trabajo, que contrastaba el enfoque holístico con el convencional, se convirtió en la pepita que más adelante se transformaría «en la estructura básica» del esbozo de su *Vibrational Medicine.*

En 1984, Gerber se hizo con uno de los primeros ordenadores Macintosh y empezó a escribir. Aunque al principio le parecía una locura, se dejó llevar por su intuición y se pegó un cristal de cuarzo en su tercer ojo con una tirita. «Sorprendentemente, este procedimiento pareció acelerar el proceso de escribir», afirma. Escribía por la noche, al salir del trabajo, y en nueve meses tuvo terminados nueve capítulos. Pero el libro no cobró forma del todo hasta después de su viaje a Egipto. Dado que era el «médico de la expedición», Gerber utilizó el sistema curativo de imponer las manos para curar los pequeños trastornos de salud de los miembros que viajaban con él, «cuando se nos terminaron los antibióticos y el Lomotil».

Gerber y otros colegas, como los doctores Andrew Weil, Bernie Siegel, Christiane Northrup y muchos otros, ofrecen una visión equilibrada que podría perfectamente convertirse en la medicina del futuro. Estos pioneros, que insisten en el rigor científico y en los estudios clínicos sin prejuicios, ofrecen la posibilidad de recuperar la sabiduría ancestral y de establecer un posible vínculo entre esta y la tecnología en continuo desarrollo. Gerber escribe: «En el futuro, los remedios homeopáticos y las esencias de flores podrán considerarse útiles para tratar distintas enfermedades crónicas, pero yo seguiré recurriendo a un buen cirujano vascular si sufro un aneurisma por ruptura de la aorta». También alaba las ventajas de la medicina moderna para erradicar enfermedades epidémicas por medio de la vacunación, para aumentar la esperanza de vida gracias a una mejor higiene y un mayor control bacteriológico, para salvar vidas gracias al trasplante de órganos. Incluso consiente el uso de la quimioterapia para curar el cáncer en el caso de la enfermedad de Hodgkin y de la leucemia en niños, y aprueba el uso de medicamentos para la diabetes y la hipertensión. Señala los usos ya aceptados de la medicina energética, por ejemplo el de los estimuladores nerviosos transcutáneos (TENS) para aliviar el dolor (y en el tratamiento de la depresión para la estimulación electro-craneal con el fin de liberar endorfinas), los campos magnéticos por impulsos para estimular la formación de nuevas células óseas, el espectro completo de luz para tratar el trastorno afectivo estacional, ondas de choque para acabar con las piedras del riñón y de la vesícula sin cirugía, la terapia musical durante el preoperatorio y el posoperatorio, y por supuesto los últimos escáneres PET (Tomografía por emisión de positrones) que además de mostrar la estructura de los huesos y los tejidos blandos, también muestran la función celular y fisiológica.

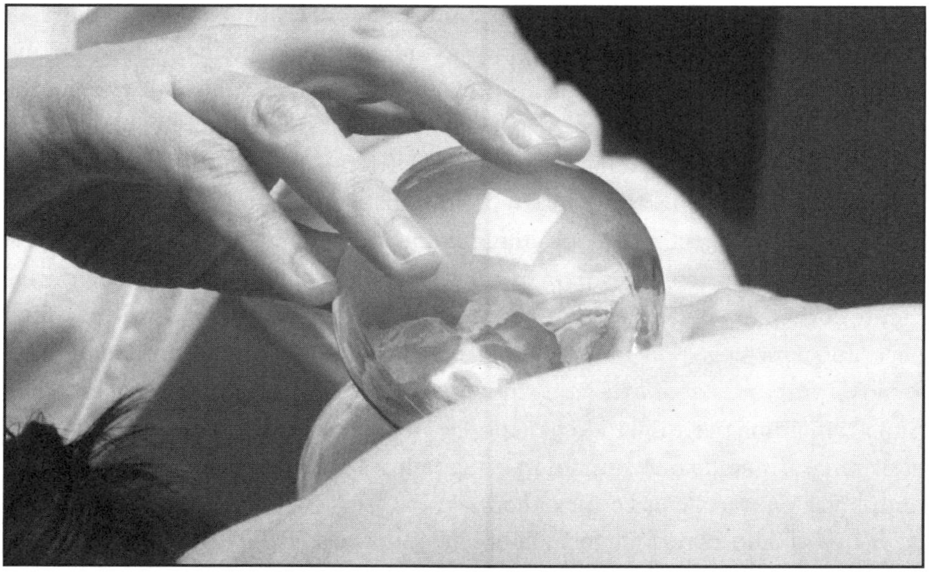

Los médicos vibracionales, que insisten en el rigor científico y en los estudios clínicos sin prejuicios, ofrecen la posibilidad de recuperar la sabiduría ancestral y de establecer un posible vínculo entre esta y la tecnología en continuo desarrollo.

Gerber afirma: «La tecnología occidental ha evolucionado hasta tal punto que estamos empezando a conseguir la confirmación de que existen sistemas de energía sutil y que estos ejercen una influencia en el comportamiento fisiológico de los sistemas celulares». E imagina «una especie de Clínica Mayo que investigue sobre los métodos curativos» en la que trabajarían médicos, enfermeras, investigadores médicos, acupuntores, sanadores, herbolarios, diagnosticadores clarividentes, ingenieros, químicos, físicos y otros. Explica lo siguiente: «Habría un equipo interdisciplinar que diseñaría experimentos para medir las energías sutiles del funcionamiento humano y observaría cómo les afectan las distintas modalidades curativas». También habría centros clínicos de tratamiento afiliados que tendrían acceso a archivos informatizados puestos al día de los estudios curativos y una publicación parecida a la *American Journal of Medicine* que proporcionaría referencias dignas de ser citadas, eliminando lo que Gerber denomina «el círculo vicioso» de la investigación curativa actual (las publicaciones de medicina convencional no prestan atención a los estudios no convencionales, y con ello impiden que consigan la credibilidad necesaria para convertirse en fuentes dignas de ser mencionadas). A Gerber le gustaría ver a los médicos enseñándose y curándose los unos a los otros: «Si se demostrara con estudios limitados que distintas modalidades curativas son eficaces, empezarían a realizarse ensayos clínicos de mayor alcance».

Está trabajando duro para que este sueño se haga realidad. Se siente esperanzado porque la ciencia ha empezado a confirmar que el amor es en realidad una energía curativa capaz de producir efectos curativos que pueden medirse. Escribe lo siguiente: «Si somos capaces de provocar una reacción en cadena de energía curativa sobre las aguas del subconsciente colectivo de la humanidad, esta se comunicaría a través de los sistemas de redes y la corriente del campo magnético de la Tierra. Gerber cree que de ese modo podríamos construir una ola energética gigantesca de energía curativa que, alimentada por la fuerza del amor incondicional, podría transformar nuestro planeta. Él es optimista pero también es perfectamente consciente del desafío que supone transformarnos como individuos, algo necesario para luego poder transmitir la energía curativa globalmente. Siempre ingenioso, propone la teoría de las estructuras que se disipan: «Tan solo necesitamos transformar una parte del todo para poder efectuar un cambio dinámico de todo el sistema. A medida que aumentan los sanadores preparados, podemos acercarnos poco a poco a la masa crítica necesaria».

Estos sanadores pueden tener conocimientos no solo de medicina convencional, sino también de todo tipo de técnicas curativas no convencionales, incluidos el tacto curativo y la curación psíquica. A Gerber le gustaría ver un enfoque de conjunto, por ejemplo, en el tratamiento de las enfermedades cardíacas. El método ortodoxo utiliza las medicinas, la cirugía y las técnicas angioplásticas para mejorar el funcionamiento del corazón. Los médicos holísticos ofrecen terapia de quelación, junto con visualizaciones y una disminución del estrés. Los médicos vibracionales tratarían los factores energéticos sutiles que hacen que una persona sea propensa (tales como el mal funcionamiento del chakra corazón) e incluirían modalidades tales como las esencias florales y los elixires de gemas, así como remedios homeopáticos obtenidos de fuentes minerales y biológicas; también usarían las propiedades energéticas almacenadas en el agua para transmitir un *quantum* de energía sutil, con una frecuencia específica y cargado de información, al paciente. Las flores, en concreto, contienen la fuerza vital de la planta y, si se preparan utilizando la luz del Sol como parte del proceso, transmiten un aspecto de esta fuerza vital al remedio. Además, los médico vibracionales ofrecerían consejo espiritual.

Gerber, que está casado con una clarividente y que no tiene ni hijos ni mascotas, puede concentrar todas sus energías en su desarrollo espiritual, su carrera y su contribución al futuro de la medicina. Lo que todavía no ha articulado son unas normas para poder evaluar a los que practiquen la medicina vibracional (después de todo estamos hablando de personas que sanan con cristales, a equilibradores de chakras, a personas que hacen oscilar el péndulo, a terapeutas que hacen regresiones al pasado y todo tipo de disciplinas subjetivas en las que, debemos aceptarlo, abundan los charlatanes y en las que personas con buenas intenciones pueden cometer errores mientras ganan dinero. Aunque el futuro no está claro, es más que probable que los médicos del mañana tengan que enfrentarse con su propia multidimensionalidad y la de sus pacientes, y no duden en recurrir a todo tipo de métodos para superar la enfermedad y fomentar el bienestar. Y seguro que Richard Gerber permanecerá en la vanguardia, rezando y visualizando justo eso.

(Nota del editor: Gerber murió en junio de 2007.)

21 El mal en la medicina cardíaca

Un médico acaba con los mitos que se esconden tras los tratamientos generalizados de las enfermedades cardíacas

Cynthia Logan

Charles T. McGee quizás tenga una voz suave, pero su libro *Heart Frauds* presenta un gran desafío que, hasta la fecha, todavía no ha recibido respuesta. Bajo el subtítulo *Uncovering the Biggest Health Scam in History* (Destapando el mayor fraude de salud de la historia), expone lo que McGee considera procedimientos innecesarios a los que miles de americanos se someten cada año, a menudo bajo la «amenaza» del médico de que, sin dicho procedimiento, la muerte podría ser inminente.

A pesar de que incluye muchas tiras cómicas (dibujadas por un caricaturista político que fue paciente suyo), y a pesar de que el sentido del humor innato de McGee se cuela en la mayoría de páginas, el libro no tiene nada de gracioso. McGee, que es tocólogo/ginecólogo, transmite un mensaje poderoso que puede contribuir al nacimiento de un nuevo movimiento en el campo de la salud. Admite que es un profano en el campo de la medicina cardíaca, pero sus investigaciones son impecables y todavía no han sido refutadas. Según su forma de verlo, los especialistas coronarios simplemente no han hecho los deberes o están ignorando los hechos.

Tras haber leído estudios publicados en revistas médicas, que los médicos consideran su «Biblia», y tras analizar los resultados de métodos alternativos de bajo coste, McGee confía en estos y se muestra entusiasmado con sus acusaciones. «Recomendar procedimientos caros y de alto riesgo en lugar de otros más baratos y más eficaces no puede ser otra cosa que un fraude», afirma, y luego añade que «para la mayoría de gente, los angiogramas, la cirugía coronaria de *by-pass*, la angioplastia con globo o los medicamentos para disminuir el colesterol son completamente innecesarios; si su médico se lo recomienda, lo mejor que puede hacer es salir corriendo por la puerta».

McGee, «un niño de la guerra», se crió en San Francisco durante la Segunda Guerra Mundial; más tarde se trasladó a Seattle, donde fue a la Universidad de Washington, y posteriormente a la facultad de medicina de la Northwestern University, en Chicago, terminando su formación como interino y residente en 1965 en Oakland, California. Por entonces ya se había casado y él y su mujer, Carole, se fueron de vacaciones a México, viaje que al final les llevó a pasar un año en Ecuador con el Proyecto Hope, un barco hospital de la marina que atracaba en un país durante un año y formaba a médicos autóctonos para luego marcharse a otro lugar. Estando en los Andes tuvo la oportunidad de observar una cultura sin las enfermedades tan difundidas en sociedades más «civilizadas». Observó lo siguiente: «De entre 330.000 indios tan solo entre 40 y 50 estaban en el hospital a la vez, y solo por complicaciones durante el parto o como consecuencia de algún traumatismo provocado por un accidente».

La experiencia despertó su interés; posteriormente, trabajando con los Centros para el control de enfermedades en Atlanta como oficial de informaciones sobre epidemias, McGee conoció las bioestadísticas y el trabajo del epidemiólogo británico T.L. Cleave. Cleave estudió información procedente de cientos de lugares de todo el mundo y no encontró ni una sola excepción a la regla siguiente: las personas más «primitivas» comen alimentos frescos e integrales y muy poco o nada de azúcares refinados, de hidratos de carbono refinados o de alimentos preparados. En cuanto este tipo de alimentos pasan a formar parte de la dieta de una cultura, aparecen las enfermedades degenerativas.

Tras trabajar como tocólogo y ginecólogo en el Kaiser Foundation Hospital en Walnut Creek, California, durante algunos años, McGee empezó a estudiar medicina china. En 1978 su medicina ya era completamente alternativa e incluía la homeopatía, la nutrición, la acupuntura y la terapia de quelación. Justo cuando McGee terminó su trabajo como residente, su padre murió de un ataque al corazón y este inició una cruzada personal para comprender el porqué.

Uno de los hallazgos más interesantes que presenta McGee es que el colesterol no es tan determinante como se nos ha hecho creer en relación con las enfermedades cardíacas. Indica lo siguiente: «De hecho, la teoría ha desarrollado una vida propia y se considera una especie de dogma religioso». Cita anteriores estudios con animales que fundamentaron la teoría y afirma que presentan fallos, y que «informes de estudios posteriores con humanos han sido parciales, y desde 1970 se han tergiversado las estadísticas para poderla sostener».

Según McGee, los medicamentos para reducir el colesterol no disminuyen los niveles de lipoproteína, que puede resultar ser el factor más importante del análisis sanguíneo para determinar el riesgo de sufrir un ataque al corazón. Además, afirma que los niveles de colesterol en sangre no sirven para determinar el riesgo de sufrir un ataque al corazón y que existen sistemas de medición más precisos que apenas se usan.

McGee, que está muy interesado en los alimentos como medicina, piensa que «vamos a acabar descubriendo que los alimentos tienen propiedades energéticas además de un valor nutricional». Señala que el LDL, o «colesterol malo», es perfectamente normal cuando no está oxidado, y es natural al cuerpo en ese estado, mientras que el LDL oxidado resulta muy tóxico. Un laboratorio corriente no está preparado para separar estas dos formas de LDL, que sería lo apropiado.

McGee dice que otro mito es el de que los angiogramas constituyen un «patrón de oro». Explica lo siguiente: «Ante todo, existen dos análisis distintos; uno de ellos, que es el que normalmente se hace, es muy impreciso y existen muchas posibilidades de que, en caso de que tengan que hacerte dicho análisis, no te adviertan de las diferencias». El angiograma cuantitativo más eficaz utiliza dos cámaras para conseguir un efecto tridimensional y permite ver las arterias coronarias simultáneamente desde dos ángulos. «En 1994 tan solo había 20 de estos nuevos aparatos para realizar angiogramas en todo el mundo», afirma McGee, «Incluso en la actualidad, es probable que tan solo sepan de su existencia menos del 5 por ciento de los médicos». Además de ser invasiva (durante un angiograma se pasa un catéter por la aorta hasta un punto justo por encima del corazón; luego se inyecta un material que tiñe, que fluye por las arterias del corazón y es visible en los rayos X), la interpretación de los resultados puede variar radicalmente.

Algo que parece ser determinante es lo que se conoce como la «teoría de la oxidación», en la que distintas grasas pasan de la sangre a las paredes arteriales; si el nivel de antioxidantes es lo suficientemente bajo, las grasas se oxidan, se ponen

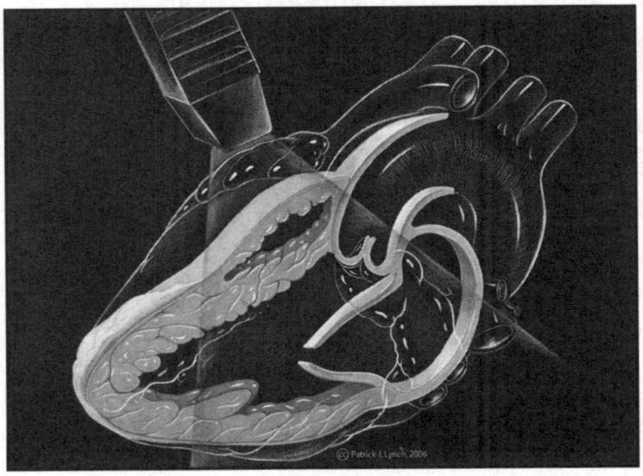

Diagrama de una ecocardiografía.

rancias, y producen «óxido» (moléculas de oxígeno pegadas a moléculas de grasa), formando la famosa placa. Según la «teoría de la ruptura» (uno de los últimos adelantos en la medicina cardíaca), el ataque al corazón se produce cuando la superficie de una placa se rompe. Se forma una hinchazón en la pared arterial, se extiende y se rompe, se abre, sangra un poco, forma un coágulo y provoca que las células del músculo del corazón mueran. El proceso de oxidación empieza con algún tipo de lesión del revestimiento interior de una arteria. Las células de la pared arterial que se encuentran justo debajo de esta zona lesionada empiezan a coger activamente lipoproteína oxidada de la sangre. A dicha concentración se incorporan también otros materiales grasos, formando «ateromas» o quistes sebáceos. Las paredes arteriales contienen una capa de músculos fuertes y circulares, que hacen que los quistes crecientes tan solo puedan crecer en una dirección: metiéndose en la apertura de una arteria. Con el paso de muchos años, la arteria se va obstruyendo gradualmente. Según las investigaciones de McGee, «la mayoría de rupturas se producen en arterias pequeñas y solo afectan a pequeñas zonas del corazón [...] estas arterias pequeñas no se ven ni siquiera en los angiogramas tridimensionales. Los médicos casi siempre buscan obstrucciones en las arterias más grandes, cuando el problema está en las arterias más pequeñas».

McGee, que sin duda se muestra crítico con el colectivo médico predominante, no es radicalmente antialopático. Dado que él mismo es médico, reconoce que el «manejo médico de la enfermedad arterial coronaria tiene su lado positivo». Dice que las unidades de cuidados coronarios (UCC)) de los hospitales consiguen salvar muchas vidas, y que si él tuviera un ataque al corazón, querría que le llevaran rápidamente a una de ellas.

También reconoce los progresos de la medicina moderna en el campo del control de las enfermedades contagiosas, de los defectos congénitos, de las infecciones y otras dolencias médicas graves. Su principal argumento es que la medicina falla cuando intenta tratar enfermedades degenerativas crónicas con los mismos planteamientos que usa para tratar los problemas graves. Se muestra especialmente preocupado porque «de todas las enfermedades modernas que llaman la atención de los médicos, el 80 por ciento son crónicas».

Por no hablar de la angioplastia con «globo» o de los injertos de *by-pass* en las arterias coronarias (CABGs), que él califica de «falsedades». Fustiga ambos procedimientos y cita al doctor Eugene Braunwald, profesor de medicina en la Universidad de Harvard que afirmó que los médicos deberían recomendar la cirugía tan solo cuando los dolores pectorales no pudieran controlarse con ningún otro medio y que predijo que se desarrollaría todo un imperio financiero en torno a los procedimientos quirúrgicos relacionados con el corazón.

Los cirujanos europeos, sin embargo, reciben un sueldo, eliminando de la ecuación la tentación de «cortar en exceso»; en América, poderosos intereses personales hacen que sea muy difícil cambiar el sistema. Según McGee, la medicina moderna no ha aprendido nunca a autocontrolarse adecuadamente como para proteger al público. Lo cuestiona especialmente en el campo de la cirugía cardíaca. «Las compañías de seguros ya saben qué cirujanos tienen un mayor índice de complicaciones y cuáles no», señala.

McGee escribe: «Cuando se trata de la enfermedad arterial coronaria, los tratamientos serían casi ridículos si no fuera porque suponen muchos riesgos y resultan muy costosos, traumáticos e ineficaces. Los tratamientos suelen decidirse a partir de angiogramas poco precisos». Solo se han llevado a cabo tres estudios científicos para determinar la eficacia de la cirugía de *by-pass*; uno, conocido como el estudio de los veteranos, dividía los pacientes cardíacos en dos grupos: el primer grupo se trataba con medicamentos y el segundo con cirugía de *by-pass*. Un estudio de seguimiento reveló que transcurridos diez años, el grupo del *by-pass* no había mejorado nada. Los otros dos estudios mostraron los mismos resultados.

La angioplastia con globo se ha convertido en un procedimiento muy popular a pesar del hecho de que no se han realizado estudios sobre la supervivencia a largo plazo. En un estudio reciente a corto plazo, los pacientes con la enfermedad arterial coronaria reaccionaban igual de bien tomándose una aspirina diaria que con un «trabajo con globo».

McGee afirma: «Los que sufren una enfermedad cardíaca deberían insistir en que les hagan o un ecocardiograma o un escáner de isótopos de medicina nuclear para determinar la fracción de eyección, es decir, la medición de lo bien que funciona al bombear el ventrículo izquierdo del corazón. Si bombea la sangre con normalidad, no hay indicios de que un procedimiento con globo vaya a mejorar las posibilidades de supervivencia». Si un paciente supera un ataque al corazón y sigue teniendo dolores en el pecho que no pueden controlarse con la medicación, puede ser un candidato para la cirugía, para intentar aliviar dicho dolor. Pero McGee añade: «Existen otras opciones. Una es cargarle de antioxidantes y seguir el programa de Dean Ornish, que ha sido aceptado por los expertos en salud como prueba de que la enfermedad puede anularse en un alto porcentaje de pacientes». Admite que el programa no sirve para todo el mundo, pero tiene claro que los pacientes tienen derecho a conocerlo y a contar con esa opción.

Otra opción podría ser la terapia de quelación, en la que se administra por vía intravenosa una solución de EDTA (ácido etileno-diamino-tetracético), eliminando los desperdicios metabólicos del flujo sanguíneo. La terapia de quelación se ha utilizado con más de 500.000 pacientes en los Estados Unidos en los últimos cuarenta años, y ha resultado un éxito en el control de la enfermedad cardíaca, pero la FDA todavía no ha dado su total aprobación al EDTA, proporcionando así a los médicos de la corriente predominante razones para sus acaloradas críticas. McGee responde con su acostumbrado sentido del humor: «Los médicos que aterrorizan a los pacientes potenciales de la terapia de quelación diciéndoles que morirán, deberían recordar un hecho interesante: cuando los corazones de donantes van de una ciudad a otra en pequeñas neveras portátiles para ser transplantados a alguien, van sumergidos en una solución de EDTA al cien por cien».

Son este tipo de hechos los que hacen que el libro de McGee nos ayude realmente a abrir los ojos. El libro, que se publicó por primera vez en 1994, fue reeditado en 2001 por Healthwise Publications. También es el autor de *How to Survive Modern Technology, Miracle Healing from China... Qigong,* y *Healing Energies.* Al igual que el difunto Robert Mendelsohn (*Confessions of a Medical Heretic),* McGee tiene el coraje de sus convicciones y no tiene miedo de «exponerlas», aunque no pretende «enfrentarse» a la industria médica; ha visto como muchos médicos alternativos se metían en litigios y perdían sus licencias.

Su libro recién publicado, *Healing Energies of Heat and Light,* muestra su interés actual por lo que él califica de «salto espectacular en la asistencia médica». Aplaude al pequeño porcentaje de cardiólogos que han reemplazado sus prácticas quirúrgicas por la terapia de quelación, y aconseja a los pacientes de cualquier médico que busquen terapias alternativas para sí mismos. «Uno debe ser informado de que existen otras opciones para tratar el problema; sin embargo, deberá autoeducarse en este campo porque son muy pocos los médicos que conocen otras opciones y por tanto no se las ofrecerán. Solo estando informado de todas sus opciones podrá dar su consentimiento convencido para un procedimiento determinado».

22 La medicina energética en la sala de operaciones

Una pionera new age *lleva su intuición hasta donde pocos han osado llegar*

Cynthia Logan

La sanadora energética Julie Motz dice: «Los traumas no tratados y la ira contenida son responsables del 99,9% de las enfermedades y dolencias graves». Hablando con claridad, confianza y el ritmo rápido propio de una neoyorquina, prosigue: «La ira se malinterpreta; no se reconoce como la energía que puede hacernos avanzar».

Motz es la autora de la obra *Hands of Life* (Manos de vida), un libro que está muy bien escrito. Stephen Sinatra dice: «Es una lectura obligada para cualquier persona de mentalidad abierta que padezca alguna enfermedad. Julie Motz ha captado la esencia de la medicina cuerpo-mente a nivel celular». Motz ha recibido el reconocimiento general por su trabajo revolucionario y a menudo polémico al ser la primera sanadora no tradicional a la que se ha permitido trabajar codo con codo con cirujanos en los quirófanos de hospitales tan prestigiosos como el Columbia Presbyterian Medical Center en Nueva York y el Stanford University Hospital en California.

Sus técnicas curativas energéticas consiguen que los pacientes que van a ser operados necesiten menos anestesia y se recuperen más rápidamente y de forma más completa. Ha dado conferencias en las facultades de medicina de Stanford y Dartmouth, ha presentado su trabajo en conferencias nacionales e internacionales y han aparecido reseñas de ella en *Dateline*, CNN, *The New York Times Magazine, New Age Journal, USA Today* y *Ladies Home Journal.*

Según Motz, muchas de las técnicas empleadas para tratar la ira (tales como golpear una cama con un bate de béisbol y lanzar cojines) no son eficaces. «El hecho de golpear resulta ofensivo para tu propio cuerpo y lanza la energía fuera del cuerpo; lo que tienes que hacer es moverla por el cuerpo, para poder acceder a su fuerza. La ira no es algo de lo que quieres deshacerte; es algo que debes saber apreciar y usar y tener a tu disposición».

Motz sabe de primera mano qué se siente al mover el poder de la ira por el cuerpo. Al tratar su propio trauma infantil, participó en «Grupos de Fusión» (unos grupos de «encuentros» que fueron muy populares durante los años setenta). Ella cree en el trabajo de Mike y Sonja Gilligan, que considera pionero e inspirador: «La gran contribución de Sonja Gilligan fue darse cuenta de que existen cuatro, y solo cuatro, sentimientos básicos». Gilligan establece una correlación entre estos cuatro sentimientos y las cuatro fuerzas de la materia (electromagnetismo, gravedad, fuerza nuclear y fuerza débil); Más adelante Motz postuló que estas «fuerzas emocionales» estaban presentes en sistemas, tejidos y fluidos específicos del cuerpo.

Ella expone: «El miedo equivale al electromagnetismo y es lo mismo que la excitación; es el sentido de la percepción y debería estar presente en el flujo cerebroespinal y en el sistema nervioso. La ira es la emoción de la acción y equivale a la gravedad. Si el miedo te dice que lo que has percibido es seguro, tu ira te lleva más lejos, a conseguir lo que deseas. Si el miedo te dice que algo es peligroso, la ira te proporciona la energía para luchar o huir». Motz afirma que la ira debería estar presente en la sangre y los músculos.

Según Gilligan y Motz, el dolor equivale a la fuerza nuclear, con su poder de atraer hacia el centro. Motz dice: «El dolor, en el sentido emocional, es conocimiento de uno mismo. Te pone en contacto con la esencia de tu ser y debería estar presente en el fluido linfático y los huesos».

El amor, la cuarta fuerza emocional, equivale a la fuerza débil y debería estar presente en el flujo sinovial de las articulaciones y en la médula ósea. La fuerza débil es liberada en lo más hondo de estrellas como el Sol, donde producen la

La sanadora energética Julie Motz según la cual la misteriosa fuerza «débil» del amor es la que, en realidad, es la fuerza curativa.

energía que nos mantiene vivos. Según Motz, es esta misteriosa fuerza «débil» del amor la que es, en realidad, la fuerza curativa.

Motz, que posee un máster en salud pública, mezcla conceptos holísticos orientales con la medicina occidental; emplea una serie de modalidades distintas, aunque no ha estudiado formalmente ninguna de ellas durante más de cinco días. Utilizando su intuición, las terapias del tacto y los meridianos de digitopuntura, así como los mensajes verbales y telepáticos, ayuda a sus pacientes a aprovechar la propia energía, inteligencia y memoria del cuerpo. Dicha combinación ha demostrado ser eficaz incluso para las intervenciones con mayores riesgos, incluidos los transplantes de corazón, los traumatismos craneales y las operaciones de cáncer de mama.

Motz, que puede sentir las emociones de un paciente en su propio cuerpo, cree que su habilidad para identificar e interpretar los signos físicos/emocionales es una habilidad que prácticamente todo el mundo puede aprender. Ella compara el proceso de aprender a rastrear con un guía indio. «Al principio te sorprende que sea capaz de saber que un ciervo estuvo justo al lado de un árbol concreto, o que un zorro salió de entre la maleza justo en ese punto. Luego el guía te muestra el lugar donde los brotes han sido arrancados de la rama o algunas hojas secas desplazadas del camino. No es que tú no «vieras» esas cosas; pasaron por tu campo visual del mismo modo que pasaron por el suyo. Pero tú no fuiste «consciente» de ellas, porque no estabas entrenado como para considerar dichos signos como cosas que comunican información importante».

Aunque quizás sea cierto que es algo que todos somos capaces de hacer, la habilidad de Motz para captar la emoción dentro de las estructuras corporales es claramente superior a la de la mayoría de nosotros. Motz, a la que se ha comparado con la intuitiva Carolyn Myss, a la que admira por haber popularizado el concepto en sí de la curación energética, señala que ella es mucho menos metafísica que Myss: «A mí me interesa mucho más la física». Tras estudiar el trabajo del físico francés Louis de Broglie (que postuló que toda la materia emite ondas que viajan más rápidamente que la luz), a ella le parece perfectamente posible que una materia tan altamente organizada como el tejido humano no solo emita pautas de ondas identificables y características, sino también que sea capaz de recibirlas e identificarlas: «Creo que eso es lo que ocurre cuando siento las emociones de otra persona en mi cuerpo».

Motz teoriza sobre que existen dos posibles maneras de que la curación energética funcione: «Es posible que cuando toco a un paciente, la energía de su cuerpo empiece a alinearse vibracionalmente con la mía, y que el meridiano que estoy tocando cambie. La otra posible explicación es que cuando toco con la intención de curar o transmitir amor, ese punto de contacto se convierte en un imán para la energía ambiental de la habitación, que entra en el cuerpo de la persona a través de mi mano o dedo por ese punto. En este caso estaría atrayendo un torrente de neutrinos que interactúan con otras partículas subatómicas que hay dentro del cuerpo para alterar el flujo energético».

Motz, hija de un profesor de física teórica y director de la red de bibliotecas de la New York City School Libraries, adquirió su capacidad intelectual sin darse cuenta. Está acostumbrada a discutir enérgicamente, lee con voracidad («literalmente cualquier cosa que esté bien escrita»), escribe poesía y afirma que «pensar sobre las cosas» es uno de sus pasatiempos preferidos. Considera que los ángeles y la reencarnación son «cosas que crea el córtex frontal para tranquilizarnos cuando un trauma empieza a presionarnos», pero admite asimismo haber tenido como mínimo dos experiencias energéticas «interesantes» sobre las que se reserva la opinión. «Creo que el Universo está evolucionando hacia el orden y el amor, pero no existe una deidad separada de nosotros, que es en realidad un concepto occidental».

Sus experiencias con los Grupos de Fusión y su posterior trabajo con pacientes le han proporcionado la sabiduría de su corazón. Afirma: «Volví desde el mundo del intelecto al mundo de las emociones, que establece un puente entre el cerebro y el cuerpo. Reconecté el pensamiento y el sentimiento y fui consciente de que el amor que había captado era lo que me había hecho más lista».

Dicho amor está amortizado: cobra 250 dólares la hora en las operaciones y 175 dólares en el hospital. Perfectamente consciente de lo que vale, ha tenido que demostrarlo en el contexto político de las altas esferas médicas y le apasionan tanto su trabajo como el concepto de curación energética dentro de un contexto social más amplio. Así pues, dice: «Miles de personas están convencidas de que lo único que pueden hacer para curarse es dejar que les abran el pecho con una sierra y les toquen físicamente el corazón, algo que ellos mismos no pueden hacer. Muchas otras personas, como los cirujanos con los que trabajo, disfrutan abriendo pechos y moviendo las cosas que hay dentro. Estos dos grupos de personas es muy probable que sigan juntos durante mucho tiempo. Mientras lo hagan, habrá sitio para un sanador energético».

Sigue especulando sobre el hecho de que el gran drama y ritual de la cirugía tiene un profundo significado en nuestra sociedad tanto para los «rescatados» como para los «rescatadores», y señala que «con el simple hecho de entrar en la sala de operaciones, el paciente está expresando su amor hacia el cirujano. Permitir que el cirujano le abra y entre en su cuerpo mientras él, el paciente, está completamente fuera de control es un acto de amor todavía mayor». Ella imagina un quirófano en el que todo el mundo presente da las gracias al paciente por estar allí y por traer su amor y su confianza a la sala con el fin de crear un espacio curativo para todos. «Sin él, nuestro amor y nuestro conocimiento no tendrían sentido. Cada uno de nosotros se comprometería a meterse en ese espacio, el espacio en el que tendrá lugar la intervención quirúrgica, sea lo que sea lo que deberíamos haber curado».

Motz cree que los tumores cerebrales podrían originarse al «pedir al cerebro que realice una tarea que en realidad está pensada para que la realice el cuerpo. La ira y el amor, como acción y conexión, son sentimientos del cuerpo. El miedo y el dolor, como percepción y entendimiento, son sentimientos del cerebro. Las emociones son las energías que gobiernan tanto nuestras vidas como el Universo. Cuantos más bloqueos emocionales elimines, más energía tendrás. Tener emociones no es lo que agota nuestra energía, es suprimirlas. Eso requiere mucha energía».

Su propia energía exuberante se debe a la dieta macrobiótica que viene siguiendo desde hace muchos años, y a lo que ella llama una «reacción habitual a la resistencia que consiste en, cuando se me niega algo, insistir incluso más para conseguir algo todavía más difícil y fuera del alcance».

Es mus posible que siga viva gracias a dicha insistencia; Motz luchó contra la bulimia e intentó suicidarse antes de conocer el mundo de los sentimientos de la mano de los Gilligan, con los que formó una empresa cinematográfica tras sacarse un máster de Bellas Artes en cinematografía. Por aquella época, sus películas trataban sobre la cultura y la historia americana. En la actualidad, se está planteando comprar una cámara de video e incorporarla al proceso curativo.

Mientras tanto, enseña la curación energética a adolescentes de los barrios céntricos y pobres de la ciudad gracias a su programa de salud Angels y trabaja con adolescentes embarazadas. Motz, que no tiene hijos, afirma: «El embarazo nos ofrece una oportunidad de curación». Ha llegado a la conclusión que la mayoría de traumas empiezan en el útero y señala que la depresión, la adicción y el comer en exceso tienen su origen en la vida prenatal.

Afirma enfáticamente: «La idea de que los niños son una carga no es una verdad del Universo. Es algo que ha transmitido la madre al niño. Llevar un niño en el vientre no es un sacrificio; es una aventura energizante, una colaboración. Lo que ocurre durante el embarazo es que revives tu propia gestación. Y si para tu madre no fue un período feliz, tampoco lo será para ti».

Asimismo afirma: «Lo mejor que podemos hacer para ayudar a nuestros hijos es ocuparnos de nuestra propia curación. Señala que los abusos y la angustia emocional continuados —que se inician a muy temprana edad y suelen ser ignorados o negados por el paciente— son factores clave que debilitan el cuerpo y hacen que sea vulnerable a las enfermedades crónicas. «Tienes que abrir la herida para poder curarla, si no todo lo que hagas rebotará en la herida».

Dado que el hecho de redescubrir y tratar los traumas enterrados son habilidades que nuestra sociedad no aprovecha demasiado, Motz sugiere que demos pasos sencillos en lugar de seguir una técnica radical como la de «renacer», que cree puede resultar innecesariamente violenta. «Empieza por observar qué cosas te molestan, cosas que no desaparecen, y averigua qué ocurre en tu cuerpo: ¿Qué sientes? ¿A qué edad apareció este sentimiento? Luego intenta sacar a relucir una escena de dicha edad [...] Cuando uno encuentra el valor para enfrentarse a las cosas que sus padres le hicieron, tiene más valor para resistir las cosas que los médicos puedan hacerle».

Motz lamenta la falta general de conocimiento y sensibilidad entre muchos cirujanos, anestesistas y demás personal médico presente en los quirófanos, pero admira y respeta enormemente la dedicación y el talento de la mayoría de ellos y la genialidad brillante de algunos pocos. Observa que distintos cirujanos realizando la misma intervención son como «distintos músicos que tocan la misma pieza; empiezan y terminan en el mismo punto, pero eso es todo lo que tienen en común».

Motz ve que la tendencia hacia la curación complementaria y el autocuidado va en aumento: «Hace un año viajé por el país y me alojé en una pequeña casa de huéspedes; me sorprendió ver que la gente usaba remedios naturales y acupuntura; parece existir un interés general por las terapias alternativas». Tal y como afirma Christiane Northrup, Motz cree que la medicina es en gran medida una práctica paternal y señala que «el paciente y el equipo médico viven una experiencia mutua que permite a todos los implicados curar los traumas emocionales. La importancia del historial emocional de una persona para su bienestar físico hace mucho que se ha reconocido en los círculos médicos, pero en cuanto dicha persona atraviesa las puertas de la institución hospitalaria, esta se ignora casi por completo».

¿Qué sentido tiene seguir actuando como si los sentimientos apenas influyeran en las acciones internas del cuerpo? Para contribuir a educar a los pacientes y a los profesionales médicos, Motz planea dirigir en un futuro próximo varios cursos de formación, tanto en la costa este como en la oeste. Así pues, afirma: «Me interesa crear comunidades curativas y me gustaría tener personas en ambos extremos del país capaces de discutir y desarrollar este trabajo». Su libro resume de manera sucinta la escisión existente entre cuerpo y mente que muchas personas creen que la medicina moderna ha contribuido a crear: «Quizás nuestro fracaso tecnológico para tratar adecuadamente la enfermedad crónica en todos los estratos de la sociedad acabe siendo un gran regalo. En nuestro deseo por acabar con esta violencia hacia nuestros cuerpos, es posible que nos ofrezcamos por fin unos a otros el amor que nos proporciona el valor de sentirnos y de conocernos por completo. Eso es lo que significa ponernos a nosotros mismos en las manos de la vida».

23 El hemisferio derecho y el hemisferio izquierdo del cerebro

El autor y médico Leonard Shlain cree que el futuro se encuentra allí donde se cruzan el arte y la física

Cynthia Logan

Mientras conduce por la autopista de camino al California-Pacific Medical Center de San Francisco, donde trabaja como jefe de cirugía laparoscópica, el doctor Leonard Shlain presiona el botón de eject de la consola de su nuevo coche (los anteriores modelos eran Jaguars, pero ahora que es un consumidor consciente, se trata de un Prius). Sale la cinta de *El conde de Montecristo*, una historia que le tiene fascinado («tuve que parar en el arcén en un momento dado para ver qué pasaba», admite). Pero esta mañana tiene que operar la arteria carótida de alguien y debe concentrarse; así que, por el momento, la película debe esperar. ¿Es el paciente diestro o zurdo? ¿Está la lesión en el lado derecho o en el izquierdo de su cerebro? «Se trata de un factor importante para el planteamiento de mi trabajo», explica. «Los procedimientos relacionados con la carótida me parecen especialmente fascinantes; para operar las arterias carótidas debo entender cómo funciona el cerebro».

Hace mucho tiempo que a Shlain le fascinan las diferencias entre el hemisferio derecho y el izquierdo del cerebro, y también la ciencia y el arte modernos. En su mente, el rompecabezas de la conciencia, la división existente entre la izquierda y la derecha y las conexiones entre el cubismo y la relatividad «giran como las prendas de ropa en una secadora»; de hecho lleva años intentando resolver todos estos enigmas. Sus pensamientos aparecieron recopilados en un libro que ha sido galardonado en 1991. *Arte y física* sugiere que la innovación en el arte se anticipa, de forma profética, a importantes descubrimientos en el campo de la física; actualmente se utiliza como libro de texto en muchas universidades y escuelas de arte. El libro incluye la época clásica, la era medieval, el Renacimiento y la era moderna. En cada una de ellas, Shlain yuxtapone los trabajos de artistas famosos con las ideas de los grandes pensadores. Entre las parejas que propone están Giotto y Galileo, Da Vinci y Newton, Picasso y Einstein, Duchamp y Bohr, Matisse y Heisenberg, y Monet y Minkowski.

Shlain era el pequeño de cuatro hermanos de la primera generación americana de emigrantes rusos; de pequeño le encantaba construir maquetas de aviones, disfrutaba dibujando y se imaginaba que era un artista en ciernes. Consideraba que la psiquiatría era una profesión, pero prefirió la vida dramática de un cirujano (*Magnificent Obsession*): «Era romántico, desafiante e intensamente excitante».

Shlain, que trabaja también como profesor adjunto de cirugía en la UCSF, sabe de primera mano cómo se siente uno cuando se somete a una intervención quirúrgica. A los 37 años tenía su título, se había convertido en miembro del American College of Surgenos (Colegio americano de cirujanos) y trabajaba como profesor universitario; además estaba casado, tenía tres hijos y una consulta floreciente. Las cosas le estaban saliendo según lo planeado pero «de pronto se encontró sentado en el borde de una cama de hospital con el camisón que llevan los pacientes tras una intervención quirúrgica»; le acababan de dar los resultados de la biopsia para descartar un linfoma de Hodgkin: había salido maligna.

El tratamiento y la recuperación posteriores llevaron a Shlain a participar en un seminario titulado «muerte y moribundos». Shlain lo explica así: «El organizador de uno de los talleres conocía mi reciente encuentro con la muerte y pensó que sería interesante que un cirujano diera su opinión desde ambos lados del escalpelo». Posteriormente, su historia fue incluida como uno de los capítulos de *Stress and Survivial: The Realities of a Serious Illness* (una recopilación editada por Charlie Garfield). Sin que él lo supiera, el departamento de radioterapia de Stanford había hecho copias de su capítulo y se las daba a los pacientes que ingresaban; y una facultad de medicina lo convirtió en lectura obligatoria para los estudiantes de penúltimo año cuando empezaban su rotación por oncología. «Mi carrera como escritor nació a partir de la peor experiencia de mi vida», señala Shlain. Tras un encuentro fortuito con un agente neoyorkino, se enteró de que ocho de los más importantes editores estaban interesados en publicar su capítulo.

«Durante el año siguiente fui un hombre poseído. Escribía por la mañana temprano antes de realizar las intervenciones quirúrgicas, durante las vacaciones, los fines de semana y mientras esperaba el inicio de un caso en la sala de cirugía». Shlain dice que se planteó el arte de escribir del mismo modo que se había planteado la adquisición de las habilidades necesarias para convertirse en cirujano.

«Sabía que la habilidad se consigue con mucha práctica y emulando a los expertos. Siempre había sido un lector insaciable (le gusta mucho Dostoyevsky y disfruta con Hemingway, Steinbeck, Melvilla y Dickens); «siempre llevaba un libro en el bolsillo, incluso cuando los turnos de mi período de formación como cirujano eran más exigentes», recuerda Shlain.

Siete años después del éxito de su primer libro, publicó otro: *El alfabeto contra la diosa: El conflicto entre palabra e imagen* (Debate); a las pocas semanas de su publicación, en 1998, ya estaba en la lista de los más vendidos de su país. Concebido en 1991 durante un viaje para visitar yacimientos arqueológicos del Mediterráneo, este libro analiza su teoría de que con el desarrollo del alfabeto y el aumento de la alfabetización, se estableció un dominio del cerebro izquierdo y la mano derecha (cada hemisferio del cerebro controla el lado opuesto del cuerpo), dando origen a una cultura patriarcal que degrada a las mujeres, las diosas y las imágenes sagradas. Shlain valora la alfabetización y la literatura, pero señala que los escritos de Marx, Aristóteles, Luther, Calvin, Confucio y otros muchos escritores varones potenciaron y perpetuaron los valores patriarcales, especialmente a través de la Biblia, el Corán y la Torah. «En el mundo antiguo, cuando reinaba el politeísmo, a la gente no se la mataba por sus creencias religiosas», afirma. «Con la aparición del Cristianismo, el Islamismo y el Judaísmo, empezamos a discutir sobre qué Dios era el Dios verdadero.»

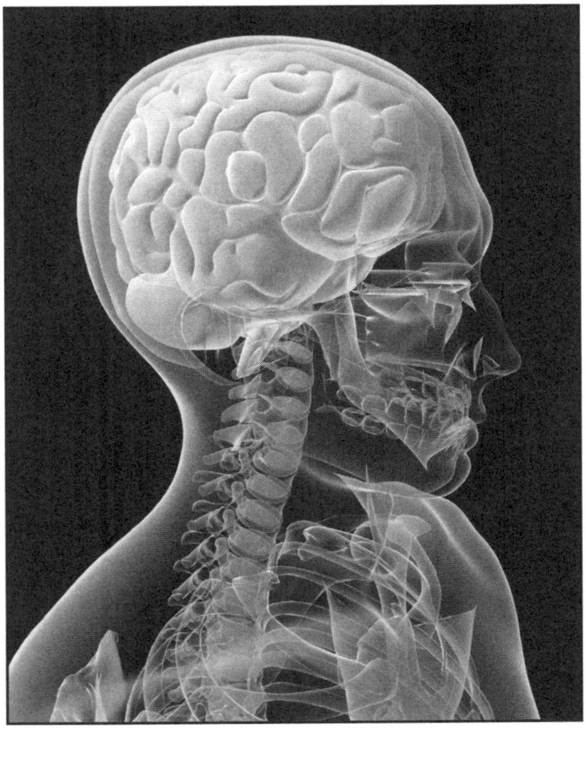

Según Shlain, «el torrente de imágenes en el que vivimos está restableciendo un equilibrio durante mucho tiempo perdido entre el hemisferio linear izquierdo del cerebro y el derecho, que es visual, terminando así con 5000 años de misoginia».

En una discusión fascinante secundada por una mejor comprensión de la anatomía, Shlain postula la diferencia existente entre el ojo y el oído, entre hablar y escuchar: caracteriza el funcionamiento del ojo y el habla como cosas más activas y masculinas, mientras que ve la arquitectura del oído y el acto de escuchar como cosas más receptivas o femeninas. Como sociedad, nos centramos más en hablar y ver que no en escuchar u oír. El ojo humano contiene células especializadas «en forma de bastoncillo» o «cónicas», que Shlain asocia con el lado derecho e izquierdo del cerebro respectivamente. Curiosamente, el ojo de los hombres tiene más células cónicas (que se concentra en mirar de cerca), mientras que los de las mujeres contienen más células en forma de bastoncillos, que ven las imágenes de conjunto. Así pues, los sexos ven las cosas literalmente de formas distintas. (Por fin una explicación de por qué los hombres no suelen encontrar lo que buscan en la nevera; y de por qué las mujeres hablan tanto: ven más, así que tienen más cosas que decir.)

Shlain, una persona apasionada, disfrutó de una relación tumultuosa de diecisiete años con su mujer y soportó un divorcio igual de tumultuoso. Soltero de nuevo diecisiete años después, siguió fascinado por las diferencias entre hombres y mujeres; y, aunque se mostraba reticente a «volver a entrar en el juego», siempre pensó que la mayoría de la gente inconscientemente busca su alma gemela. Conoció a su segunda mujer, Ina, una juez, en una cita a ciegas y, para él, el mito de encontrar la media naranja se ha hecho realidad. Shlain afirma: «Los dos tenemos la manía de controlarlo todo y a ninguno de los dos nos gustan los conflictos». Y añade: «De algún modo conseguimos que funcione. Cuando cocinamos juntos, yo, como cuando ejerzo de cirujano, pongo la mano con la palma hacia arriba sin aparatar la vista de las rodajas y los dados y grito: —*¡Tomate!* E Ina riendo responde: —*Petición rechazada*».

Todos los capítulos de cada uno de los libros de Shlain tienen un título provocativo, que a menudo yuxtapone parejas, por ejemplo Atenas/Esparta, analfabetismo/celibato, menarquia/mostachos. «Encaja con la dualidad derecha/izquierda que tanto caracteriza nuestra realidad.» Su último trabajo, *Sex, Time, and Power: How Women's Sexuality Shaped Human Evolution,* analiza por qué el *Homo sapiens* evolucionó de un modo tan distinto a otros animales. Sus conclusiones —que las mujeres desarrollaron la capacidad de decidir si querían o no entablar relaciones sexuales en cuanto asociaron el sexo al alumbramiento, que la menstruación se desarrolló para enseñar a la especie a saber decir la hora, y que la pérdida de hierro que sufren las mujeres a causa de la menstruación y otras cosas dio como resultado un equilibrio de poder entre los sexos (ya que los hombres aprendieron a cazar y a llevar a casa el beicon que restablecía las reservas mermadas de las mujeres)— están bien documentadas, elegantemente formuladas y resultan tan plausibles como las otras posibles explicaciones.

Los más críticos se quejan sobre todo del hecho de que alguien que no es ni artista, ni científico, ni antropólogo, ni paleontólogo ni lingüista haya escrito con tal autoridad sobre temas que ellos creen deberían ser explorados por expertos académicos de dichos campos. Shlain sugiere lo siguiente: «Personas profanas han hecho importantes contribuciones en muchos campos. A menudo las teorías salen a la luz como «meras» historias y luego se demuestra que son válidas». Además, tal y como explica en la introducción de *Sex, Time, and Power,* como cirujano ha tenido mucho tiempo para considerar en profundidad temas como el misterio de la sangre o el hecho de que, aunque las variables de la mayoría de los 26 números de una tabla química son de género neutro, un hombre por regla general tienen una concentración un 15 por ciento mayor de glóbulos rojos que una mujer sana. Comprender la hemoglobina y el papel que desempeña el hierro en el baile entre sexos se convirtió en un objetivo que Shlain persiguió de forma meticulosa.

Teorías como la de que el Santo Grial fue en realidad María Magdalena han cobrado popularidad en los últimos años, lo cual indica un resurgir de la «Feminidad divina» o, como algunos prefieren llamarlo, el regreso de la Diosa. El viaje arqueológico de Shlain por el Mediterráneo había terminado en Éfeso, donde están las ruinas del lugar sagrado más grande dedicado a una deidad femenina de todo el mundo occidental, el Templo de Artemisa. Shlain cuenta: «El guía nos había contado la leyenda según la cual la madre de Jesús, María, había ido a Éfeso para morir. Nos señaló la ladera en la que supuestamente se enterraron sus restos. Shlain se preguntó por qué, suponiendo que la leyenda fuera cierta, habría escogido María un lugar consagrado a una diosa «pagana» como su última morada; eso le llevó a preguntarse cuál había sido la causa de la desaparición de las diosas en el antiguo mundo occidental. «Existen pruebas evidentes, tanto arqueológicas como históricas, de que tanto los hombres como las mujeres adoraban a las diosas. ¿Qué cambios culturales pudieron producirse para que los líderes de todas las religiones occidentales condenaran el culto a las diosas?

La obra *El alfabeto contra la diosa* no es exclusivamente «una paliza sobre el alfabeto». Gracias a algunos avances sin precedentes en el campo de la tecnología de las imágenes, Shlain (que es diestro pero posee un talento ambidiestro) cree que estamos asistiendo al nacimiento de un nuevo lenguaje, un lenguaje que está reintroduciendo la voz del hemisferio derecho. Así pues se pregunta: «Oigo hablar mucho acerca de que estamos destruyendo la vida tal y como la conocemos. ¿Qué pasaría si apareciera un nuevo escenario, si estuviéramos evolucionando hacia algo distinto? En su mente, el aumento de imágenes en los medios de comunicación, junto con el uso de los ordenadores, constituye un cambio evolutivo positivo. La escritura tradicionalmente requería el uso de la mano derecha y del hemisferio izquierdo, pero en los teclados y las pantallas usamos ambos lados, como con un instrumento musical. (La mecanografía fue un primer paso hacia la coordinación de los hemisferios, pero era usado básicamente por secretarias de sexo femenino.) Los teclados de los ordenadores son tecleados para ambos sexos. «Piense solo en todas esas manos izquierdas de hombre sobre el teclado, estimulando el hemisferio derecho de su cerebro», se entusiasma Shlain, que cree asimismo que las relaciones se ven reforzadas por tecnologías como el correo electrónico, los teléfonos móviles y los buscas.

Así pues, ¿Cuál es el diagnóstico del médico para el mundo? Shlain dice a su público, tanto en los Estados Unidos como en Europa, lo siguiente: «Ahora nos enfrentamos a toda una serie de problemas nuevos». El mensaje sobre el futuro de Shlain, un orador clave para grupos tan distintos como la institución Smithoniana (complejo de museos de Washington D.C.), la Universidad de Harvard, el Instituto Salk, el Laboratorio Nacional de Los Alamos, la NASA y los ministros de cultura de la Unión Europea, es optimista. Además de la fusión de los hemisferios (¿Quizás una metáfora global?), Shlain señala cambios históricos que él compara con el modelo filosófico de Hegel de «la tesis, la antítesis y la síntesis». Del mismo modo que el Renacimiento dio lugar a la Reforma, que luego se transformó en el Siglo de las Luces, los años sesenta quedaron completamente transformados en los noventa, y ahora, desde el año 2000, parece que nos movemos en una dirección completamente distinta. «El torrente de imágenes en el que vivimos está restableciendo un equilibrio durante mucho tiempo perdido entre el hemisferio linear izquierdo del cerebro y el derecho, que es visual, terminando así con 5000 años de misoginia».

Shlain, que es un hombre renacentista, dedicará su próximo libro a Leonardo da Vinci, pero este no tendrá «nada que ver con todo lo que ya se ha publicado». Además de haber criado a tres hijos enormemente creativos y colaboradores (entre los muchos papeles que desempeña en la vida, el que más aprecia es el de padre) y de haber ganado varios premios literarios por su trabajo visionario, Shlain también posee una serie de patentes en artilugios quirúrgicos innovadores que sirven para grapar, cortar y cauterizar. El doctor Leonard Shlain utiliza las palabras y los conceptos al igual que su escalpelo, para cumplir el mandato que tiene colgado sobre su escritorio: una cita de Franz Kafka que anima a los escritores a crear libros que puedan ser manejados como un pico para romper en pedazos el mar helado que hay dentro de la mente del lector. «Kafka considera que si un libro no consigue cambiar la concepción que el lector tiene del mundo, no vale la pena escribirlo». Usándolo a modo de credo, este autor de éxito encuentra metáforas únicas para expresar conceptos complejos y urdir una serie mareante de hechos que los apoyan. Y con ello lleva a cabo la misión que se había fijado, es decir, «conseguir que los témpanos de hielo mentales del lector se pulvericen unos contra otros».

Acepte o no las teorías de Shlain, la lectura de sus libros se convierte en una aventura provocativa y de lo más divertida. Este hombre, que se considera un cuentista por naturaleza, ama la «diversidad exuberante» del inglés. Evita expresamente los tecnicismos, pero incluye de vez en cuando adjetivos, verbos o nombres desconocidos. «A veces no puedo evitar tratar de rescatar algunas de mis palabras favoritas de lo que me temo podría ser su extinción inminente». Coja el diccionario, póngase cómodo y prepárese para aprender y divertirse.

24 La visión por rayos X y mucho más

Dicen que las increíbles luces de Troy Hurtubise permiten ver a través de las paredes y también curan

John Kettler

Superman podía, y también podía Ray Milland en la película de Roger Corman *El hombre con rayos X en los ojos,* al igual que otra serie de superhéroes; incluso existen rumores de que Nikola Tesla tenía una máquina que podía lograrlo. Sin embargo, la denominada visión por rayos X, o la habilidad de ver a través de las paredes, sigue siendo en gran medida una fantasía de ciencia ficción, a menos que cuentes la clase de rayos X que pueden hacer en los hospitales o las clínicas dentales. Pero todo esto puede estar a punto de cambiar gracias a los esfuerzos de un inconformista canadiense que según parece ha inventado una máquina que además de ver a través de las paredes es capaz de hacer otras muchas cosas increíbles, quizás incluso curar el cáncer.

Thomas Edison dijo en una ocasión que el proceso de la invención era «un 1 por ciento de inspiración y un 99 por ciento de transpiración». A veces, sin embargo, el inventor sueña literalmente el invento, con todo tipo de detalles. En ese caso el desafío está en ser capaz de dar forma al anteproyecto percibido en sueños. ¿Qué ocurriría si no tuvieras ningún conocimiento sobre los campos técnicos exóticos a los que se refiere tu invento? Imaginemos que el artilugio que vas a construir escapa a los límites más vanguardistas de la ciencia. ¿Qué pasaría entonces?

Troy Hurtubise, de 41 años, es un inventor prolífico de Ontario, Canadá, que algunos lectores conocerán por el diseño del traje Ursus Mark VII, una armadura corporal lo suficientemente fuerte como para resistir el ataque de un oso pardo; o por el revolucionario sistema de protección térmica Fire Paste (la cámara mostraba a Troy con una teja de 1,25 cm de grosor encima de la cabeza sobre la que se aplicaba la llama de una antorcha a 3.600 grados Fahrenheit…¡durante diez minutos!) y por el asombroso sistema Light Infantry Military Blast Cushion (LIMBC). Montó un prototipo del LIMBC, que medía 1 x 1 pie y 10 cm de grosor, sobre la puerta de un vehículo y puso siete cámaras para grabarlo; el prototipo paró unos

40 disparos de rifle de gran potencia (.370) —una armadura de cerámica podría haber soportado dos tiros— y luego sobrevivió a una granada de propulsión a cohete (RPG), que solo hizo una pequeña abolladura en la puerta. La puerta sin LIMBC quedó primero como un colador a causa de los disparos de rifle y luego saltó por los aires a causa de la granada. Esta y otras de las creaciones de Hurtubise han aparecido una y otra vez en programas del Discovery Channel y del Learning Channel, tanto en los Estados Unidos como en Canadá.

Este hombre franco y duro («me han disparado dos veces y me han apuñalado seis veces», durante los años que pasó en la montaña) —que tiene un título en tecnología de recursos naturales (es especialista en el comportamiento de los osos) por el Sandford Fleming college, en Lindsay, Ontario, Canadá, el equivalente a una licenciatura aquí— se propuso inventar algo para poder encontrar a la gente cuando un edificio se desploma, algo sin duda muy loable; pero inesperadamente se desvió hacia el reino tenebroso de lo desconocido, los espectros y las energías maléficas. Eso fue el principio de su actual odisea, una odisea tan extraña que incluso Hollywood la rechazaría como guión.

En una serie de artículos sobre cazafantasmas, Phil Novak de North Bay, Notario, (véase la web www.baytoday.ca), dejó caer una bomba intencionada que todavía hoy sigue estremeciendo al mundo. Pero no la dejó caer en los medios de comunicación principales. Su bomba está dando vueltas y agitándose más bien entre bastidores: en Internet, entre los gobiernos, los militares, las agencias de inteligencia, los laboratorios científicos y las salas de junta de las empresas. Y todo eso provocado por un hombre que se dedica a inventar para mantener a su familia.

VER A TRAVÉS DE LAS PAREDES

Después de una catástrofe, la búsqueda y el rescate resultan más fáciles y se consiguen salvar muchas más vidas si las víctimas pueden localizarse rápidamente, sacarse de donde estén atrapadas y ser atendidas en seguida por los médicos. En este campo se ha progresado de forma notable; primero empezaron a usarse perros especialmente adiestrados, cámaras por control remoto y micrófonos; ahora se utilizan pequeños robots. Si determinados experimentos son ciertos, pronto dispondremos además de ratas de búsqueda por control remoto. El enfoque técnico preferido por las principales empresas de sensores, no obstante, es usar la tecnología para «ver a través» de las paredes; por eso gran parte del trabajo se ha dedicado a desarrollar artilugios que funcionan con microondas (radar para ver debajo del suelo) o con una banda ultra ancha, para detectar cosas como el latido del corazón humano y formar imágenes tridimensionales de lo que hay debajo de los escombros de un edificio. Hurtubise pensaba que tenía que existir una forma mejor, en un lugar distinto del espectro. Y la encontró. Él utiliza la luz, ¡grandes cantidades de luz!

LA LUZ DE ÁNGEL

El domingo 16 de enero de 2005 apareció un titular que lo decía todo: «Hurtubise afirma que su invento puede ver a través de las paredes —exclusiva de BayToday.ca» (www.baytoday.ca/content/news/details.asp?c=6657). Por si eso fuera poco, a continuación se informaba de que el invento aparentemente «desafiaba todas las leyes conocidas de la física», y dos párrafos más abajo se nos decía que «el artilugio podía detectar la tecnología de la invisibilidad», ¡Vaya!

El artilugio en cuestión haría que cualquier científico loco se sintiera orgulloso o muy celoso, pero los testigos —según parece representantes del gobierno francés, el antiguo jefe de contraespionaje saudita y el propio inventor— afirman que funciona. El «cómo» se desconoce por completo, porque se trata de una tecnología increíblemente avanzada y porque Hurtubise ha guardado juiciosamente silencio. Lo que sí se sabe es que la «Luz de Ángel» utiliza tres formas de energía es-

Troy Hurtubise, de 41 años, es un inventor prolífico de Ontario, Canadá. Arriba, con el invento que él mismo afirmaba que podía atravesar las paredes y que casi le cuesta la vida. Se dice que las increíbles luces de Troy Hurtubise pueden ver a través de las paredes y que también son capaces de curar.

pecíficas —la luz, el plasma y las microondas— combinándolas de un modo hasta el momento desconocido (un físico afirma que Hurtubise «funde la luz») para según parece conseguir lo imposible.

Tras tener el mismo sueño durante semanas, Hurtubise dedicó entre 800 y 900 horas y cientos de miles de dólares a comprar componentes exóticos y suministros de fuerza, y nació la Luz de Ángel. En las pruebas realizadas con ella, tal y como indicaron Phil Novak y el responsable del invento, Hurtubise «vió» a través de la pared del garaje y fue capaz de leer la matrícula del coche de su mujer y también de distinguir la sal de carretera que tenía incrustada. ¿Fantástico, verdad? Pues no tanto. El aparato tiene efectos secundarios biológicos letales. La curiosidad casi acaba con la vida del inventor, y sin duda disminuyó la población de peces de colores. ¿Cómo? Puso la mano brevemente en el haz de luz, un acto poco aconsejable, cuyas consecuencias fueron, según sus propias palabras, «que no pude usar la mano durante un año y además vomité sangre, perdí peso y empezó a caérseme el pelo». ¡Espantoso! Pero lo peor estaba por llegar; sus amigotes científicos del MIT le aconsejaron que pusiera una pequeña pecera en el haz de luz de su aparato para hacer un experimento biológico y dieron alegremente por sentado que su compañero Hurtubise se colocaría detrás de algún tipo de pared protectora.

Pero éste no lo hizo, y por tanto el haz de luz le «salpicó» (a través del reflejo parcial procedente de la pecera) varias veces. Fue mucho peor para los peces de colores; treinta peces pasaron a mejor vida a los pocos minutos de ser expuestos al haz de luz durante tan solo tres millonésimas partes de segundo. Estaba claro que se producía una fuerte exposición a la radiación, y ello se convirtió en fuente de gran preocupación moral y personal para el inventor.

Troy Hurtubise mostrando el revolucionario sistema de protección térmica Fire Paste. La imagen muestra a Troy con una teja de 1,25 cm de grosor encima de la cara sobre la que se aplicará la llama de una antorcha a 3.600 grados Fahrenheit... ¡durante diez minutos!

ANTIINVISIBILIDAD

Muchas personas creen que la invisibilidad es la joya de la corona de la tecnología militar americana, un método invencible para conseguir y mantener el dominio en el campo de batalla. Pero en realidad, esta tecnología no es infalible y tiene sus puntos débiles. Troy Hurtubise, ayudado por una red de amigos, encontró otra función para la Luz de Ángel. Usando el panel de fuselaje de un helicóptero Comanche RAH-66 de reconocimiento y ataque y una pistola con radar de la policía, descubrió que su luz anulaba la invisibilidad, aunque tenía otro efecto secundario sorprendente.

LA SUPERARMA ENERGÉTICA DIRIGIDA

¿El efecto secundario? ¡Unos componentes electrónicos fritos! En el experimento anterior, el panel se había montado sobre un coche de juguete teledirigido, y se hizo correr por una pista ubicada en lo que llamaríamos una reserva nativa

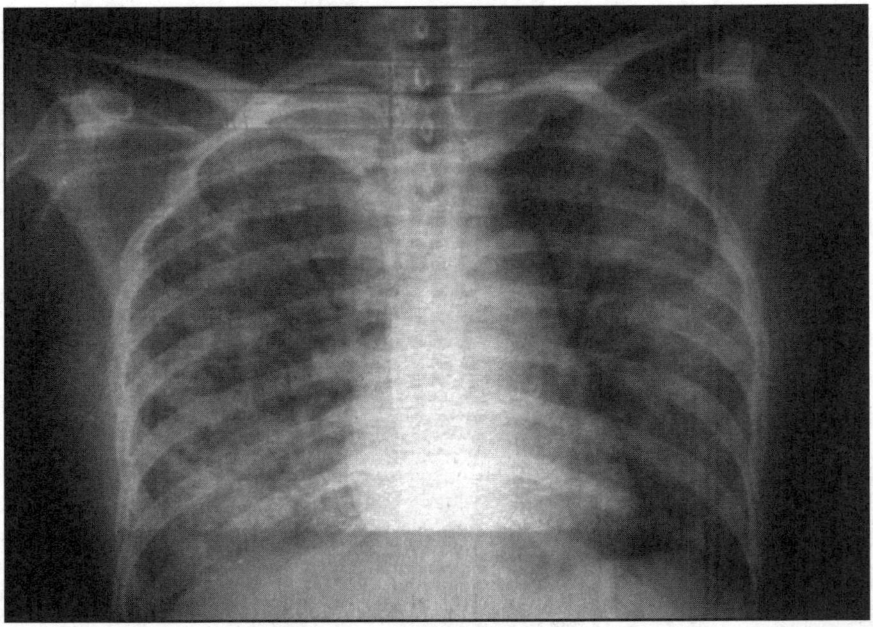

La denominada visión por rayos X, o la habilidad de ver a través de las paredes, sigue siendo en gran medida una fantasía de ciencia ficción, a menos que cuentes la clase de rayos X que pueden hacer en los hospitales o las clínicas dentales.

americana. No solo se anuló la invisibilidad sino que el haz de luz dejó el coche completamente tieso y destrozado.

En experimentos posteriores, todo tipo de componentes electrónicos caros quedaron reducidos a cenizas a causa del haz de luz. ¡De golpe, Troy Hurtubise disponía de un arma electromagnética no nuclear completamente operativa! Ese potencial fue el que hizo que los franceses acudieran a su puerta. En una larga entrevista telefónica con Phil Novak, cuya anterior profesión le había llevado a trabajar con este tipo de armas, el inventor dijo que para él estaba claro que los franceses querían la Luz de Ángel porque era un sistema defensivo estratégico realmente eficaz (él lo comparaba con el enfoque estadounidense basado en los mísiles que, en su opinión, es absurdo); con ese fin le entregaron 40.000 dólares canadienses y le pidieron que aumentara el límite hasta alcanzar unos 70.000 pies de la órbita inferior de la Tierra. Esta parte era factible, pero el esfuerzo se fue a pique cuando Troy Hurtubise, después de intentarlo durante meses, no fue capaz de encontrar la forma de deshacerse de los efectos secundarios biológicos mortales.

Estaba perfectamente dispuesto a vender a los franceses (los Estados Unidos no estaban interesados) un arma defensiva estratégica (podría haber ganado millones), pero no estaba dispuesto a dejar que ningún país o grupo pusiera sus manos en un rayo literalmente mortal, que era precisamente lo que era la Luz de Ángel mientras los efectos secundarios biológicos no desaparecieran. El inventor describió un escenario hipotético en el que una división entera era suprimida por la Luz de Ángel, ante el total desconcierto de las víctimas, que no sentirían nada y quedarían devastadas una hora más tarde cuando sus cuerpos se disolvieran desde dentro. A las víctimas les iba a dar igual, pero todos los aparatos electrónicos quedarían inutilizados en el momento del ataque. Enfrentado con un problema moral sin solución y dado que no pensaba en el dinero (le dijo al escritor que solo quería «una casa, una furgoneta y un laboratorio apropiado»), paró todos los experimentos y desmanteló la Luz de Ángel. Este debería haber sido el final de la historia, pero le esperaban cosas más importantes.

LA LUZ DE DIOS… EN VÍA MUERTA

Hurtubise todavía no lo sabía entonces, pero estaba a punto de ser desviado —enormemente— con respecto a su artilugio de rescate y dirigido hacia ámbitos que ni se imaginaba. Durante el proceso, la Luz de Ángel perdería la capacidad de ver a través de las paredes, pero también dejaría de tener un rayo mortal. Lo que obtuvo a cambio fue mucho más: ¡una verdadera máquina curativa que mejoraba la calidad de vida! Las historias siguientes de Phil Novak muestran la crónica de este cambio radical: «La Luz de Ángel se eleva a la categoría de Luz de Dios. Partes una y dos. Exclusiva de BayToday.ca», miércoles 11 de mayo de 2005 y jueves 12 de mayo de 2005 (www.baytoday.ca/content/news/details.asp?c=8267) (también 8271).

AYUDA INESPERADA/DIRECCIÓN TODAVÍA MÁS INESPERADA

Paradójicamente, este inventor que según él mismo admite es «incapaz de programar un video» y no «entiende de ordenadores», recibió su salvación desde Alemania a través de una webcam (seguramente la de algún amigo), una salvación que se concretó en un físico alemán, ingeniero electrónico y electricista. Sus ayudantes recurrieron a él cuando se dieron cuenta de que Hurtubise era incapaz de leer los gráficos que le enviaban. Y a través de esta colaboración tan peculiar se encontró de repente metido en el campo de la oncología; fue remitido a un investigador de Toronto que investigaba sobre el cáncer, quien le proporcionó ratones de laboratorio (con tumores) para que investigara qué les pasaba al ser expuestos a la «Luz de Dios». El resultado fue, según las propias palabras de Hurtubise, tan «increíblemente positivo» que el inventor ha abierto su laboratorio a «cualquiera que tenga credibilidad en el mundo científico, que trabaje en, pongamos, el parkinson, el SIDA, el alzhéimer o la esclerosis múltiple». ¿Cómo de positivo? El espécimen C-12, después de una exposición a la Luz de Dios de veinte minutos y siete segundos, experimentó una «reducción del 27 por ciento del tumor». El C-12 ya había sido sometido a radioterapia. Y todavía más revelador, el espécimen H-27, que tenía un tumor cerebral y no se había sometido previamente a radioterapia, con una exposición a la Luz de Dios de 18 minutos y 33 segundos, experimentó una «reducción del 12 por ciento»; en ambos casos el avance del cáncer se paró por completo y no se produjeron efectos secundarios adversos, en un período de observación de 56 horas.

Los lectores inteligentes sin duda establecerán rápidamente la conexión entre la Luz de Dios y el trabajo anterior del Priore, que dependía de una combinación de microondas y magnetismo potente, tal y como detalla Tom Bearden en www.cheniere.org. El escritor le preguntó sobre ello, y el inventor estuvo de acuerdo en que existen paralelismos importantes, a pesar de las diferencias, pero se esforzó en señalar que él estaba usando un conjunto vasto y previamente disperso de trabajos respetables sobre la luz a distintas frecuencias para aplicaciones terapéuticas realizados en todo el mundo. La lista de herramientas que Troy Hurtubise suministró a Phil Novak confirma que este es sin duda un enfoque terapéutico basado en la luz, evidentemente junto con el magnetismo, el plasma, el sonido y lo que podría ser energía de microondas.

CURACIÓN PERSONAL

Después de ver personalmente lo que la Luz de Dios había hecho por los ratones, el inventor, a pesar de la mala experiencia que había tenido con la Luz de Ángel, no pudo resistirse y volvió a convertirse en conejillo de indias. Esta vez, a pesar de una sensación de quemazón que más tarde el físico consideraría que podía tener relación con la regeneración de las células, Troy Hurtubise ganó el premio gordo; en seguida dejó de caérsele el pelo y de perder peso, sus manos (que sufrían de artritis a causa de los golpes dados a las láminas de la armadura del traje Ursus) se curaron y recuperó la energía. Algo muy importante, ya que este hombre impulsivo se pasa 21 horas en su laboratorio.

Es posible que algunos de mis lectores hayan visto la famosa fotografía de Kirlian de una hoja cortada (que muestra el contorno de la hoja completa una hora después de que la parte superior de la hoja hubiera sido arrancada), pero Hurtubise lo supera. ¿Cómo? ¡Consiguiendo que vuelva a florecer un tallo recién arrancado de una planta plantada en un tiesto! ¿Ha llegado el momento de hacer recrecer las flores? ¡Solo tres horas! Por si eso fuera poco, puso semillas de una planta que tarda mucho en germinar (tres meses) bajo la Luz de Dios, y en una semana las semillas habían germinado. Phil Novak dijo en la entrevista que había observado personalmente este experimento durante dos semanas y que se había quedado estupefacto.

CURACIÓN DE OTROS

Las increíbles propiedades curativas de la Luz de Dios se propagaron rápidamente por la red, y el inventor empezó a ser asediado con peticiones de enfermos, incluido un hombre de su vecindario, Gary, que tenía parkinson. Troy Hurtubise, temiendo todo tipo de repercusiones (incluida la total ineficacia contra la enfermedad), pero incapaz moralmente de decir que no, dejó que dicho hombre, de 37 años, fuera a su casa para recibir tratamiento de forma gratuita. Después de 2 horas y 40 minutos de tratamiento, el hombre salió dando saltos por la puerta y diciendo «vuelvo a ser un hombre de veinte años».

Este incumplimiento flagrante de los protocolos sobre pruebas con humanos molestó enormemente a los físicos, pero lo que al inventor le interesa es curar y salvar vidas. Así pues, cuando su cuñada fue a verle, le dijo que tenía quistes de mama (resultado de una enfermedad fibroquística) y le rogó que la tratara porque no quería someterse de nuevo a una intervención espeluznante, no tuvo más remedio que ayudarle. Invitó a Phil Novak y a su fotógrafo para que estuvieran presentes durante el tratamiento de diez minutos que le realizó a su cuñada, sobre el pecho derecho. Tras el tratamiento, esta explicó: «Sientes un hormigueo; está claro que pasa algo». Su cuñado le garantizó que «en 48 horas los quistes se reducirían» y también acertó en eso. Cuando Phil Novak habló con ella 48 horas después, esta le confirmó que los dos quistes habían pasado de tener el tamaño de una moneda de 25 céntimos a tener el de una moneda de cinco céntimos; el fin de semana siguiente, habían desaparecido por completo. ¿Efectos secundarios? Náuseas suaves durante un breve período de tiempo. En una entrevista por teléfono, el periodista dijo que él mismo «había estado bajo la Luz de Dios» en «dos ocasiones distintas» durante «cinco minutos cada vez». El objetivo era un «lipoma en el pecho. Dos días después había desaparecido».

ACOSO/HOSTIGAMIENTO Y COSAS PEORES

Troy Hurtubise rebosa de seguridad en sí mismo, es físicamente fuerte gracias a todos los años que pasó en la montaña trabajando con los osos, y moralmente estricto en su total determinación de hacer lo que considera correcto. Un hombre más débil habría cedido a tanta presión. ¿Por qué? Su laboratorio ha sido intervenido, su teléfono manipulado, han intentado robarle varias veces sus inventos (intentos frustrados gracias a una gran sofisticación técnica), y él y su familia han sido amenazados de muerte repetidas veces. En parte parece tener relación con temas de espionaje, resultado de la naturaleza diversa e influenciable de sus visitantes extranjeros.

Teniendo en cuenta que su laboratorio está abierto prácticamente las 24 horas del día, y que tiene mucho que hacer, el inventor no dispone de tiempo ni de fuerzas para investigar a los distintos visitantes, muchos de los cuales aparecen de improviso sin anunciarse. Por eso su sistema de seguridad es estricto y duro.

SÉPTIMA PARTE

POSIBILIDADES PARANORMALES

La visión remota no es el único supuesto fenómeno paranormal que han intentado explotar los Estados Unidos y las agencias de inteligencia extranjeras.

25 PARACAIDISTAS PARANORMALES

Para David Morehouse, el programa militar de guerra psíquica fue mucho más que un mero experimento exótico. Era su misión, pero casi acaba con él.

J. Douglas Kenyon

Según el departamento de información pública de la CIA y el Pentágono, cualquier intento oficial de desarrollar y utilizar las llamadas fuerzas psíquicas con fines militares fue, en el mejor de los casos, experimental, efímero y de valor no demostrable. No obstante, cuando en diciembre de 1995 se hizo público que, a pesar de las restricciones, el Pentágono había recurrido a «métodos de clarividencia», se produjo un espasmo de incredulidad entre los desacreditadores de lo paranormal. ¿Después de todo, no había quedado demostrado para satisfacción de cualquier persona «racional» que ese tipo de cosas pertenecen al oscuro reino de los hechiceros, los galimatías y la superstición, o a lo que el difunto Carl Sagan habría llamado «el mundo y sus demonios»? Está claro que no tienen nada que ver, argumentarían, con el discurso objetivo. ¿Cómo iba el Departamento de Defensa de los Estados Unidos, que tiene acceso a lo mejor que puede ofrecer la ciencia académica, a tomarse en serio, ni tan solo por un instante, ese tipo de cosas?

Desde que surgieron los primeros rumores, la CIA se mostró más que dispuesta a hablar de su supuesta estupidez. Según el *New York Daily News*, la agencia de espionaje, tras «veinte años y 20 millones de dólares de los contribuyentes gastados», había llegado a la conclusión de que el uso de videntes y de visionarios remotos (personas capaces de observar acontecimientos desde lugares alejados) «no ha demostrado ser de valor en las operaciones del departamento de inteligencia» y por tanto «no está justificado». Todo lo cual nos lleva a preguntarnos: ¿Si el programa resultó tan inútil, porque la CIA lo mantuvo durante veinte años? ¿Y por qué, tras todos esos años de secretismo, la agencia finalmente decidió hacer público que se habían gastado el dinero de los contribuyentes para nada? Las respuestas a dichas preguntas, y a otras muchas preguntas intrigantes, quizás aparezcan pronto en algún estreno hollywoodiense; y ya puedes encontrarlas en la librería más próxima.

Psychic Warrior, (El guerrero psíquico), de David Morehouse (St. Martins Press, Nueva York), narra con toda suerte de detalles creíbles, casi diría que atroces, la historia de antes, durante y después de los años que el autor se pasó trabajando en el proyecto de la Armada conocido como Sun Streak (o Star Gate) en Fort Meade, Maryland, a finales de los ochenta y principios de los noventa.

Morehouse, oficial de infantería y explorador aéreo condecorado en numerosas ocasiones, no mostraba indicios de tener poderes clarividentes durante los primeros años que estuvo en la Armada, ni tampoco lo deseaba. Su único deseo era seguir una carrera militar patriótica tradicional. Pero todo eso cambió cuando, durante una misión de entrenamiento en Oriente Medio, una bala perdida alcanzó su casco, casi le mata y, en el proceso, desencadenó algún tipo de alteración dramática en su maquinaria mental. A partir de las pesadillas y las visiones que siguieron al disparo surgió una misteriosa habilidad, que la Armada acabaría utilizando —con la ayuda de técnicas paranormales— para solucionar los verdaderos problemas del servicio de espionaje militar. En su libro, Morehouse habla del uso extensivo y eficaz de la visión remota, en el que participó, pero también del clima político interno que había a su alrededor, y de la presión prácticamente insoportable a la que fueron sometidos él y su familia hasta que finalmente pudo escapar de las garras de la Armada y hacer público todo lo que sabía.

El potencial dramático de esta historia no ha pasado inadvertido en Hollywood. Próximamente se va a rodar una película basada en el libro en la que saldrán según parece Sylvester Stallone, Morgan Freeman y Kurt Russell. Para el público en general, sin embargo, entre las revelaciones más importantes se encuentran una descripción altamente creíble de un programa muy poco convencional que, si realmente existió, contradice directamente algunos de los supuestos más fundamentales en la concepción básica del mundo de la ciencia occidental materialista.

Para aquellos que siguen estos temas de cerca, la historia no les resultará completamente nueva. Los primeros informes acerca de este tipo de programas salieron a la luz en los años setenta, cuando dos físicos del Stanford Research Institute de California reivindicaron los avances en el uso de lo paranormal. Russell Targ y Harold E. Puthoff, en su libro *Mind-Reach,* hablaban de una habilidad que poseían muchas personas y que ellos denominaron «visión remota», que les permitía observar sucesos que tenían lugar en sitios lejanos. Su principal testimonio, un artista neoyorquino que se llamaba Ingo Swann, les proporcionó detalles sorprendentes sobre lugares lejanos que no conocía. En un caso célebre dio una descripción detallada de Kerguelen, una remota isla del océano Índico. Posteriormente el gobierno decidió que el programa pasara a ser secreto y denominado Project

Scannate; tal y como Morehouse explicó en *Atlantis Rising* en una entrevista, la mayor parte de la investigación, que demostró que se trataba de un fenómeno real, sigue clasificada como secreta. Pero, a pesar de que oficialmente se le quita importancia, está claro que aquello que en origen suscitó el interés de los militares por la visión remota, todavía no ha perdido todo su interés veinte años después. Esto sería, o al menos eso es lo que quieren que creamos, hasta diciembre de 1995.

Según Morehouse, no obstante, el motivo de que los servicios de inteligencia hicieran pública esta concesión psíquica y militar no era otro que controlar los daños: un intento de dar una interpretación oficial a las revelaciones que sabían que Morehouse y otros iban a hacer. De hecho, un programa especial televisivo del Discovery Channel ya había proporcionado un reportaje completo. La visión remota, lejos de ser una técnica con pocos fondos y en desuso, fue una herramienta importante y que se usaba con frecuencia dentro de los servicios de inteligencia con un presupuesto mucho mayor de lo establecido. Aunque, tal y como señala rápidamente Morehouse, no es perfecta.

La técnica es fiable en un 60-80 por ciento, afirma. «Nunca es cien por cien fiable. Nunca lo ha sido y nunca lo será». Ni tampoco es una tentativa solitaria. Nunca se planeó ninguna misión basándose únicamente en el informe de un visionador remoto. «En cualquier operativo para localizar objetivos (un lugar sobre el que el encargado del programa quiere saber más) participan varios visionadores remotos (estos no pueden hablar entre ellos de su trabajo). Toda la información se recoge, se compara y se presenta en un documento final a la DIA (Agencia de inteligencia de defensa)». El informe se usa siempre «en consonancia con otras metodologías de la agencia, ya sean fotográficas, con señales, humanas, etcétera. Es tan solo una de las piezas del rompecabezas». Morehouse explicó que la habilidad de cada visionador remoto se pone a prueba y se clasifica regularmente a partir de objetivos conocidos y que así se determina una media virtual. Los que están al mando saben los que están bien y los que no. Una vez unidos todos los datos y analizados estadísticamente, puede medirse la fiabilidad del conjunto de un modo que resulta lo bastante útil como para incluirlo en un informe exhaustivo para la agencia de inteligencia.

Morehouse declara: «Ningún producto de la agencia de inteligencia es 100 por 100 fiable. Una foto por satélite de la parte superior de un edificio en la Unión Soviética no nos aclara lo que hay en él».

Pero a diferencia de otros métodos para reunir información, la visión remota no pone en peligro a ningún agente y no requiere ningún aparato físico. (Morehouse admite que para impresionar a los visitantes que iban a las oficinas de Sun Streak en Fort Meade, el personal había conservado —como en la mejor película de ciencia ficción— una silla de dentista y una batería sujeta a una caja.) Algunos visionarios, entre ellos Morehouse, descubrieron que les era útil el uso de equipamiento biofeedback para conseguir un estado de ondas cerebrales adecuado (theta), pero otros no utilizaban ningún tipo de parafernalia física.

En el libro explica cómo le entrenaron (a él no le adiestró Ingo Swann, aunque sí adiestró a muchos otros visionarios) y cómo aprendió a seguir coordenadas que llegaban en sobres sellados y a navegar por lo que él llama el éter para una misión determinada. Aporta detalles sobre el adiestramiento y los operativos en los que viajaba, fuera de su cuerpo, a lugares como los restos de un helicóptero que se había estrellado en América central, o a bordo de un Pan Am 103 antes, durante y después de que un terrorista provocara la explosión que lo destruyó (así es cómo se conseguían los indicios que ponían a los investigadores tras la pista correcta), e incluso a los incendios de los pozos petrolíferos tras la Guerra del Golfo y a otros muchos lugares inaccesibles por medios convencionales. Habla de haber investigado barcos que se dedicaban al contrabando de drogas durante la guerra contra la droga, de operaciones contra el terrorismo (como la búsqueda del teniente coronel Higgins en el Líbano) e incluso de expediciones a otros planetas, como Marte.

Con el tiempo la experiencia acabaría convenciéndole de que la visión remota era demasiado valiosa para la raza humana como para ser propiedad exclusiva del departamento de defensa, y empezó a preparar un libro. Al poco tiempo se encontró ante un consejo de guerra acusado por una serie de cargos aparentemente sin relación e inventados.

Todos los cargos que se le imputaban a Morehouse estaban basados en las alegaciones no demostradas de una mujer, que estaban recogidas en lo que el escritor Leonard Belzer llamó una «diatriba de 92 páginas pensada obviamente para tapar cualquier acusación que pudiera perjudicarles». Parece ser que la Armada estaba decidida a desacreditarlo.

La terrible experiencia que siguió casi le cuesta a Morehouse la cordura y estuvo a punto de destruir a su familia. Al final, sin embargo, éste consiguió dejar la Armada, aunque bajo condiciones poco deseables, para recuperarse y escribir sus más que pospuestas memorias. El anuncio del «Stargate» por parte de la CIA, afirma Morehouse, se produjo ocho días después de que el artículo del *Reportero de Hollywood* anunciara que había firmado un contrato por su libro y llegado a un acuerdo para la película.

La visión remota no es el único supuesto fenómeno paranormal que han intentado explotar los Estados Unidos y las agencias de inteligencia extranjeras. El propio entrenamiento de Morehouse incluía la «biolocalización o búsqueda con mapas y varita mágica», un método para identificar localizaciones secretas utilizando una serie de parafernalia y mapas. También aprendió otras técnicas indirectamente. Las posibilidades más explosivas tienen que ver con algo denominado «influencia remota».

Los oficiales de la CIA y la DIA niegan categóricamente que el gobierno haya usado jamás medios psíquicos para influir en alguien. Morehouse responde que Uri Geller —el famoso vidente israelí, un amigo suyo, que trabajaba para el servicio de inteligencia israelí, el Mossad, antes de ser enviado a los Estados Unidos para trabajar con Targ y Puthoff en el proyecto Scannate originario— afirma haber participado en esos ensayos. Geller ha relatado en un canal de televisión nacional que fue utilizado en una ceremonia para firmar un tratado para influenciar a los oficiales por medios psíquicos. Geller ha publicado una foto del acontecimiento en la que aparecen él y el vicepresidente del momento.

Podrían aparecer muchas revelaciones alarmantes acerca del interés del gobierno por la magia negra para fines tanto extranjeros como domésticos si los operativos principales no consiguen mantener el secretismo que ha ocultado sus actividades hasta la fecha. Morehouse sospecha que su propia unidad de Fort Meade estaba implicada en el intento de identificar a supuestos agentes dobles que en realidad eran personalidades políticas estadounidenses. Hace referencia a una destrucción masiva de documentos que tuvo lugar antes de una inspección oficial a la organización. Recuerda lo siguiente: «Había un Inspector General (IG) de la directiva y se destruyeron muchos documentos y a nadie se le preguntó si quería hacerlo o no, y nosotros (Morehouse y sus colegas de Sun Streak) no tenemos ni idea de que es lo que estaban destruyendo, pero fueron cientos y cientos, o quizás miles, de documentos».

El guerrero psíquico no es el primer intento de Morehouse de hacer pública su historia. Una colaboración anterior, con Jim Marrs, autor de *Crossfire: The Plot That Killed Kennedy* (en el que está basada la película *JFK* de Oliver Stone), fue rechazada por el editor cuando una de las fuentes principales se echó atrás en el último minuto. La investigación de Marrs incluía extensas grabaciones de entrevistas con, entre otros, Ingo Swann, en la que este admitía que, además de adiestrar a muchos visionadores remotos, también adiestró a otro grupo especial con un propósito mucho más misterioso.

Sea cual sea la historia de los Estados Unidos con relación a los fenómenos paranormales, está claro que la Unión Soviética y otros llegaron primero. Morehouse explica: «El KGB dedicó millones y millones al programa de investigación paranormal. Llevaban décadas dedicándose a él antes de que nosotros nos enteráramos y lo tomáramos en consideración, y eran grandes expertos y se les daba muy bien.

Como también lo eran los checos, los chinos y los israelíes». Morehouse dice que ha visto dibujos de detectores de alarma por visión remota usados en el Kremlin. También ha visto lo que cree que son pruebas convincentes de que el KGB desarrolló y fabricó armas psicotrónicas (capaces, se ha supuesto, de transmitir cosas como patrones de enfermedades y terremotos), que, a raíz de la caída de la Unión Soviética, siguen sin encontrarse.

El extraño suceso que llevaría a Morehouse a saber y proclamar tales cosas se produjo de forma totalmente inesperada. Nada en su vida anterior podía presagiarlo. Afirma lo siguiente: «Jamás había estado implicado en la autohipnosis ni en experiencias extracorpóreas, ni en religiones antiguas ni en ninguna otra cosa de ese estilo. Soy únicamente un soldado de infantería al que dispararon en la cabeza y que empezó a tener experiencias muy extrañas». Todo lo cual cree que contribuye a su credibilidad. Ha mostrado desde el principio una actitud escéptica con respecto a todo lo que ha visto. Así recuerda: «Lo que más me criticaban durante el primer año de estar en el programa militar era que ni tan siquiera me creía mi propio trabajo. Quiero decir que siempre encontraba la forma de racionalizar por qué había llegado a las conclusiones a las que había llegado, o por qué había obtenido los datos que había obtenido». Ser escéptico, algo que él define como «hacerse preguntas inteligentes y esperar respuestas inteligentes, lógicas y bien formuladas», es bueno. «Pero ser de mente cerrada no lo es. Es solo un signo de ignorancia. Por desgracia hay mucha gente que opta por ser cerrada de mente».

Algunos, según parece, optan por tener la mente más que cerrada. No se conforman con negar la verdad, sino que además la suprimen e intentan silenciar a aquellos que sí quieren darla a conocer. Morehouse ha tomado precauciones especiales con respecto a ellos. Tiene en su posesión documentos que detallan para

David Morehouse, antiguo visionario remoto de la CIA.

qué usó realmente el gobierno a los visionadores remotos en la operación «Rice Bowl», que fue un verdadero desastre; me refiero el desafortunado intento de liberar a los rehenes iraníes en los últimos días de la administración Carter. Para protegerse, Morehouse ha dispersado por todo el país numerosas copias de dichos documentos, para que salgan a la luz en caso necesario.

Mientras tanto, sigue intentando convencer a cualquiera que quiera escucharle del gran valor que tiene la visión remota para la humanidad. Cree que la credibilidad de esta técnica depende de que seamos capaces de reconocer tanto sus posibilidades como sus limitaciones. Considera que en última instancia su uso para resolver problemas sociales, tales como la solución de crímenes, la localización de recursos e incluso el espionaje industrial, es inevitable. Hace poco le pidieron que usara sus dones para buscar pistas que permitieran descubrir el paradero del vuelo 800 de TWA.

Otro terreno en el que un visionador remoto bueno puede resultar útil es la arqueología. Morehouse ha declarado en su libro que ha visto donde está escondida en la actualidad el Arca de la Alianza. ¿Dónde está ahora? «No es un lugar donde podamos encontrarla», dice mientras sonríe. «No está en el Norte de África y te diré una cosa, no creo que esos monjes tengan nada que ver (una referencia a la teoría etíope de Graham Hancock).

26 Descubrimientos psíquicos desde la Guerra Fría

Sheila Ostrander y Lynn Schroeder publican una nueva versión de sus investigaciones revolucionarias

Len Kasten

En junio de 1968 Sheila Ostrander, una canadiense, y Lynn Schroeder, una americana, recibieron una invitación para asistir a una conferencia internacional sobre ESP (percepción extrasensorial) en Moscú. La invitación procedía de uno de los más fervientes investigadores soviéticos sobre fenómenos paranormales, Edgard Naumov, que por aquel entonces tenía 36 años. Unos años antes, cuando un interés manifiesto sobre ese tipo de temas podía fácilmente acabar en unas largas vacaciones en Siberia, una conferencia como esa habría resultado impensable. Pero de repente, a mediados de los sesenta, las puertas de la prohibición se abrieron de par en par en Rusia, bajo el reinado de la «Troika». Ostrander y Schroeder, animadas pero todavía con dudas ante el giro de los acontecimientos, empezaron a cartearse con investigadores y científicos soviéticos. Durante tres años llegaron grandes cantidades de cartas y paquetes describiendo las investigaciones soviéticas sobre fenómenos paranormales, un proceso que culminaría con la invitación de Naumov para que «fueran y lo vieran con sus propios ojos».

Aceptaron la invitación y de paso visitaron Bulgaria, pero antes de que la conferencia terminara volvió la represión. La conferencia fue clausurada y Ostrander y Schroeder tuvieron que refugiarse en Praga. Consiguieron escapar de las fuertes medidas soviéticas y salir de Praga tres días antes de que los tanques soviéticos tomaran las calles. Durante el breve lapso de tiempo en que desapareció la represión soviética, apareció un libro épico que abrió los ojos al mundo con respecto a los avances asombrosos que los países comunistas habían hecho en el campo de la investigación psíquica. Este libro, *Psychic Discoveries Behind the Iron Curtain* (Descubrimientos psíquicos tras el Telón de Acero), que se publicó en 1971, se convirtió de inmediato en un éxito clandestino en los círculos *new age*; y aunque nunca fue un *best seller* entre el gran público, de algún modo acabó convirtiéndose en una especie de clásico dentro de su género.

Hasta ese momento, todo lo que teníamos para seguir adelante era un tímido estudio de los años cincuenta realizado por Rhine, de la Universidad Duke. Algunas de las conclusiones de Rhine eran positivas y dramáticas, pero su efecto quedó debilitado porque los resultados del estudio estaban expresados en términos estadísticos fríos y prudentes y por tanto resultaba difícil apreciar su verdadero impacto. Pero la publicación de *Psychic Discoveries* consiguió que todo pareciera muy real. De repente resultaba fantástico considerar el futuro de la raza humana, y también escalofriante. Las autoras apuntaban que dichos descubrimientos podían llevar a una utopía si se usaban de forma correcta, pero también podían convertirse en un infierno si se abusaba de ellos.

Las autoras se han convertido en verdaderas autoridades en la materia y están muy solicitadas. *Atlantis Rising* tuvo la suerte de poder entrevistarlas en 1997, en la conferencia sobre ovnis organizada por John White en New Haven, Connecticut. Con la publicación de su nuevo libro, de la mano de Marlowe & Company, Nueva York, (edición rústica), esta pareja vuelven a ser objeto del interés público. El nuevo volumen, que es básicamente una versión actualizada del original, aparece bajo el título reducido de *Psychic Discoveries.* La publicación de esta nueva edición fue motivada sobre todo por el flujo de información clasificada como alto secreto que estaba saliendo de la Unión Soviética desde el final de la Guerra Fría. El nuevo libro contiene una versión abreviada del viejo clásico y una segunda parte titulada «Psychic Discoveries: The Iron Curtain Lifted».

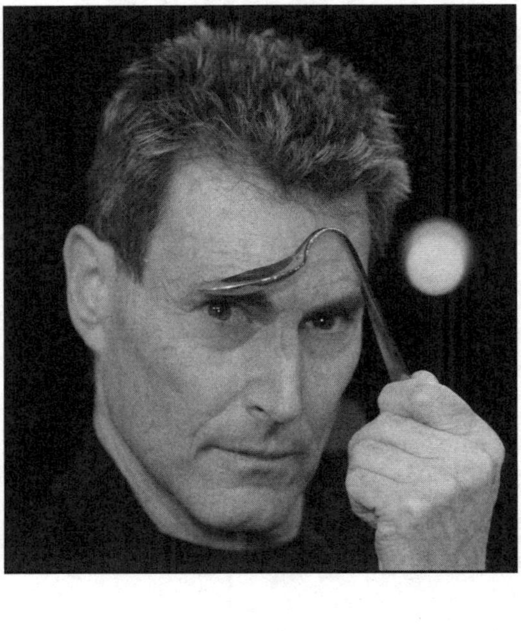

Uri Geller, el vidente mundialmente famoso, afirmaba haber obtenido sus poderes de fuerzas extraterrestres.

Entre ambas versiones, las autoras publicaron *Supermemory* (Nueva York, Carroll and Graf) en 1991. Este libro, que surgió a partir de contactos e intereses que fueron adquiriendo mientras investigaban el *Psychic Discoveries* original, promete convertirse también en un clásico por sí mismo.

Las revelaciones que aparecen en los tres libros son sensacionales, pero durante más de 25 años la prensa y el público apenas se han fijado en ellas. Haciéndose eco de lo ocurrido con el fenómeno de los ovnis, algunos creen que se debe a que se ha producido un encubrimiento a nivel mundial. De hecho, las autoras reconocen que los secretos sobre los ovnis y los secretos sobre fenómenos paranormales parecen inextricablemente vinculados. Después de todo Uri Geller afirmaba haber obtenido sus poderes de fuerzas extraterrestres. El nuevo libro incluye un prólogo de Geller en el que este se maravilla de que haya tenido tan poca repercusión en la prensa. Menciona una conferencia de prensa que tuvo lugar en 1977 en la que Stansfield Turner reveló que la CIA tenía un programa parapsicológico y que había encontrado a un hombre capaz de ver a través de las paredes (Pat Price). ¡La noticia ni siquiera levantó un breve murmullo en los medios de comunicación!

Pero aunque no consiguieran una gran publicidad, las revelaciones que aparecen en *Psychic Discoveries* son revolucionarias. El impacto social que han tenido todavía no puede apreciarse del todo. El descubrimiento de un extraño electricista procedente de la ciudad de Krasnodar, junto al mar Negro, fue revelado por primera vez en Occidente en *Psychic Discoveries.* En el más puro estilo Ostrander-Schroeder, dan vida al drama que rodeó la experimentación de Semyon Kirlian y su mujer, Valentina. Fue en ese capítulo donde se usaron por primera vez términos como «cuerpo energético» y «cuerpo bioplásmico» y se presentó la idea del aura. Uno de los logros más significativos fue la mejor comprensión de la antigua práctica china de la acupuntura. Un cirujano ruso, el doctor Mikhail Gaikin, demostró que las luces de colores que salen del cuerpo y que aparecen en las fotografías Kirlian en realidad proceden de los 700 puntos de acupuntura.

Antes de la publicación de *Psychic Discoveries,* se habían escrito varios libros sobre las dimensiones únicas y extrañas de la Gran Pirámide de Giza, que especulaban sobre su significado. Pero gracias a su viaje obligado a Praga, Ostrander y Schroeder serían las primeras en hablar al mundo sobre el «poder piramidal».

Allí conocieron a karen Drbal, un técnico de radio y televisión checo que había descubierto que las pirámides pequeñas con las mismas dimensiones relativas que la Gran Pirámide servían para afilar las cuchillas de afeitar. La forma piramidal según parece concentra la energía cósmica cuando está alineada con exactitud sobre el eje Norte-Sur, y ello permite regenerar la estructura linear cristalina del acero de buena calidad.

LAS GUERRAS MENTALES Y EL CONTROL SOCIAL

Todos los investigadores soviéticos a los que se les preguntó, sin excepción, dijeron que esperaban que los descubrimientos fueran usados solo para hacer el bien, pero reconocían que muchos de ellos eran potencialmente interesantes para los servicios de espionaje y contraespionaje, y que algunos podían usarse para construir armas muy destructivas; y lo mismo pensaba la CIA.

Aunque ahora sabemos que las agencias de espionaje estadounidenses han estado realizando experimentos psíquicos clandestinos con dinero negro durante muchos años, existen pruebas considerables de que muchos de los programas altamente secretos sobre fenómenos paranormales del gobierno fueron desencadenados por la obra *Psychic Discoveries.* Los programas estadounidenses importantes destinados a controlar las investigaciones soviéticas se pusieron en marcha por esa época. Se invitó a las autoras a dar una conferencia en la nueva Congressional Clearinghouse of the Future, y el congresista Al Gore, que más tarde se convertiría en el presidente del comité y que siempre se ha mostrado muy interesado en las cuestiones psíquicas, leyó algunas partes del libro en el *Diario de sesiones del Congreso.*

Según parece durante la Guerra Fría ambos bandos se enzarzaron en una carrera para perfeccionar las armas psíquicas pero, al igual que ocurriera con los programas espaciales, ahora podrían estar cooperando. Con la versión original del libro, el mundo oyó hablar por primera vez de algo realmente asombroso: ¡la habilidad de controlar el comportamiento y la conciencia telepáticamente! En el capítulo titulado «The Telepatic Knockout», las autoras informan acerca de un experimento realizado en 1924 en el que científicos soviéticos consiguieron hacer caer en un trance hipnótico y despertar telepáticamente a sujetos que estaban a muchos kilómetros de distancia. Una vez establecida la conexión, el comportamiento del sujeto podía manipularse por medio de la sugestión, igual que si él y el científico estuvieran frente a frente. Normalmente podían llevar a cabo una actividad o una conversación consciente mientras estaban en trance. En el nuevo libro descubrimos que la CIA ha tomado el testigo y lo está intentado.

Pero fue a través de los checoslovacos presentes en la conferencia que las autoras conocieron un descubrimiento que promete hacer que las armas explosivas del siglo XX parezcan tan anticuadas como las calesas tiradas por caballos: el generador psicotrónico. Mientras estaban en Praga conocieron al inventor, Robert Pavlita, director de diseño de una gran planta textil checa. En un documental producido por uno de los principales estudios checos, las autoras vieron unos objetos metálicos pequeños y de aspecto extraño dispuestos sobre una mesa que parecían haber sido diseñados por Picasso. Había 110 piezas móviles. En el documental, Pavlita explicaba que el secreto estaba en la forma. «Los generadores acumulan energía humana». Luego utilizaba esta energía para llevar a cabo distintas clases de trabajo. Pavlita y su hija Janna cargaban los generadores mirándolos fijamente, sin aparatar la vista. Una vez cargados, estos podían girar rotores, atraer partículas no metálicas, hacer que de las semillas crecieran plantas más grandes y purificar el agua contaminada. Esta energía humana psíquica ha tenido muchos nombres desde la Antigüedad, como *prana, chi,* energía vital, magnetismo animal, fuerza ódica, fuerza etérea, *orgone* (Reich) y actualmente energía bioplásmica y psicotrónica. En casa de Pavlita, en Praga, las autoras pudieron manipular el aparato y vieron demostraciones realizadas por el propio inventor. ¿Pero qué ocurre cuando un generador psicotrónico apunta a un humano? La hija de Pavlita se ofreció como conejito de Indias. Se mareó y perdió el sentido de la orientación espacial. El aparato puede matar moscas de forma instantánea.

En la nueva edición descubrimos que el General de División de la KGB Kalugin empezó a hablar en 1990. Afirmaba que Yuri Andropov había ordenado a principio de los setenta que se diera absoluta prioridad a la guerra psíquica y consiguió 500 millones de rublos para ello. Entonces los soviéticos desarrollaron unos sofisticados generadores parecidos a los de Pavlita. Nikolai Khokhlov, un oficial ruso de la CIA, destapó más de veinte laboratorios fuertemente custodiados que disponían de fondos generosos y que estaban trabajando en aparatos psicotrónicos para uso militar en los años setenta. Parte de esos intentos podrían haberse realizado en colaboración con los Estados Unidos.

GRACIAS POR LOS RECUERDOS

Se sabe como mínimo de un programa estadounidense sobre fenómenos paranormales que fue anterior a la publicación de *Psychic Discoveries.* En *Supermemory,* las autoras revelan detalles del programa EDOM de la CIA. La palabra EDOM significa Electronic Dissolution of Memory (Disolución electrónica de la memoria) y según parece esta técnica fue perfeccionada hace años. La CIA puede borrar la memoria a largo plazo y convertir a una persona en un zombie amnésico bloqueando el neurotransmisor acetilcolina y manipulando electrónicamente el cuerpo bioplásmico. Según parece, utilizaban esta técnica rutinariamente para «neutralizar» agentes secretos que habían participado en misiones altamente secretas, como en la película *Desafío total.* Esta capacidad se desarrolló en los años sesenta bajo el programa MK-ULTRA, cuando realizaban extraños experimentos con la memoria usando enfermos de instituciones mentales, prisioneros y voluntarios, antes de que el Congreso suprimiera el programa en 1976.

Quizás la novedad más extraña relacionada con el control de la memoria surgiera del trastorno de la personalidad múltiple. En la obra *Supermemory* descubrimos además que la CIA puede sembrar artificialmente varias personalidades en un mismo cuerpo, cada una con su propio banco de memoria al que no tendrían acceso las otras personalidades. Gil Jensen, un médico de la CIA de Oakland, California, afirmaba haber creado una personalidad llamada Arlene Grant en el cuerpo de la famosa supermodelo Candy Jones, en los años cincuenta y sesenta, por medio de la hipnosis y de drogas que modificaban la memoria. Grant fue adiestrada como super espía y tenía una memoria completa así como información altamente secreta, de la que Jones no tenía ni idea. Siempre que Jones hacía un viaje con otras celebridades, Grant era convocada por teléfono por medio de una serie de sonidos electrónicos y llevaba a cabo su misión como espía. La personalidad principal jamás puede revelar información del banco de memoria secundario, ni siquiera bajo tortura; así pues, con este método se consigue el espía perfecto. Este programa en la actualidad se llama Radio-Hypnotic Intra-Cerebral Control y según parece se basa en descubrimientos soviéticos relacionados con la manipulación electromagnética del cuerpo bioplásmico.

REVELACIÓN DE LOS SECRETOS SOBRE LOS OVNIS

Las revelaciones más increíbles procedentes de la Unión Soviética y posteriores a la Guerra Fría tienen que ver con los ovnis y la Luna. En la nueva edición descubrimos que numerosos expedientes del KGB que ahora se han hecho públicos hablan de avistamientos de ovnis denunciados al ejército soviético en los años que siguieron a los increíbles aterrizajes públicos de Voronezh, que salieron en primera plana de todos los periódicos del mundo. En septiembre de 1989 cientos de adultos y niños vieron como aterrizaba una nave en Voronezh y como una serie de alienígenas gigantes y de pequeños robots se movían libremente por la plaza Zavodsk a plena luz del día. Otros muchos vieron discos gigantes rondando por encima de la central nuclear de la ciudad.

Según los archivos del KGB, en marzo del año siguiente, el Ejército Aéreo de Defensa fue informado de más de 100 avistamientos de ovnis y en abril se informó de la presencia de un disco de 300 pies que rondaba por encima del cuartel general del Comando Aéreo de Defensa Soviético. En los archivos del KGB aparece asimismo un informe del Ministro de Defensa húngaro, George Keleti, coronel retirado del ejército, en el que afirma que Hungría se vio plagada de ovnis cuando se produjo el aterrizaje de Voronezh y que naves alienígenas aterrizaron en las bases militares de todo el país. Keleti afirmaba que los «robots» de cuatro pies de altura habían intentado subir a los aviones de guerra MIG y ahuyentaban a los guardias con pistolas de rayos. Los humanoides de diez pies de altura se volvían invisibles cuando les disparaban con ametralladoras. Según *Psychic Discoveries*, una avalancha de «avistamientos, aterrizajes, encuentros, abducciones y más cosas anteriormente encubiertos» se ha filtrado en la prensa y en recién formados grupos pro ovnis en Rusia desde 1990.

Pero los secretos relacionados con los programas espaciales soviéticos son todavía más excitantes. El coronel de las Fuerzas Aéreas Soviéticas Marina Popovich, en una conferencia que tuvo lugar en San Francisco en 1989, mostró fotos de un objeto que medía unos 22 km de largo y estaba volando cerca de la luna de Marte Probos; la foto había sido tomada por la sonda espacial soviética Probos-2. La sonda lunar rusa Luna 9, que aterrizó en el Océano de las Tormentas el 4 de febrero de 1966, hizo algunas fotos tridimensionales espectaculares del Mar de la Tranquilidad; en ellas aparecían un grupo de agujas que parecían tener forma de obelisco y que sin duda eran estructuras artificiales. El ingeniero espacial soviético Alexander Abramov sometió las fotos a un complejo análisis matemático y llegó a la conclusión de que se trataba de ruinas arqueológicas. Además le contó a las autoras que los obeliscos de la luna si se colocaban sobre un *abaka*, un antiguo tablero egipcio con 49 cuadrados, mostraban exactamente el mismo diseño que las pirámides de Giza. Luego S. Ivanov, uno de los científicos más eminentes de Rusia, publicó un análisis en la revista soviética *Technology for Youth*, en el que afirmaba que los monumentos estaban colocados siguiendo leyes geométricas específicas y eran evidentemente «estructuras artificiales de origen alienígena».

Las fotos estadounidenses realizadas por el Orbiter 2 el 20 de noviembre de 1966, parecían confirmar los hallazgos soviéticos. Ivan T. Sanderson, director científico de la revista *Argosy*, analizó dichas fotos y afirmó que la estructura más alta medía aproximadamente como un bloque de quince pisos y la más pequeña como un abeto. Las autoras descubrieron luego que la NASA había clasificado cientos de fotos lunares y que sigue negándose a publicarlas.

Terminamos con un resumen sucinto y elocuente de la situación realizado por el astronauta Brian O'Leary, tal y como se cita en *Psychic Discoveries:* «El Watergate cósmico provocado por los Ovnis, los alienígenas, el control mental, la ingeniería genética, la energía libre, la propulsión antigravedad y otros muchos secretos hará que los casos Watergate e Irangate parezcan maniobras de guardería [...] pero al final se sabrá la verdad».

27 Cuando la ciencia choca con lo psíquico

Los nuevos descubrimientos refuerzan el desafío del espíritu sobre la materia

Patrick Marsolek

Están teniendo lugar reuniones clandestinas con científicos, hombres de negocio y académicos.

Una universidad importante tiene problemas con los ordenadores. Los procedimientos normales no consiguen solucionar el problema. Se llama a una persona que posee percepciones extrasensoriales, una de esas personas a las que solemos llamar «videntes». Dejándose llevar por la intuición, la vidente encuentra una rotura en un cable sellado allí donde nadie habría sospechado nunca que pudiera haber una rotura. En otro caso un médico envía muestras de sangre, pelo y saliva a un vidente y le pide ayuda para diagnosticar la enfermedad de un paciente.

Los profesionales por regla general no hablan de este tipo de cosas en público. No quieren ser ridiculizados. ¿Pero entonces, por qué lo hacen? Porque en muchos casos funciona. Las grandes compañías contratan a videntes sin que nadie lo sepa para hacer todo tipo de cosas, desde localizar fallas geológicas en el suelo hasta predecir un terremoto, desde ayudar a los médicos a diagnosticar enfermedades hasta pedirle que haga predicciones financieras para ayudar a los directores de las empresas a tomar decisiones de negocios.

El límite de la ciencia se acerca todavía más a cuestiones de la mente y la experiencia subjetiva, tal y como puede apreciarse en temas como la mecánica de campo o la física cuántica. Los investigadores están investigando posibilidades y realidades que en una época anterior habrían encajado mejor en el *Nacional Enquirer* que en una revista científica. La ciencia se acerca más a la teoría de campo unificado de Einstein y cada vez hay más gente que piensa que el mundo no está hecho de materia, sino de conciencia.

Está a punto de producirse una revolución en el mundo científico y dicha revolución tiene que ver con las energías sutiles que parecen seguir dos caminos distintos, y encontrarse justo en el centro. El primero está representado por una gran cantidad de personas que están empezando a reconocer el valor de la intuición en su vida diaria y que de hecho utilizan a los videntes. Es lo que podría llamarse el camino del trabajo. En el segundo, el camino del conocimiento, están los científicos que investigan activamente los temas de vanguardia de la ciencia, incluidos la teoría del caos, la teoría de campo y la mencionada física cuántica. Muchos de estos campos vanguardistas se ven obligados a incluir la conciencia y su interacción con el mundo.

Un ejemplo de la vía del trabajo sería Raymond Worring, director de la Investigation Research Field Station en Helena, Montana. Worring, coautor de la obra *Psychic Criminology* (criminología psíquica), ha dedicado 30 años a reunir información sobre el uso de videntes para fines prácticos. Ha trabajado con varios cientos de videntes de todas las profesiones y condiciones sociales en casos de asesinato, para encontrar personas desaparecidas y en investigaciones arqueológicas.

Worring y la investigadora y coautora Whitney Hibbard han trabajado mucho con George McMullen, uno de los videntes más destacados en la actualidad. McMullen, autor de *One White Crow, Red Snake, Running Bear and Two Faces*, ha trabajado en yacimientos arqueológicos de América del Norte y Canadá. McMullen se asoció con Norman Emerson, difunto antropólogo y arqueólogo canadiense de la Universidad de Toronto. Ayudó a Emerson a localizar los antiguos pueblos de los iroqués y los hurón, encontrando los restos de las viviendas comunales, los agujeros de las estacas de las fortificaciones y los antiguos lugares de sepultura. Emerson arriesgo su reputación al incorporar los videntes a la arqueología y la antropología. Escribió lo siguiente en una nota para la Canadian Archeological Association: «Gracias a la clarividencia y a la parapsicología, disponemos de una visión completamente nueva del hombre y su pasado. Como antropólogo y como arqueólogo adiestrado en estos campos, para mí tiene sentido aprovechar la oportunidad de buscar y estudiar la información obtenida».

Desde que trabajara con Emerson, McMullen ha puesto en práctica sus habilidades arqueológicas en yacimientos de todo el mundo, incluidos países como Ecuador, Israel y Egipto, y muchas ciudades de los Estados Unidos. Hizo un viaje con Hugo Lynn Cayce para tratar de confirmar las interpretaciones de Edgar Cayce, que hablaba de la existencia de una «galería de inscripciones» en la meseta de Giza. Parte de la información que McMullen transmitió fue que «la esfinge en otro tiempo llevaba una corona y que la galería de inscripciones se encontraba bajo la sombra proyectada por dicha corona sobre el suelo al amanecer».

Worring y Hibbard también han trabajado con McMullen en el campo de la criminología, conjuntamente con varios organismos de seguridad del Estado. Los poderes de McMullen se usaron en la investigación de crímenes y de personas desaparecidas. Las investigaciones que Worring y Hibbard llevaron a cabo con McMullen y otros muchos videntes llevaron a la publicación de su obra *Psychic Criminology*, un manual de entrenamiento para el uso de videntes en la aplicación de la ley. Rich Brennen, un detective privado de St. Louis, en Misuri, explica el valor pragmático de la intuición: «Yo utilizo videntes, péndulos y visionadores remotos como herramientas de mi profesión. Son iguales que cualquier otra herramienta de investigación, como las bases de datos de los ordenadores y la videovigilancia [...]».

Worring y Hibbard colaboraron asimismo con la vidente Francis Farrelly en casos criminales y arqueológicos, y también para desarrollar la intuición como técnica de investigación para los detectives privados. La larga carrera de Farrelly incluye el uso de la intuición en la criminología, la medicina, la informática, la arqueología y las predicciones relacionadas con el mercado bursátil. Trabajó como asesora agrícola en la aplicación de la radiónica, la técnica polémica desarrollada por Albert Abrams, quien utiliza las radiaciones específicas de organismos individuales para poner freno de forma eficaz a las plagas de parásitos.

Otra vidente que está llamando bastante la atención es Annette Martin, la «vidente de la radio» de la Bahía de San Francisco, cuyo trabajo intuitivo incluye diagnosticar enfermedades y dirigir procesos psíquicos, ayudar en investigaciones criminales, hacer «redadas de fantasmas» y ofrecer asesoramiento a empresas tales como Hughes Aircraft y Sun Microsystems. También prepara a videntes en su instituto de Intuitive Research de Campbell, en California. Tanto el canal televisivo por cable History como el Discovery emitieron documentales sobre ella en 1998.

Algunos videntes utilizan sus poderes en distintos campos, pero otros destacan en campos específicos. Algunos videntes se especializan en un tipo de víctima, por ejemplo en cuerpos muertos, una víctima que ha muerto ahogada, una persona desaparecida, o un animal desaparecido. También hay otros videntes, tales como Uri Geller, Ingo Swann y Ron Warmouth, que parecen tener una amplia variedad de poderes, pero que destacan cuando usan su talento para buscar petróleo y metales preciosos.

Geller dirige un negocio que también se dedica a consultar ingenieros y geólogos para hacer prospecciones de minerales. Beverly Jaegers y su grupo, la patrulla psíquica estadounidense, que tiene su base en St. Louis, Misuri, trabajan mucho en criminología y en la búsqueda de personas desaparecidas. Jaegers dirige asimismo cursos de visión remota y para el desarrollo de los poderes psíquicos. Actualmente, su grupo se dedica a construir una red formal de detectives, policías y videntes que estén dispuestos a trabajar juntos en la resolución de crímenes.

A pesar de que la corriente mayoritaria de científicos no acepta en absoluto este tipo de fenómenos no verificables, cada vez son más los profesionales de todos los campos que recurren a este tipo de videntes. Los abogados utilizan a los videntes en las negociaciones; los grandes ejecutivos les piden consejo en relación con la gestión y las decisiones que deben tomar, para que les hagan predicciones financieras y para que detecten las situaciones problemáticas antes de que surjan. Así pues, los profesionales recurren a los videntes, pero además muchos de ellos realizan cursos para potenciar sus propias capacidades intuitivas.

El uso de videntes sigue siendo muy polémico. Muchos profesionales recurren a ellos solo cuando falla todo lo demás, y tratan de mantenerlo en secreto. También muchos videntes desean confidencialidad porque ya han sido hostigados con anterioridad. Un grupo conservador ha impreso la fotografía de varios videntes en carteles, junto a propaganda neonazi y los denomina «devotos del demonio». Annette Martin dice que aunque ella no se ha topado con demasiadas actitudes negativas, prefiere «mantener el anonimato cuando trabaja con la policía»; de ese modo las agencias confían más en su trabajo y consigue una cierta protección frente a posibles adversarios extremistas. Por otra parte, las organizaciones han tenido que aprender a tener cuidado con los videntes que solo buscan publicidad.

Los videntes no suelen obtener un reconocimiento por su trabajo, especialmente cuando trabajan conjuntamente con otros procedimientos más aceptables. Mientras reunía información para este artículo, la mayoría de videntes e investigadores con los que contactaba no divulgaban ni circunstancias ni nombres específicos «por razones de confidencialidad». Los jefes de la policía, los directores y los médicos con los que han trabajado podrían perder su trabajo si se supiera que han recurrido a dichas fuentes, por mucho que los resultados obtenidos hayan sido extraordinarios. Una vez se arrestó a un profesional porque los resultados habían sido demasiado buenos y ponían en peligro la estructura del sistema.

El uso documentado de videntes por parte del gobierno estadounidense en el campo de la visión remota ha contribuido considerablemente a popularizar la intuición. Existen muchas opciones para aprender la técnica de la visión remota; además del grupo de Bev Jaeger, están Ingo Swann, Lyn Buchannon, el mayor Ed Dames, Uri Geller, Angela Thompson y el Instituto Monroe, para nombrar solo algunos grupos que enseñan su propia versión de la visión remota. La popularidad de la visión remota, con sus protocolos estructurados, podría ser indicativa de una mayor aceptación de los «fenómenos paranormales».

Prácticamente todas las culturas del mundo —con la notable excepción de la civilización industrial occidental— han demostrado tener una gran consideración hacia este tipo de canales de información extrasensoriales y han dedicado mucho tiempo a acceder a estados de conciencia que facilitaran el proceso intuitivo. Los nuevos descubrimientos científicos sobre el cuerpo y la psique humanos están revelando que existe un alto grado de correlación entre los estados de conciencia y la experiencia de la realidad, algo que muchas culturas no tecnológicas simplemente daban por sentado. Eso nos lleva al camino del conocimiento que se acerca al campo de la experiencia subjetiva.

Los estudios realizados sobre la hipnogogia, el estado de conciencia entre la vigilia y el sueño que todos experimentamos a diario, está arrojando algo de luz sobre el proceso intuitivo. Andreas Mavromatis, en su libro *Hypnogogia,* dice que las experiencias intuitivas se diferencia de la hipnogogia tan solo en «el conjunto de creencias del sujeto y el lugar donde se produce la experiencia». Muchos científicos se sorprenderían si supieran que el proceso intuitivo interviene muchas veces en los descubrimientos científicos. Esta correspondencia se ve claramente en las siestas que se echaba Thomas Edison. Cuando llegaba a un punto muerto

Una madre le intenta leer el pensamiento a su hijo por medios telepáticos.

creativo, Edison se echaba una siesta, aunque fuera tan solo durante unos segundos, y luego solía dar con algo relevante para la investigación que tenía entre manos.

A nivel físico, los investigadores han descubierto recientemente que en el cerebro hay unas células que contienen magnetita, lo cual indica la capacidad de percibir los campos energéticos. La proximidad existente entre dichas células y las glándulas pituitaria y pineal llevaron a Richard Lawlor, autor de *Voices of the First Day*, a sugerir que dichas glándulas podrían usar información procedente del campo magnético de la Tierra para regular la liberación en el cerebro de las hormonas que controlan directamente los niveles de conocimiento consciente. Otra investigación parece mostrar que dentro del cuerpo existen unas estructuras cristalinas orgánicas, tales como las moléculas de rodopsina presentes en las células cónicas o en forma de varilla de la retina, que forman unas planchas que parecen de cristalinas.

La presencia de estas estructuras orgánicas especializadas dentro de nuestro cuerpo es indicativa de la capacidad de interactuar con distintos tipos de campos energéticos que existen a nuestro alrededor en la atmósfera. Los investigadores que exploran las fronteras de la teoría de campo, tales como el neuroquímico Glen Rein, de la Universidad de Stanford, y el ingeniero nuclear Thomas Bearden, están mostrando al mundo el potencial de los campos escalares, unos fenómenos que podrían arrojar algo de luz sobre el campo de información al que acceden los videntes. El concepto *escalar* hace referencia a una cantidad que tiene magnitud o tamaño, pero no tiene movimiento. Un ejemplo de cantidad escalar sería la presión. La presión de un gas tiene un valor y podemos medirla, pero la presión no incluye el movimiento de dicha energía; no tiene movimiento. Si se aplica a la teoría de campo, el concepto *escalar* hace referencia a campos de potencial, energía e información que se halla fuera del espectro habitual de la energía electromagnética. Pero eso puede resultar confuso, porque los campos escalares pueden ir asociados a fenómenos electromagnéticos. Glen Rein ha dicho: «Los campos escalares [...] son independientes de la distancia y el tiempo (contrariamente a los campos electromagnéticos); actúan a distancia; pueden tener energía negativa; ¡incluso son capaces de viajar atrás en el tiempo!».

La naturaleza altamente polémica de estos campos a menudo indetectables se debe en gran medida a lo difícil que resulta estudiarlos. Existen, invisibles y ocultos, hasta que alguna otra forma de energía los desencadena, de forma parecida a la imagen holográfica que aparece cuando un rayo láser se aplica a la placa fotográfica. El reconocimiento de la existencia de estos potenciales escalares a nuestro alrededor, en nuestro entorno, podría dar validez a teorías como la de la energía del punto cero que se dice existe dentro de toda materia en el Universo, o a los campos morfogenéticos creados por las especies vivas que postula Rupert Sheldrake, o incluso al subconsciente colectivo de Jung. Los propios campos siguen siendo un misterio y son difíciles de entender, pero su existencia está clara a causa de sus efectos innegables, tales como los de los campos gravitatorios y magnéticos y, según algunos, de los fenómenos de la información psíquica. En cuanto a la experiencia humana con respecto a dichos campos, Glen Rein propone la teoría de la «transducción cristalina» para explicar el mecanismo de la acción de las ondas escalares dentro de los sistemas biológicos. Sugiere que «la energía escalar es transducida en energía electromagnética linear dentro del cuerpo por los cristales líquidos presentes en la membrana celular y los cristales sólidos presentes en la sangre y los tejidos biológicos». Estos campos podrían estar transmitiendo información por medio de nuestra propia interacción con ellos.

La mejor comprensión de los campos energéticos sutiles y de los estados subjetivos de conciencia está arrojando algo de luz sobre los métodos para obtener información al margen de los procesos sensoriales directos o racionales. La ciencia está empezando a comprender la experiencia subjetiva de la intuición. La ciencia son ideas, y las ideas a menudo se originan en el mismo lugar tanto para los científicos como para los videntes, en el medio de la mente superior, el campo cuántico, o la conciencia superior, sea cual sea el término que prefiera usarse.

La humanidad se encuentra en el inicio de un nuevo milenio. Una de las ventajas más revolucionarias de desarrollar unos conocimientos básicos de estas energías sutiles reside en la transformación de nuestro sistema de creencias consensuado con respecto a la estructura del mundo y el lugar que ocupamos en él. Podemos considerar nuestro mundo tal y como el físico experimental Nick Herbert propone: «Que todo aquello que los físicos son capaces de explicar constituye tan solo una parte ínfima del mundo real [...]. Hay mucha mente, como mínimo la misma cantidad que de materia, y simplemente no somos conscientes de ello». La humanidad se está enfrentando a ideas e informaciones que la Iglesia tradicionalmente sancionaba, y las está usando para forjar una nueva visión de lo que significa estar vivo y ser creativo. Cuando hablé con Anne Martin, esta me dijo: «Te sorprendería saber cuántas personas creen realmente que hay algo más allá de sí mismos y de este hermoso planeta en el que vivimos».

28 Los siete sentidos de Rupert Sheldrake

Una conversación sincera con un científico iconoclasta

Cynthia Logan

¿Has observado alguna vez a una manada de gansos y te has quedado maravillado ante su forma de avanzar coordinada y exquisita? ¿Has sentido alguna vez la necesidad de darte la vuelta y al hacerlo has descubierto que alguien te estaba mirando fijamente? Se trata de experiencias corrientes que ilustran lo que el biólogo vanguardista Rupert Sheldrake considera el «séptimo sentido». A diferencia del sexto sentido, que según él ya ha sido reclamado por los biólogos que trabajan sobre los sentidos eléctricos y magnéticos de los animales y está arraigado en el tiempo y el espacio, el término *séptimo sentido* «expresa la idea de que la telepatía, la sensación de ser observado y la premonición parecen pertenecer a una categoría distinta tanto a la de los cinco sentidos normales como a la del llamado sexto sentido, que están basados en principios físicos conocidos». Los gansos a los que observamos llevan una brújula biológica incorporada que les permite responder al campo magnético de la Tierra, pero Sheldrake piensa que tiene que haber algo más además del magnetismo para que se mantengan tan bien alineados en movimiento.

Este científico «herético» que estudió en Cambridge tiene, además de pasión por los animales y las plantas, cierta facilidad con las palabras, y es autor de una serie de libros que han sido galardonados y que tratan sobre temas tan fascinantes como sus títulos. *Dogs That Know When Their Owners Are Comino Home, and Other Unexplained Powers of Animals* (1999) ganó el British Scientific and Medical Network Book of the Year Award, y *Seven Experiments That Could Change the World* (1994) fue considerado Libro del Año por el British Institute for Social Inventions. Sheldrake es asimismo el autor de *The Presence of the Past* (1988), *The Rebirth of Nature* (1990) y, junto con Ralph Abraham y Terence McKenna, de *Trialogues at the Edge of the West* (1992) y *The Evolutionary Mind* (1998). Su último libro, *The Sense of Being Stared At* (Crown, 2003), profundiza en esos fenómenos que según él vale la pena investigar. Así escribe: «Yo sostengo que algunas habilidades humanas inexplicables tales como la telepatía, la sensación de ser observado y la premonición no son paranormales, sino una parte normal de nuestra naturaleza biológica».

Sheldrake siente que los prejuicios arraigados en las ideas de los filósofos del siglo XVII y XVIII han impedido la investigación y las pesquisas: «Si abriéramos la mente e hiciésemos un esfuerzo por entender, dicho esfuerzo se vería inmensamente recompensado con nuevos conocimientos».

Sheldrake piensa que además de analizar los fenómenos que hasta el momento no se han analizado, algo que cree sinceramente que deberíamos hacer, deberíamos devolver la ciencia a la gente, a aficionados como usted y como yo. Para explicar que la ciencia se basa en el método empírico (en la experiencia y la observación) recurre de nuevo a las palabras: «Billones de experiencias personales de fenómenos aparentemente inexplicables son rechazadas por la ciencia institucional, que las considera como «anecdóticas». ¿Qué significa eso en realidad? La palabra *anécdota* procede de las raíces griegas *an* y *ekdotos,* que significan 'no publicado'. Así pues una anécdota sería una historia que no se ha publicado». Sheldrake señala que los tribunales de justicia se toman las pruebas anecdóticas seriamente y a menudo condenan o absuelven a los acusados a causa de ellas. También cita su papel en la investigación médica, exponiendo que «cuando la historia de un paciente se publica queda automáticamente elevada a la categoría de 'historial clínico'. No hacer caso de lo que la gente ha experimentado no es comportarse de forma científica, sino de forma no científica».

Del mismo modo que un campo magnético puede influir en el patrón de las limaduras de hierro que hay en él, un campo mórfico puede influir en el comportamiento y los movimientos de las células que hay dentro de un cuerpo o en los miembros de un grupo.

Durante los últimos 15 años Sheldrake se ha centrado en la organización de sistemas, convirtiéndose en pionero de lo que él llama la «Hipótesis de la Causalidad Formativa», que incluye «los campos mórficos» y «la resonancia mórfica». Gracias a los Power Rangers y a otros juguetes, la mayoría de nosotros usamos despreocupadamente la palabra *morfo* con el significado de «transformarse» o evolucionar. Exactamente, dice Sheldrake, cuyo trabajo empieza allí donde acaba el concepto biológico hoy en día ampliamente aceptado de los «campos morfogenéticos» (usados para explicar, por ejemplo, porqué los brazos y las piernas tienen formas distintas a pesar de que contienen los mismos genes y proteínas).

Sheldrake conjetura que los campos evolucionan junto con los sistemas que organizan y coordinan. Dado que un campo es una «esfera de influencia», los campos mórficos serían aquellos que pueden hacer evolucionar o cambiar sus esferas de influencia. Dice que hay campos mórficos dentro y alrededor de las células, los tejidos, los órganos, los organismos, las sociedades, los ecosistemas, etcétera, campos que están determinados por acontecimientos y patrones pasados mediante una memoria inherente llamada «resonancia mórfica». Razona que así es como se desarrollan los instintos y las habilidades «específicas de las especies»; la coherencia envidiable de los pájaros en pleno vuelo se debe al campo mórfico que los vincula y a la memoria resonante que ha evolucionado durante milenios.

El «instinto» es un término vago que se refiere a una pauta heredada de comportamiento —la biología convencional sostiene que los instintos están programados en los genes. Sheldrake bromea: «Yo sostengo que los genes están muy sobrevalorados y no hacen ni la mitad de las cosas que se dice que son capaces de hacer. Lo que hacen es codificar la secuencia de aminoácidos y proteínas, producir las sustancias químicas correctas». En *Seven Experiments That Could Change the World,* Sheldrake analiza cómo estructuran sus colonias y construyen arcos las termitas, y señala: «Está claro que los insectos tienen un código genético que les empuja a comportarse de un modo determinado, pero la construcción del nido y la coordinación de la colonia se logra con los campos mórficos». Para aquellos a los que les cueste llegar a entender el concepto, ofrece una analogía: «Del mismo modo que un campo magnético puede influir en el patrón de las limaduras de hierro que hay en él, un campo mórfico puede influir en el comportamiento y los movimientos de las células que hay dentro de un cuerpo o en los miembros de un grupo». Sostiene asimismo que dichos campos sustentan los vínculos que se establecen entre las mascotas y sus dueños. Y aquí reside su amor: mascotas y personas aprendiendo y ayudándose unos a otros.

Gracias a los ayudantes que tiene en distintos lugares del mundo (Londres, Zúrich, California, Nueva York, Moscú y Atenas, entre otros), Shledrake posee una amplia base de datos de propietarios de mascotas que han participado en experimentos tipo «hazlo tú mismo», unos experimentos sencillos pero lo suficientemente rigurosos como para proporcionar pruebas que él pueda confirmar. «Cientos de experimentos grabados en video han demostrado que los perros son capaces de anticipar el regreso de sus propietarios de un modo que parece telepático», afirma. Otros resultados indican que los gatos, los loros, las palomas mensajeras y los caballos también son sumamente telepáticos.

Algunos consideran que sus opiniones y sus conclusiones son absurdas, pero la verdad es que Sheldrake dispone de las credenciales académicas necesarias para que sus teorías sean consideradas seriamente. Ha estudiado ciencias naturales en Cambridge y filosofía en Harvard, donde fue compañero de Frank Knox. En 1967 se doctoró en química por Cambridge, fue miembro del Clare College, también en Cambridge, y director de estudios en bioquímica y biología celular allí hasta 1973. Como miembro investigador de la Royal Society, estudió el desarrollo de las plantas (centrándose en las hormonas que hay en su interior) y el envejecimiento de las células, mientras disfrutaba de siete estimulantes años de conversación académica y todo tipo de comodidades.

«Vivía en unas habitaciones del siglo XVII ubicadas en un hermoso jardín. Tocaba una campanita, atravesaba el hermoso jardín, me ponía mi toga académica y me sentaba en una mesa sobre la que había una deliciosa comida y buen vino añejo. Tras la cena, bebíamos oporto en una sala común con paneles y hablábamos durante horas», recuerda, y añade, «dado que los miembros de cada facultad se dedican a una asignatura determinada, pude participar muchas veces en discusiones multidisciplinarias».

La mezcla de académicos y el buen ambiente fueron muy positivos para Sheldrake: como autor de más de 50 artículos publicados en revistas científicas, acepta las críticas sin ponerse a la defensiva, afirmando que «el escepticismo sano desempeña un importante papel en la ciencia, y estimula la investigación y la creatividad». Distingue al escéptico sano y de mente abierta que se interesa por las pruebas, del «escéptico» definido por él como alguien que está convencido de que los fenómenos paranormales son imposibles. Su web (www.sheldrake.org) reúne comentarios específicos de varios escépticos. En su página sugiere: «Haga clic sobre sus nombres si desea saber lo que dijeron acerca de mi investigación sobre los poderes inexplicables de los animales y para leer mis respuestas». Aunque algunos le han ridiculizado y otros le han tomado el pelo («A veces cuando digo que tengo que hacer una llamada, los colegas me dicen que use la telepatía en lugar del teléfono»), también son muchos los científicos que piensan que sus conclusiones son fascinantes y plausibles. El físico cuántico David Bohm encuentra similitudes entre la «Causalidad Formativa» de Sheldrake y su propia teoría de un «Orden Implícito» invisible que se esconde tras el mundo material «explicable».

Sheldrake es larguirucho, mide 1,90 cm, parece pensativo y está lleno de energía. Con sus ojos vivaces parece cualquier cosa menos un pazguato psíquico. Sheldrake, que se autodescribe como ni demasiado extrovertido ni demasiado introvertido, es una de esas personas a la que te acercarías sin reparos en una fiesta, alguien con quien podrías mantener una conversación animada e instructiva. Si tienes suerte, es posible que toque el piano, probablemente una pieza de Bach. Si por casualidad también tú tocas el piano, le encantará hacer un duo contigo. En casa, le gusta jugar con sus hijos, que han heredado su amor por los animales y participan en sus experimentos.

Cuando era joven, Sheldrake tenía palomas mensajeras y «siempre me interesaron las plantas y los animales; estudié biología gracias a ellos. También me interesaba bastante la química, en parte por mí mismo y en parte por mi padre, que era farmacéutico y un naturalista entusiasta. Tenía su propio laboratorio científico en casa y realizaba investigaciones microscópicas como amateur». El hermano pequeño de Sheldrake, su único hermano, es oftalmólogo y también un visionario.

El objetivo de Sheldrake es «ser capaz de ayudar a que el mundo de la ciencia se abra para que los fenómenos que en la actualidad son ignorados o desaprovechados puedan ser incorporados al ámbito de la ciencia». Confía en que gracias a esta ciencia «ampliada» tendremos una idea más aproximada de las interconexiones que existen entre nosotros, las plantas y los animales y el planeta en su totalidad, y entre nosotros y el Universo. Así pues, afirma: «Dicha ciencia no estaría en conflicto con la espiritualidad, sino que la complementaría y podría acabar con la escisión existente entre ciencia y religión, una escisión que ha hecho mucho daño a nuestra civilización». Él ya ha eliminado dicha escisión en su propia vida, aunque le llevó algo de tiempo.

Educado en el seno de una devota familia metodista en Newark-on-Trent, Nottinghamshire, en Inglaterra, Shledrake fue enviado a un internado anglicano y se encontró dividido entre la tradición protestante y los anglo-católicos «con su incienso y todos los adornos propios del catolicismo». La ruptura entre su amor por las cosas vivas y el enfoque mecanicista de la biología que le habían enseñado era todavía mayor. El ensayo escrito por el filósofo alemán Goethe sobre una ciencia holística que no se centraría en reducir las cosas a minucias y que incluiría la experiencia directa y los sentidos de uno le intrigó y le sirvió de inspiración. Hasta tal punto que consiguió una beca de un año para Harvard («¡donde sentí que me trataban como si fuera un niño!») para estudiar Filosofía e Historia de la ciencia. «Leí el libro de Thomas Kuhn *The Structure of Scientific Revolutions* y este me influyó enormemente, hizo que viera las cosas de otro modo», recuerda Sheldrake.

Después de Harvard regresó a Cambridge, donde hizo su trabajo de posgrado y conoció a los Epiphany Philosophers, un grupo ecléctico de filósofos, físicos, hippies, sanadores, místicos y monjes. «Nos reuníamos cuatro veces al año durante una semana en un molino de la costa de Norfolk, y nos dedicábamos a analizar ideas nuevas relacionadas con la teoría cuántica, la filosofía de la ciencia, la parapsicología, la medicina alternativa y otros temas de los años sesenta», recuerda. «Constituíamos una especie de grupo vanguardista».

Entre 1974 y 1978 Sheldrake fue el principal fisiólogo del Internacional Crops Research Institute for the Semi-Arid Tropics (ICRISAT) en Hyderabad, la India, donde trabajaba en la fisiología de los cultivos de legumbres tropicales; siguió trabajando como especialista en fisiología hasta 1985. Durante año y medio, Sheldrake vivió en el ashram del padre Bede Griffiths, un monje cristiano benedictino del Sur de la India, donde escribió *A New Science of Life,* considerada su «obra maestra». Pero no todo en su vida era trabajo, también tenía distracciones: fue en la India donde conoció a su mujer, Hill Purce. Ambos eran conferenciantes en la conferencia que en 1982 organizó la Internacional Transpersonal Association sobre «Ancient Wisdom and Modern Science» (La sabiduría antigua y la ciencia moderna); la conferencia de ella trataba sobre la sabiduría antigua, la de él sobre la ciencia moderna. Desde entonces, la mezcla les ha funcionado. Actualmente la pareja vive en Londres con sus dos hijos adolescentes, tres gatos, un pez de colores y un conejillo de Indias.

Shledrake, al igual que la doctora Candace Pert, la endocrinóloga a la que se atribuye el descubrimiento del receptor narcótico del cerebro, ha llegado a la conclusión de que la mente no está limitada al cerebro. La doctora Pert se centra en la prueba química de que las neuropeptidas se encuentran presentes por todo el cuerpo, mientras que Sheldrake sugiere que las mentes requieren campos de influencia que se extienden más allá de los cerebros y los cuerpos, conectando pensamientos e intenciones, así como creando la «memoria» en la naturaleza. «Creo que la resonancia mórfica funciona directamente a través del tiempo en vez de ser almacenada en un lugar, como en un CD o en un disco duro», señala Sheldrake, quien considera que el concepto espiritual de los registros akásicos es como «un archivador etéreo» y «demasiado especializado, demasiado localizado». Sin embargo piensa que el concepto de un «cuerpo (o energía) etéreo» es congruente con sus teorías. Así explica: «Los campos mórficos pueden ser de muchos tipos, y un campo morfogenético es aquel que organiza y, hasta cierto punto, anima a los cuerpos».

La idea de que la herencia no solo se debe a los genes la saca en parte de su estudio sobre el envejecimiento de las células. Aunque su investigación acerca del envejecimiento de las células, que culminó con la publicación de un artículo en la revista *Nature*, se llevó a cabo antes de que formulara su actual teoría, Sheldrake piensa que es aplicable. «Una gran parte de la información se hereda a través de la resonancia mórfica y no a través de los genes. Dado que dichos campos contienen una memoria inherente, pueden evolucionar y cambiar». Sheldrake, que fue vegetariano durante 25 años (básicamente por razones éticas), cree que podemos alterar el proceso de envejecimiento por medio de la dieta, el ejercicio físico y la meditación, pero comenta que la acumulación de defectos en las células es en última instancia irreversible.

«Podemos reprogramar totalmente nuestra células; podemos retardar el proceso de envejecimiento, pero no creo que podamos detenerlo o invertirlo por completo. El envejecimiento es un proceso mecánico que es desfavorable a los campos mórficos». Sheldrake, realista y práctico, en principio se muestra discreto, pero si es necesario puede dar un buen puñetazo. Dice lo siguiente: «Hay muchas cosas que ya sabemos, pero hemos sido educados para rechazar nuestra propia experiencia. Creo que debemos prestar más atención a las cosas que vemos en nuestros animales y que experimentamos nosotros mismos, y no dejarnos asustar por las actitudes dogmáticas, mecanicistas y materialistas que siguen prevaleciendo en el mundo científico y en el mundo médico».

Sheldrake, que actualmente es miembro del Institute of Noetic Sciences de San Francisco, ve que sus «campos influyendo en las intenciones y las responsabilidades personales». Apunta que los campos sociales pueden incrementarse con la energía que hay en su interior y a su alrededor, contribuyendo a agrupar acciones tales como «la violencia de la multitud», pero advierte que «la resonancia mórfica es moralmente neutral. Debemos ser conscientes de que nuestros pensamientos e intenciones ejercen una influencia y responsabilizarnos de cómo están evolucionando las cosas en el planeta. Justo ahora el hábito más extendido en el mundo es el consumismo creciente [...] los niños de todo el mundo quieren ser como los niños de los Estados Unidos. ¡Pero piense en lo que podríamos conseguir mediante la oración los grupos de meditación!».

A Sheldrake, las cosas le están saliendo muy bien, gracias. Tiene planificados más libros, entre ellos uno con el teólogo Matthew Fox, con el que ya escribiera *Natural Grace: Dialogues on Science and Espirituality* (Gracia natural: diálogos sobre ciencia y espiritualidad) y *The Physics of Angels* (La física de los ángeles), ambos en 1996, y otro detallando los resultados de sus experimentos. Está contento de poder llevar una vida equilibrada, todo lo equilibrada que permite un mundo agitado como el nuestro, y feliz con su papel vanguardista dentro de la investigación y los descubrimientos científicos.

29 Telepatía telefónica

A pesar del escepticismo reinante, parece que Rupert Sheldrake consigue ganar la polémica creada por la percepción extrasensorial (ESP)

John Kettler

El Santo Grial de la investigación de los fenómenos paranormales ha sido durante mucho tiempo un experimento sencillo y fácil de reproducir que producía resultados estadísticamente significativos, más allá de la mera casualidad. ¿Y sabe qué? Rupert Sheldrake, biólogo iconoclasta, científico librepensador y autor, quizás más conocido por su teoría morfogenética —que sostiene que la materia es una especie de carne que se aplica sobre un esqueleto de energía que existe en todo lo vivo (como queda exquisitamente ejemplificado en la famosa fotografía Kirlian de una hoja cortada)— parece haber hecho justo eso, ser el pionero de la investigación a gran escala de los fenómenos paranormales usando para ello enseres domésticos modernos y componentes electrónicos personales.

Sheldrake realiza un experimento sencillo con teléfonos domésticos en los que no aparece reflejada la persona que realiza la llamada y cuatro personas, todas cercanas emocionalmente al el receptor, que es el que realiza propiamente el experimento; el receptor debe decir cuál de las cuatro personas la está llamando antes de responder a la llamada; si intentásemos adivinar a ciegas tendríamos un 25 por ciento de posibilidades de acertar. Sheldrake ha realizado cientos de pruebas y está obteniendo sistemáticamente un 45 por ciento de respuestas correctas entre los receptores, casi el doble que si lo hicieran al azar. Estos resultados resultan asombrosos tanto para los investigadores de fenómenos paranormales como para los científicos más clásicos. Tanto es así que Sheldrake publicó un artículo por encargo, «Testing for Telepathy in Connection with E-mails», en la revista científica *Perceptual and Motor Skills,** después de haber publicado una

* Rupert Sheldrake y Pamela Smart, «Testing for Telepathy in Connection with E-mails», *Perceptual and Motor Skills* 101, 771-86.

serie de artículos sobre la telepatía telefónica en revistas parapsicológicas, tales como la *Journal of Parapsychology* y la *Journal of the Society for Psychical Research***.

Para evitar las posibles trampas o fraudes, se graba en video todo el experimento, y se graba tanto al receptor como a los emisores. La Universidad de Ámsterdam ha obtenido unos resultados dos veces mejores.

Compare este experimento con las técnicas de la vieja escuela que ahora sabemos son excelentes destructores de fenómenos paranormales: científicos intimidantes y ceñudos, con sus blancas batas de laboratorio y sus laboratorios esterilizados, aburridos manuales, la técnica de tirar el dado o la moneda más adelante mecanizada y luego informatizada, las tarjetas Zener (cuadrado, círculo, estrella, etcétera), y demás. Todavía peores fueron los experimentos Ganzfeld en los que se privaba de sus sentidos al receptor: se le tapaban los ojos, primero con una capa de algodón y luego con pelotas de *ping pong* partidas por la mitad, se le hacía escuchar el ruido blanco o uniforme que emitían los auriculares y se le bañaba con una luz roja, mientras intentaba determinar qué imagen de video seleccionada al azar le estaban enviando telepáticamente.

En la actualidad se conoce bien el «efecto observador» en la investigación de fenómenos paranormales. Los investigadores que están abiertos a los fenómenos paranormales o son partidarios de ellos consiguen resultados que están por encima de los que se conseguirían por azar. Los que se muestran agnósticos al respecto obtienen los mismos resultados que si lo hicieran al azar. Los que no creen en ellos o se muestran claramente desfavorables, obtienen unos resultados que están por debajo de los que conseguirían si lo hicieran al azar. El efecto observador ha sido lo que ha impedido durante mucho tiempo llevar cabo una investigación de los fenómenos paranormales realmente eficaz.

Y ENTONCES APARECIÓ SHELDRAKE

Equipado con eso que suele verse poco en la investigación de fenómenos paranormales, me refiero a fondos reales de la universidad en forma de beca, concretamente de la principal que se da en Inglaterra, una beca Perrot-Warrick (constituida legal y exclusivamente «para la investigación psíquica») del prestigioso

---

** Si desea una lista completa de los artículos científicos de Sheldrake que puede encontrar o descargar en Internet, por favor véase: www.sheldrake.org/Articles&Papers/papers/telepathy/index.html.

Trinity College, de Cambridge, Sheldrake cogió el enfoque que se había usado hasta entonces para investigar los fenómenos paranormales y lo arrojó por la ventana, remplazándolo por un enfoque sencillo que sacó la investigación de los laboratorios destructores de fenómenos paranormales y la colocó en aquel lugar donde la mayoría de la gente se siente segura y relajada, es decir, en su casa, donde pueden dar lo mejor de sí psíquicamente hablando. Como se ha demostrado estudio tras estudio, la telepatía funciona mejor entre personas que son cercanas. Dos ejemplos muy conocidos han aparecido incluso en la televisión y en varias películas: el lazo existente en el caso de los gemelos y el lazo que se establece entre marido y mujer, o entre una madre y un hijo; éste último se ha usado en muchas películas de guerra: la madre o la esposa se despiertan gritando en medio de la noche sabiendo que han matado a la persona a la que ama varios días antes de que llegue el temido telegrama del ejército con la notificación oficial.

Además, llevó la investigación de fenómenos paranormales al teléfono, el e-mail y los mensajes de texto prácticamente sin ayuda, aprovechando de un modo sin precedentes la tecnología moderna que empezaba a prosperar; y al hacerlo accedió directamente a esa reserva de energía ilimitada y curiosidad inagotable —la adolescencia— aumentando drásticamente su base experimental.

Los resultados fueron tan espectaculares que el 7 de septiembre de 2006 apareció en un programa de radio de la BBC como uno de los invitados de la mesa redonda para hablar sobre «el mundo material»; el programa se emitió desde el Festival de la Ciencia organizado por la British Association for the Advancement of Science que tuvo lugar en la Universidad de East Anglia en Norwich, Reino Unido. Al principio del programa se hizo una encuesta al público para determinar hasta qué punto creían en los fenómenos paranormales y al final del programa se hizo otra para determinar si alguien había cambiado su opinión al respecto. Tal y como se apresuró a señalar el presentador, Quentin Cooper, el B.A.A.S., considerado por muchos como un reducto de la ciencia tradicional, tiene un largo historial cuidadosamente oculto de miembros distinguidos con opiniones «distintas», entre ellos el físico y químico William Crookes, que descubrió el talio y el helio pero que también se hizo famoso por atestiguar que el médium David Douglas Home había salido levitando por una ventana y había subido varios pisos, había dado la vuelta al edificio flotando y había entrado por otra ventana, sin dejar de ser observado en todo momento por el eminente científico. La mayoría lo recuerdan a causa del radiómetro de Crookes, ese molinito de luz que puedes comprar en la tienda de regalos del museo de la ciencia.

El artículo que aparece en la red sobre este programa es bastante bueno (www.bbc.co.uk/radio4/science/thematerialworld_20060907.shtml) pero la media hora que se emitió (teclee el vínculo «Listen Again» una vez allí) es extraordinaria en muchos más aspectos de los que podemos llegar a mencionar, ya que reúne una gran variedad de opiniones y antecedentes científicos, algunas escépticas, en una discusión abierta y respetuosa en la que se habla sobre los experimentos y las metodologías apropiadas, sobre temas fundamentales, sobre filosofías científicas y sobre la diferencia entre el verdadero escéptico de «demuéstramelo» y el falso «escéptico» que en realidad es un fundamentalista científico disfrazado de escéptico que piensa «que por muchas pruebas que haya nunca le convencerán»; también se discutió sobre cómo garantizar malos resultados en las investigaciones sobre fenómenos paranormales y sobre la tendencia científica de no publicar resultados marginales, sobre el hecho de que las revistas especializadas no suelen demostrar interés por publicar estos resultados experimentales, sobre lo difícil que resulta conseguir publicar artículos que hablen de fenómenos paranormales en las principales revistas científicas, y sobre el gran coco del mundo académico, que se queda con todos los fondos.

¡Se llegó a sugerir que aquellos que llevaran a cabo experimentos sobre la influencia remota deberían considerar seriamente quedarse fuera de las reuniones en las que se hablara de los fondos universitarios! La encuesta realizada al final del programa demostraba que varias personas que al principio no creían en los fenómenos paranormales luego sí lo hacían, mientras que ninguno de los que creían en este tipo de fenómenos antes del programa había dejado de creer en ellos.

«The Material World» no fue la única aparición de este tipo por parte de Sheldrake. De hecho, el programa *Radio 5 Live* de la BBC emitió una entrevista que le había hecho el escéptico profesor Atkins, pero el vínculo (www.sheldrake.org) está lamentablemente corrompido y funciona solo brevemente. Una lástima, de verdad, porque valía la pena ver cómo se citaba al químico de la Universidad de Oxford diciendo «Aunque es políticamente incorrecto descartar una idea sin más, en este caso no existe ninguna razón para suponer que la telepatía sea algo más que la fantasía de algún charlatán». No fue la suya la única voz del las altas esferas de la clase científica que se mostró claramente disconforme, tal y como fue hábilmente recogido ese día por el *Times* (www.shledrake.org/D&C/controversies/Times_report.html). El director científico del *Times*, Mark Henderson, escribió: «British Association for the Advacement of Science. Las teorías sobre la telepatía y la vida después de la muerte causan conmoción en el tribunal científico superior. Los científicos que afirmaban tener pruebas de que existe la vida después de la muerte y del poder de la telepatía desencadenaron ayer una violenta discusión en el Britain's premier science festival. Los organizadores de la British Association for the Advancement of Science (la BA, abreviatura de B.A.A.S.) fueron acusados de dar credibilidad a teorías inconformistas sobre fenómenos paranormales al dejar que una investigación tan polémica fuera emitida sin cuestionarla».

«Los miembros más destacados del mundo científico criticaron la decisión de la BA de mostrar documentación con la intención de demostrar la realidad de la telepatía y de la supervivencia de la conciencia humana después de la muerte. Tales ideas, que los expertos rechazan abiertamente, no deberían haber aparecido en el festival sin ser cuestionadas por los escépticos».

Esta claro que el profesor Chris French, un escéptico del London Goldsmiths College, que participó en la mesa redonda anteriormente citada y fue entrevistado en directo, no estaría de acuerdo con esa afirmación.

A continuación incluimos algunas muestras más de las que se citan en el artículo anterior. Lord Winston, especialista en temas de fertilidad y anterior presidente de la British Association for the Advancement of Science: «No conozco ningún estudio serio y bien realizado que me haga pensar que todo eso no son más que tonterías. No hay ningún problema en que se haga una sesión de este tipo, pero debería ser enérgicamente cuestionada por científicos que trabajen en campos psicológicos autorizados».

Sir Walter Bodmer, genetista y presidente del Hertford College, en Oxford: «Me parece increíble que la BA haya permitido que eso ocurra de ese modo. No hay que ocultar las ideas, aunque sean inaceptables, pero resulta bastante inapropiado or-

Sheldrake llevó la investigación de fenómenos paranormales al teléfono, el e-mail y los mensajes de texto prácticamente sin ayuda, aprovechando de un modo sin precedentes la tecnología moderna que empezaba a prosperar; y al hacerlo accedió directamente a esa reserva de energía ilimitada y curiosidad inagotable —la adolescencia— aumentando drásticamente su base experimental.

ganizar una sesión como esa sin presentar un punto de vista más convincente. En casos como este es extremadamente importante, especialmente en el caso de la BA que representa a la ciencia y en la que la gente debe poder confiar, que se proporcione un contraargumento apropiado».

Los lectores son libres de descifrar los inconfundibles metamensajes según les convenga, pero lo que estos ilustres personajes están diciendo está bastante claro, al menos para este servidor. Los responsable de la editorial del *Times* decidieron sacar el máximo provecho y atacaron de forma fulminante no solo a las altas esferas del mundo científico, sino también a un grupo entero que funciona con secretos (www.sheldrake.org). La editorial es breve, concisa y despiadada en sus conclusiones. Teniendo en cuenta dichas conclusiones y el altamente respetado periódico en el que aparecen, podría considerarse como el primer redoble de difuntos del viejo modelo racionalista/reduccionista/materialista de la realidad.

LLUVIA DE IDEAS

No hace falta decir que la telepatía funciona. ¿Está pensando lo que estamos pensando? Pensamos que sí y eso en circunstancias normales haría que este artículo fuera innecesario.

Pero parece ser que algunos escépticos siguen aferrándose —sin hacer caso a las voces interiores de su propia mente— al torpe empirismo que afirma que la telepatía no solo resulta poco convincente sino que es imposible. Para ellos, vale la pena explicarlo con más detalle. Las pruebas que confirman la comunicación entre mentes son tan aplastantes en la actualidad que han sido presentadas en la reunión anual de la British Association for the Advancement of Science. Ello tiene nefastas consecuencias para las industrias de telecomunicaciones y polígrafos. Las apreciadas carreras de los agentes secretos, los diplomáticos y los corresponsales de guerra dejarán de tener valor si estos no son capaces de dominar esta nueva habilidad respetable. El póquer profesional está condenado, mentir es más arriesgado que nunca y el cortejo entre humanos no volverá a ser nunca lo mismo.

Debemos consultar en anticuados textos, así como en lo que Upton Sinclair denominaba la «radio mental», la profunda consternación que Rupert Sheldrake debió causar en la B.A.A.S. al presentar los resultados de los experimentos en los que los participantes debían adivinar cuál de sus cuatro amigos iba a llamarles por teléfono: la respuesta era correcta el 45 por ciento de las veces, lo cual probaba la existencia de la telepatía. Los ariscos tradicionalistas dicen que esto prueba únicamente la existencia de la intuición y la suerte. Pero nosotros contestamos que consideren la teoría del

Times: Ingerimos tanta comida, agua e inspiración, y nuestras cortezas cerebrales generan tanta actividad eléctrica medible, que resulta absurdo pensar que no se escapa ni un poco en forma de ondas cerebrales transmisibles. Esto es lo que pensamos, y es el pensamiento lo que cuenta» (editorial del *Times*, 6 de septiembre de 2006).

Un vínculo que sí que funciona es el del 5 de octubre de 2006, cuando Sheldrake apareció en el programa *In Conversation* de la ABC Radio National, invitado por Robyn Williams, en el que los lectores pueden tanto escuchar como leer la transcripción. Sin embargo, el programa estaba más interesado en saber cómo Sheldrake, que antaño había sido un «botánico muy respetado», se había alejado tanto de su campo, que en sus experimentos propiamente dichos. Es una investigación sobre quién es en la actualidad, cómo se ve a sí mismo y qué piensa. En la entrevista señala que se han realizado unas 1500 pruebas con telepatía telefónica o telepatía vía e-mail, y que las probabilidades de que casi 300 telepatías telefónicas con un 45 por ciento de aciertos sean por casualidad son aproximadamente de una entre un billón (www.abc.net.au/rn/inconversation/stories/2006/1754367.htm#).

NO SE FÍE DE NUESTRAS PALABRAS

Aquellos a los que les guste experimentar por sí mismos pueden meterse en este portal experimental, donde uno puede descubrir cómo participar en una serie de ensayos a gran escala que se extienden por todo el mundo (www.sheldrake.org/Onlineexp/portal/).

¿Cómo se extienden? Sus pruebas descubrieron que la telepatía tenía un alcance completamente independiente, tal y como confirma la existencia de pruebas que se iniciaron en Inglaterra y fueron recibidas en Australia. Curiosamente, a las personas sensibles de la Tierra, tema tratado en «The Bio-Sensitive Factor» *(Atlantis Rising 27)* por este autor, también les ocurre lo mismo, porque son capaces de sentir el incremento de la presión de la corteza y los volcanes en la otra punta del planeta con total claridad, así como los propios acontecimientos terrestres cuando se producen. Algunos pueden incluso detectar trastornos solares antes de que las emisiones lleguen a los satélites de observación científica.

Esto por supuesto encaja perfectamente con la idea emergente de la interconectividad entre todas las cosas, una idea que puede expresarse científicamente con la expresión exótica de enredo quántico, con el principio de la metafísica, con el Manitou de los americanos nativos, con la «Fuerza» que tan bien conocen las legiones de fans de *La Guerra de las Galaxias*, o con las teorías de Rupert Sheldrake de la resonancia mórfica y el campo morfogenético. Deberíamos tomar nota asimismo de sus estudios sobre la conexión existente entre la intencionalidad y los distintos fenómenos telepáticos que estudia, así como del hecho que, utilizando un casco especial SQUID (Detector de Interferencias Quánticas Superconductoras), unos investigadores vieneses consiguieron hace más de una década detectar y medir científicamente la señal de intención generada por el cerebro humano antes de que se enviara cualquier «orden» electroquímica a los músculos a través del sistema nervioso (200 mph). Para la *Leading Edge*, «[...] campos micromagnéticos [...] precedían la actividad voluntaria en unas 30-50 milésimas de segundo [...]». Las consecuencias son abrumadoras —«la intención es un proceso luminar que pasa por alto las redes neurales ordinarias del cerebro».*

¿Es esta energía electromagnética lo que un telépata telefónico lee y analiza cuando entra una llamada, para poder determinar quién es el que llama antes de que este siquiera respire?

¿Es esto lo que un centinela —como posible víctima porque está de espaldas— capta y a lo que reacciona dándose la vuelta de repente, adivinando las intenciones asesinas del acosador antes de que este llegue siquiera a moverse?

¿Cuando corremos un gran peligro o estamos a punto de morir, nuestro grito de socorro vuela literalmente con unas alas de luz y llega hasta donde está la persona que amamos?

Son algunas de las preguntas claves que Rupert Sheldrake está investigando en la actualidad, preguntas que, lo pretenda o no, cuestionan la esencia misma de quién somos realmente, qué pretendemos y por qué estamos aquí.

---

* *Leading Edge 78* (enero 1995): 24.

Octava parte

El factor ET

¿Y si fuera verdad que el gobierno de los Estados Unidos encontró una nave llena de tecnologías exóticas?

30 La ingeniería inversa de Roswell

Un fabricante de ordenadores americano lucha por su derecho a explotar la tecnología alienígena

John Kettler

Después de hacer una pregunta en su página web que alguien no quería que se contestara, una pequeña empresa está luchando por sobrevivir y la gente tiene derecho a conocer la verdad. La empresa en cuestión es la American Computer Company (ACC), y se encuentra en Cranford, Nueva Jersey. La dirige Jack Shulman, un pionero en el diseño de ordenadores. La pregunta, planteada con un gracioso «y si», sugería que a lo mejor el transistor no había sido inventado en los laboratorios Bell, sino que había sido descubierto entre los restos de la llamada nave de Roswell y sometido a un proceso de retroingeniería.

Shulman y su empresa creían tener pruebas —básicamente un enorme cuaderno conocido como el Lab Shopkeeper's Notebook (»Cuaderno del Almacenista del Laboratorio»)— de que se había aplicado dicho proceso de retroingeniería. El «cuaderno», que fue obtenido a través de una fuente anónima, describe detalladamente todo el proceso de ingeniería usado por los laboratorios Bell; según parece en 1947 los laboratorios recibieron parte de la tecnología de la nave de Roswell y a partir de esta desarrollaron una serie de patentes importantes que actualmente pertenecen a Bell y a otras piezas importantes de la industria aeroespacial e informática. ACC afirma haber verificado la autenticidad del cuaderno mediante un examen forense. Además, la empresa cree haber identificado tecnologías muy importantes en el material que todavía no ha desarrollar, y quiere que se le conceda el derecho a explotarlas.

¿Qué pasaría si ACC demostrara que los laboratorios Bell no inventaron el transistor, si la verdad fuera que el gobierno de los Estados Unidos encontró una nave llena de tecnologías exóticas, descubrió cómo funcionaban algunas de ellas y luego, en secreto y de forma ilegal, proporcionó tecnología de valor inestimable a los laboratorios Bell? ¿Y si luego los laboratorios Bell habían aplicado un proceso de retroingeniería a la tecnología, la habían patentado como propia, la habían producido y habían ganado billones con ella?

¿Qué pasaría si las patentes hubieran sido concedidas de forma fraudulenta, si se hubiera conseguido una reputación tecnológica de forma inmerecida, y se hubieran otorgado premios Nobel por avances científicos inexistentes? ¿Y que pasaría con la nave de Roswell propiamente dicha?

La versión oficial de los hechos es que ninguna nave alienígena se estrelló contra la Tierra. Sin embargo, cada vez hay más pruebas de que algo se estrelló contra ella (algo de origen desconocido), y que ese algo fue recuperado y explotado por su tecnología increíblemente avanzada.

Esta teoría se ha visto reforzado por el testimonio independiente de Philip Corso, coronel retirado de la armada, en su increíble libro *The Day Alter Roswell* (El día después a Roswell). En él, Corso dice de forma explícita que en 1961 el general Trudeau, por aquel entonces jefe del Army research and development, le ordenó la tarea de llevar a los laboratorios Bell, a IBM, a Monsanto y otros, sin dejar rastro, tecnologías exóticas y aparatos sacados por la Armada de la nave de Roswell. Las compañías debían desarrollar y patentar las tecnologías y los aparatos como si fueran suyos.

ACC cree que esas son precisamente las cuestiones que han generado ataques tan poderosos contra ellos. La empresa (www.accpc.com) produce PCs, servidores de Web y pequeños superordenadores a partir de lo que el director general y pre-

Vehículo AVRO.

sidente Shulman denomina una «estructura corporativa virtualizada». Es decir, que un pequeño grupo de personas altamente especializadas realiza el diseño crítico y el trabajo de ingeniería, mientras que otras muchas tareas las realizan personas de fuera de la empresa.

Según afirman los representantes de la empresa, los ataques que siguieron a la pregunta sobre Roswell han sido masivos. Van desde diatribas sin sentido en Internet hasta amenazas de muerte. También se incluyeron un robo con allanamiento en la sede de la empresa, la colocación de material clasificado en el edificio y la extraña recepción de un fax clasificado perteneciente a una plataforma espacial «profundamente oscura» hasta entonces desconocida.

Una de las formas favoritas de atacar a ACC es diciendo que esta no existe o que es tan pequeña e intrascendente que nadie debería prestarle atención ni a ella ni a sus descubrimientos sobrecogedores. Lo primero puede desmentirse fácilmente, ya que la empresa está registrada en Dunn and Bradstreet y tiene la licencia para hacer negocios en Nueva Jersey. Otro ejemplo sería una demanda interpuesta por el Ejército del Aire en la que se afirma que ACC «no es más que «una oficina dentro de un centro de negocios con mucho movimiento». La empresa ocupa en realidad una serie de oficinas en su sede central y también tiene instalaciones en otros sitios.

Otra forma de atacarla es mandando correos a webs de todo el mundo con cualquier «pretexto», unos correos que van desde lo molesto hasta las calumnias de antisemitismo dirigidas al propio Shulman. Está claro que el objetivo es difamar y desacreditar tanto a ACC como a Shulman ante la opinión pública.

La empresa ha respondido de forma agresiva, iniciando una vigilancia exhaustiva y tomando medidas contra la intromisión en todas sus instalaciones con el fin de detectar, frustrar y dar con el origen de tanto esfuerzo por piratear sus webs.

Controlan concienzudamente todo lo que se dice sobre la empresa en Internet, y reaccionan rápidamente dejando claro que no son más que mentiras. Hubo una web que recibió un toque de atención tan enfático por parte del consejero legal de ACC que acabó enviando una petición de paz al «Alien and Technology Forum» de ACC.

ACC ha denunciado públicamente que personal que trabaja para Lucent Technologies, el Ejército del Aire estadounidense y Wackenhut Security han estado implicados de un modo u otro en dichos ataques. Puede encontrar más detalles en la web Roswell de ACC y en el hipervínculo Alien Science and Technology Forum.

El 18 de marzo de 1998, en el Tribunal Superior de Union Country, Nueva Jersey, la empresa presentó una demanda y un pleito por difamación (caso # UNN-L-

1751-98) contra Lan Lamphere y Windchaster, Inc. En la demanda se alega que los señores Lamphere y Windchaser no solo han difamado y calumniado a ACC y a Jack Shulman, sino que además han hecho tratos encubiertos y han actuado con el fin de animar a otros a cometer actos violentos contra el señor Shulman, contra personal clave de ACC y contra sus familias. Los demandados están intentando que se retire la demanda.

Pero la lucha de ACC va más allá. La empresa afirma que ya tiene preparada otra demanda, esta contra las Fuerza Aéreas, por haber ocultado información en relación con la nave de Roswell. Si sale adelante, la empresa pretende utilizar las propias normas del Ejército del Aire contra él. ACC cree que las Fuerzas Aéreas podrían haber violado las normas al «aparcar» una nave de Roswell en uno de sus programas de investigación secretos, un proyecto llamado Silverbug, bajo el que se desarrollaron una serie de naves en forma de platillo y accionadas por turborreactores con las que probablemente se hicieron vuelos de prueba.

Hace algunos años, un hombre asistió a una exhibición de acrobacias que tuvo lugar en la base de las fuerzas aéreas de Nellis; hizo una maniobra incorrecta con su jeep, que era del mismo color que los de la policía aérea, y es posible que viera un Silverbug. Según parece, entró en una zona prohibida sin ser detectado, justo a tiempo para ver un disco metálico de color plateado —con su cubierta exterior en forma de burbuja y un piloto con el uniforme de las Fuerzas Aéreas en los mandos— que despegaba con gran estruendo.

El dibujo que aparece en la página siguiente es parecido al obtenido por ACC de las Fuerzas Aéreas gracias a la Ley de libre acceso a la información (FOIA), sin duda parece mostrar algo parecido a lo que el testigo describió. Desgraciadamente, las Fuerzas Aéreas todavía no han publicado los detalles relacionados con el rendimiento de esta nave tan poco usual. Lo que sí puede decirse, no obstante, es que el diseño parece inspirarse en los diseños de platillos alemanes (que aparecen en el número 7 de *Atlantis Rising*) y los platillos Avro que aparecieron dibujados en la revista *Look* en junio de 1956.

Si el pleito sale adelante, exigirán a las Fuerzas Aéreas que saquen a la luz la nave espacial, los restos de su tripulación y los análisis hechos de la nave y la tripulación, si es que existen. Si las Fuerzas Aéreas se empeñan en afirmar que «no las tenemos; no sucedió», ACC opina que entonces el ejército deberá dar legalmente una explicación exhaustiva y rigurosa del gigantesco programa de ocultación, filtraciones, desinformación, documentos, etcétera que se originó desde dentro de su cuerpo y de otros cuerpos gubernamentales a partir de 1947 y que ha seguido hasta nuestros días. Está claro que ello incluiría cualquier acción llevada a cabo contra los ciudadanos en relación con el programa.

Mientras tanto, antes de presentar el pleito, ACC está estudiando sus opciones administrativas. Tal y como señaló Jack Shulman: «A los jueces gubernamentales les encanta rechazar pleitos, así que debemos agotar todas las vías ofrecidas por la Ley de libre acceso a la información».* También comenta que mientras la ACC esperaba una respuesta a su pregunta, Peter Gersten y el CAUS (Ciudadanos Contra el Secretismo sobre los Ovnis) presentaron su propio pleito contra la Armada y las Fuerzas Aéreas.

ACC nunca ha dicho que la nave de Roswell fuera alienígena, por mucho que haya quien dice lo contrario. Simplemente ha dicho que la nave no era de origen doméstico. ACC indicaba que podía ser alienígena, pero también se ha mantenido explícitamente abierta a otras posibilidades, como que la nave podría asimismo proceder de los programas «negros» que los alemanes o los japoneses desarrollaron durante la Segunda Guerra Mundial, de trabajos científicos hechos con esclavos o de científicos emigrados que huyeron de Alemania antes de la guerra.

Hill McDonald, un investigador forense cuya reconstrucción de la nave de Roswell se ha convertido en la base de un modelo de maqueta muy popular, no tiene dudas. Basándose en entrevistas rigurosas hechas a los testigos presenciales sobrevivientes, entre ellos hombres del Servicio de Contraespionaje que estaban

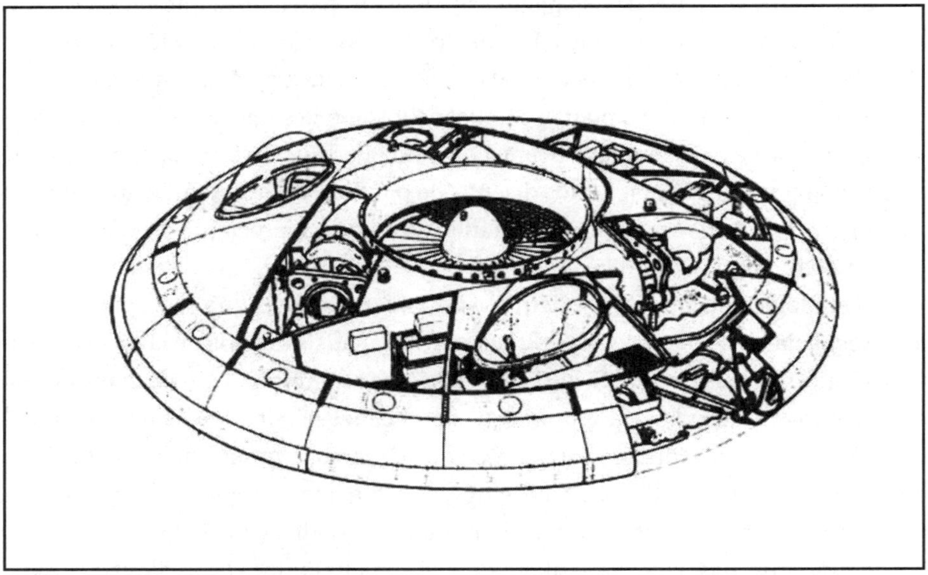

Dibujo de un vehículo AVRO.

allí, y tras estudiar detenidamente montones de testimonios recopilados durante cinco años de investigación, McDonald afirma saber que la nave espacial de Roswell fue creada por una civilización extraterrestre, una sociedad que perdió a cinco de sus miembros, que había enviado a la Tierra para investigar nuestras pruebas atómicas, que el comparaba con un «signo de humo cósmico». Al describir tanto la nave espacial como su tripulación, utiliza un tono bajo, casi reverente. No usa el término «alienígena». «No me parece respetuoso», afirma.

ACC está a punto de dar un paso hacia delante gracias al lanzamiento de varias tecnologías descubiertas en el Lab Shopkeeper's Notebook, que tiene más de mil páginas, y que, según ACC, ha sido «pasado por alto desde 1947».

Hasta la fecha se han identificado públicamente tres descubrimientos. Son los siguientes: el condensador transportador, registrado por ACC con el nombre de TransCap y TCAP; el fotonitrón; y la memoria líquida magnética.

Aparentemente el TCAP es una especie de célula nerviosa electrónica procedente de una serie de ordenadores neurales que prácticamente es capaz de sentir; supuestamente se usaba para hacer funcionar la nave de Roswell. ACC ya ha acordado fabricar en serie una versión del artilugio para sondear el mercado; se usa conjuntamente con un administrador de potencia digital para alargar la vida de la batería del ordenador en un 13 por ciento, concretamente en las ediciones especiales de sus ordenadores portátiles Tigre y Pantera producidos recientemente. Quizás no parezca mucho, pero la batería de un ordenador portátil tan solo suele durar unas horas. El TCAP funciona bien en estas aplicaciones porque necesita muy poco voltaje y porque prácticamente no tiene pérdidas, algo parecido a un semiconductor a temperatura ambiente.

ACC también ha producido y comercializado una serie de kits de aplicación y diseño de TCAP patentados, dirigidos a cualquiera, desde a pequeñas firmas especializadas hasta a gigantes industriales. Los lectores que deseen más información deben dirigirse a la web de Roswell de ACC. ACC no piensa vender la tecnología, pero concede licencias a distintas compañías para usos y fines específicos.

¿Y por qué tanto lío? ¿Qué tipo de ventajas comerciales sacaron los laboratorios Bell por haber inventado el transistor? ¿Qué pasaría si una compañía tuviera

---

* (pág. 242) Para demandar a las Fuerzas Aéreas ante el Tribunal de reclamaciones de los Estados Unidos, que tiene jurisdicción sobre ellas, la parte demandante debe antes agotar todas las vías legales disponibles (cualquier solución potencial antes que el propio juicio, para incluir un arbitraje vinculante, si hay mutuo acuerdo). Dado el número ilimitado de abogados de que dispone el gobierno, y la habilidad de estos para retrasar los juicios, podrían pasar veinte años, si el caso no se resuelve mientras tanto, hasta que el caso de ACC quedara visto para sentencia.

la tecnología para una nueva memoria, una tecnología entre 10.000 y 100.000 veces más rápida de la que nuestros PCs más rápidos tienen ahora? ¿Y qué me dice de los aparatos de almacenaje en estado sólido capaces de almacenar 90 gigabytes (90 billones de bytes) de datos en el espacio que ocupa una ficha de póquer? Sería igual a 15 largometrajes con la resolución del *láser disc* o mejor.

Esta tecnología está todavía en pañales, pero ya ha generado reacciones tremendas, entre ellas una oferta, según ha informado ACC, para comprar el TCAP y otras tecnologías por 50 millones de dólares con la condición de que destruyan el Lab Shopkeeper's Notebook. La empresa rechazó la oferta, aunque el dinero le habría venido muy bien.

ACC ha tenido que hacer frente a muchos desafíos, desde a hordas de posibles compradores hasta a empresas importantes y al gobierno armando la de Dios y afirmando que el TCAP y otros artilugios les pertenecen. ACC contesta: «Han tenido desde 1947 para hacer algo al respecto. ¡Largo de aquí!».

El fotonitrón es un artilugio que según Shulman tiene «una emisión fotónica y otra de microondas». Funciona de algún modo por las líneas de un proyector de hologramas láser, solo que la imagen resultante es tridimensional y además se refleja en el radar. Las aplicaciones militares de dicho artilugio como contramedidas y en la guerra psicológica son enormes. Shulman dice tener pruebas de que Wright Patterson AFB tiene un fotonitrón y está haciendo pruebas con él. Le preguntamos a la oficina de información de la base sobre ello pero no hemos obtenido respuesta.

La memoria líquida magnética permite densidades de almacenamiento de información hasta la fecha impensables. La novedad más reciente dentro de la saga monopolizadora de los TCAP es que ACC ha descifrado cómo funciona este artilugio, preludio completamente esencial para conseguir una patente. Shulman dio la exclusiva en *Atlantis Rising:* «Sabemos cómo funciona». ACC había anunciado previamente, el 4 de agosto de 1997, que había terminado la investigación y el desarrollo de dos aparatos TCAP de proto-hiper-almacenamiento. El PHS I puede equivaler a un disco duro (*hard drive*) de 8,4 GB; ¡El PHS II puede equivaler a un hard drive de 90 GB!

Luego elabora una lista con las razones que le llevan a presentar una patente del TCAP, que van mucho más allá de la simple protección de la propiedad intelectual:

«Para ver si el gobierno de los Estados Unidos ejerce la Ley de Patentes y Marcas Comerciales (35 USC Sec. 181 1,6,97) aduciendo razones de Seguridad Nacional». Esta sección permite al gobierno clasificar arbitrariamente un invento, independientemente del propósito del inventor o de la invención.

Para establecer las bases que nos permitan transferir legítimamente dichas tecnologías.

«Para protegerla mientras pasamos por el proceso de EPA Energy Star». Todos los nuevos ordenadores deben obtener un certificado del gobierno sobre su rendimiento energético. Para conseguir dicho certificado hay que proporcionar al gobierno información específica muy detallada sobre el diseño del ordenador. ¿Cuál es el problema? ACC dice que ha descubierto mediante su investigación Roswell que AT&T, una rival gigantesca y poderosa, gracias a su relación con Lockheed Martin, el contratista gubernamental del programa Energy Star, ha conseguido según parece convertirse en una pieza clave dentro del proceso de certificación Energy Star. Según se dice AT&T también tiene un «alimentador» indirecto parecido en la Oficina de Patentes y Marcas Comerciales.

Justo antes de que este capítulo fuera impreso por primera vez en forma de artículo, ACC anunció que tenía la intención de empezar a producir directamente sin la patente, y piensa impedir que otro patente la tecnología poniendo en conocimiento del público toda la documentación relacionada con los TCAP.

Hace mucho que la investigación de ACC superó las 10.000 entrevistas y más de 100.00 páginas de documentación. Y ha continuado hasta la fecha, reforzada y no disuadida, por los ataques tanto del gobierno como de la industria.

¿Qué le deparará el futuro a esta empresa sitiada? ¿Puede esta pequeña empresa sobrevivir al poder de las grandes corporaciones y el gobierno?

Sentado en el ojo del huracán está Jack Shulman, que no vacila en decir que las cosas pronto se van a poner realmente feas. Todo esto tiene que ver con la ofensiva de ACC para asegurarse las patentes y poder comercializar sus nuevas tecnologías revolucionarias, amenazando con ello a grandes imperios comerciales y billones de beneficios.

¿Está preocupado? Quizás. ¿Va a detenerle el miedo? «No me asusto fácilmente», afirma.

31 La lucha por la tecnología alienígena

Jack Shulman sigue sin inmutarse ante la creciente amenaza

John Kettler

El número 16 (1999) de *Atlantis Rising* presentaba una historia que parecía sacada de la serie *Expediente X.* Bajo el título «Back-Engineering Roswell» (capítulo 34 en este libro), el artículo detalla la historia de una pequeña empresa de ordenadores de Nueva Jersey, la American Computer Company (ACC), cuyos investigadores y avances suponían una amenaza tal para los intereses de las grandes corporaciones, el mundo científico, el gobierno y los servicios de inteligencia que pasó lo siguiente: entraron a robar en la empresa; sus redes fueron pirateadas desde instalaciones gubernamentales; uno de sus servidores, Softnet, fue pirateado también; y los *arrays* de almacenaje que contenían todos los datos de ACC, junto con la de docenas de otros clientes, fueron destruidos. ACC y sus clientes se convirtieron en el blanco de todos los juegos sucios que uno pueda llegar a imaginar. El presidente de ACC sufrió un intento de extorsión por valor de 1 millón de dólares, se contrató a la Mafia para que amenazara a la empresa, y los principales ejecutivos de ACC recibieron amenazas de muerte. Las fotos y direcciones de los hijos de dichos ejecutivos fueron colgadas en Internet, junto con los horarios de sus actividades, sin duda una invitación abierta para que los secuestraran, y contactaron y amenazaron también a los clientes potenciales de la empresa. Un asunto realmente muy feo.

¿Qué pudo provocar una respuesta tan brutal y coordinada como esta, y por qué enfocaron la historia como si se tratara de un *Expediente X?* Porque es muy posible que haya uno. ACC tuvo acceso durante algún tiempo a algo llamado The Lab Shopkeeper's Notebook («Cuaderno del almacenista del laboratorio»), gracias a la viuda de un caballero llamado Jeff Proskauer. ACC y un grupo de especialistas examinaron de forma exhaustiva el cuaderno. Además, ACC lanzó una investigación muy importante a la que dedicó cerca de un millón de dólares. El objetivo era confirmar o desmentir por su cuenta la autenticidad del cuaderno y la increíble historia que se escondía detrás de él. ¿Y cuál era la historia del cuaderno? Según parece serían las notas que hacen referencia nada menos que a la explotación técnica conjunta de la famosa nave Roswell por parte de los laboratorios Bell y de IBM.

Se ha publicado muy poco del contenido de dicho cuaderno, pero lo que se ha dado a conocer ha afectado profundamente a algunos sectores. Una de las revelaciones fue que el transistor, que históricamente se consideraba una invención de los laboratorios Bell, concretamente de Bardeen, Brattain y Shockley, aparecía en el cuaderno; se decía concretamente que el gobierno se lo había «proporcionado» a los laboratorios Bell para que lo sometieran a un proceso de retroingeniería. Este invento les valió varios Premios Nobel, una enorme reputación científica y corporativa, un montón de patentes y trillones de dólares. Desgraciadamente para todos los implicados, la investigación sobre los orígenes del transistor sirvió para descubrir que los aparatos que supuestamente eran los antecesores del transistor utilizaban un enfoque técnico completamente distinto que jamás habría llevado hasta la invención del mismo.

Considere lo que acaba de leer durante unos segundos. Uno de los inventos básicos y principales de la civilización moderna técnica podría no ser nuestro. Podría tratarse de una transferencia de tecnología extraterrestre encubierta, exactamente como afirma Philip Corso, teniente coronel de la Armada ya fallecido, en su revelador libro *The Day After Roswell.*

Corso dice que el que entonces era su superior, el general Trudeau, jefe del Army Research and Development, le encargó «colocar» sin dejar rastro la parte que le correspondía a la Armada de los tesoros tecnológicos hallados en la nave de Roswell, cosas como aparatos de vigilancia nocturna avanzados, fibras hiperextensibles (Kevlar) y transmisión por fibra óptica, en las compañías adecuadas, con el acuerdo tácito de que las patentarían y las producirían como si fueran sus propios inventos o descubrimientos científicos. Un escenario parecido se describía en la autobiografía de Jerry Hartsell, presidente de IBM World Trade, desde entonces retirada del mercado; allí la tecnología era electrónica. IBM World Trade es la poco conocida división para distribución en el extranjero de Big Blue. Es la parte de IBM que trata directamente con los gobiernos extranjeros y las grandes multinacionales.

Si los alegatos anteriores son ciertos, entonces toda la historia de la tecnología y la ciencia modernas podría ser errónea en lo fundamental, pero además podría constituir uno de los mayores fraudes jamás llevados a cabo. ¿Es posible que nuestros genios científicos más sobresalientes no fueran mejores que los cientifiquillos de la antigua Unión Soviética, personas que recibían premios Stalin por aplicar procesos de retroingeniería a la tecnología occidental, una tecnología que los soviéticos no podían crear por sí mismos?

Esta revelación sorprendente no era más que la discusión inicial. El cuaderno hablaba de otro aparato que llevaba las cosas a otro nivel, un nivel en el que la palabra *avance* resultaba completamente inadecuada. Bienvenido pues al mundo del condensador transportador (TCAP), que ha provocado una tempestad que todavía sigue retumbando.

Un ordenador de mesa rápido funciona a una velocidad de 1,2 GHz, o 1,2 billones de ciclos por segundo. Eso resulta impresionante si se tiene en cuenta que este artículo lo estoy escribiendo con un ordenador que funciona a una velocidad de 233 MHz, o 233 millones de ciclos por segundo. ¿Cómo le parecería de impresionante este potente PC, sin embargo, si se presenta alguien con un ordenador que funciona a una velocidad de, pongamos, 12 THz, o 12 trillones de ciclos por segundo? ¿Y si lo hiciera a 50 THz? Pues existen. ACC creó e hizo funcionar una calculadora experimental programable con cuatro funciones de 50 THz. Los laboratorios Lawrence de Berkeley, en California, han conseguido una versión mucho más rudimentaria del aparato.

Pero el TCAP tiene otras características que hacen que resulte todavía más atractivo. En primer lugar, incluso en la fase de desarrollo actual, permite unas densidades de almacenamiento de información increíbles: 90 GB (90 gigabytes, 90 billones de bytes), el equivalente a 15 largometrajes en el espacio que ocupa una ficha de póker. Otra es que el TCAP es un superconductor que está casi a temperatura ambiente, con una pérdida de energía prácticamente nula. Necesita muy poca potencia, algo fantástico en una era de escasez de energía y proliferación de componentes electrónicos. ACC puso un controlador de la potencia basado en un modelo primitivo del TCAP en algunos de sus ordenadores portátiles Tigre y consiguió que la ba-

La nueva Mafia compra y vende a funcionarios, y opera desde paraísos seguros distribuidos por todo el mundo.

tería durara un 13 por ciento más. Quizás no le parezca mucho pero debe tener presente que las baterías de los ordenadores portátiles tan solo duran un par de horas.

En el capítulo anterior hemos mencionado que ACC había decidido empezar directamente con la producción. ACC consiguió sorprender de nuevo a sus rivales. La empresa, citando un Tratado sobre el Espacio de las Naciones Unidas de 1967, que concede los frutos de la exploración espacial a todas las naciones, no a unas pocas privilegiadas que disponen del dinero como para poder permitirse ir al espacio, optó por poner la teoría y la tecnología esenciales del TCAP, el «arte» tal y como lo define la ley de patentes, en conocimiento del público, para evitar que otro lo patentara. La teoría legal de ACC para justificar esta estrategia fue que su investigación, que es muy costosa y reúne más de 10.000 entrevistas, demuestra que la fuente original de la que se sacó el TCAP no era terrestre, y por lo tanto estaba incluida en lo estipulado en el tratado. No conocemos ningún caso en el que una firma comercial haya renunciado voluntariamente a la posibilidad de patentar un invento de incalculable valor (el transistor estaba valorado en trillones) y haya hecho que sea asequible a toda la humanidad.

La tecnología TCAP no ha permanecido inactiva. ACC y sus socios investigadores han aumentado drásticamente el rendimiento del aparato y han disminuido al mínimo su tamaño. La velocidad máxima estimada del TCAP es ahora de «2 millones de gigahercios», una cantidad que nos resulta incomprensible. El tamaño del aparato depende de lo que deba ocurrir en su interior para que el aparato funcione. Dado que el TCAP funciona cambiando temporalmente el estado orbital de un solo electrón durante una fracción de orbita, resulta lógico pensar que no precisa de mucho espacio ni tiempo. Y no lo precisa. La mejor estimación que tenemos es que su tamaño puede ser submolecular. Sí, lo ha leído bien: varios aparatos por molécula. Como artilugio de almacenamiento, el potencial del TCAP resulta igualmente alucinante: es una función de los números de átomos en la matriz de almacenamiento y su orden. Además, ACC reveló recientemente que el TCAP podía usarse para manipular la luz. Es decir, que los rayos de luz reflejados pueden usarse para leer datos directamente de la memoria del TCAP a través de cables de fibra óptica; ello llevaría a la comunicación óptica directa entre ordenadores, con la increíble velocidad del TCAP. Esta nueva variación del TCAP se conoce como Interferón Óptico TCAP.

Todo este progreso se ha conseguido con mucho esfuerzo, ya que ACC era y es una empresa acosada pero siempre dispuesta a darlo todo, una historia escalofriante que aparece en «Alien Science and Technology Forum» de Comp America Online (www.aliensci.com) en forma de correos difamatorios pensados para confundir a la gente y sembrar el desacuerdo con ACC; es decir, poner en duda todas las historias sobre piratas informáticos y sobre los daños (intrusiones, denegaciones de servicios, routers e interruptores estropeados, redes enteras colgadas) que han causado o intentado causar a ACC y a aquellos que les suministran con equipos y servicios de Internet, sobre los fraudes y robos cometidos contra ACC, e incluso sobre lo que les ocurre a aquellos que envían correos. Y luego está la economía actual y su impacto negativo en el sector informático.

Como sabe cualquiera que esté pendiente de lo que ocurre en Wall Street y en el mundo de la informática, a principios del 2000 se produjo un importante recorte de gastos en el sector informático, y las ventas cayeron de forma tan espectacular que muchas de las principales empresas sufrieron grandes pérdidas. Unas pérdidas que, a su vez, se tradujeron en recortes de plantilla.

Las que más sufren en tiempos difíciles son las pequeñas empresas, aunque sean privadas como ACC, porque una empresa pequeña simplemente no tiene a su disposición los inmensos recursos o las líneas de crédito de sus rivales gigantescos. A una empresa como ACC, que trabaja online y dispone de muchas webs, le hace mucho daño no poder conectarse de repente a la red porque su servidor de DSL, Northpoint Communications, ha sido llevada a la quiebra y sus activos comprados por cuatro perras, por AT&T, la sucesora de los laboratorios Bell y uno de los más fieros adversarios de ACC en la guerra de los TCAP. (AT&T afirma que el TCAP le pertenece.) Esta acción no solo trastocó por completo el funcionamiento normal de ACC en Nueva Jersey, sino que además dejó digitalmente huérfanos a 600.000 abonados de Northpoint DSL en California. Eso provocó una reclamación oficial a la Public Utilities Comisión (PUC) de California. El PUC dictaminó que la AT&T no podía interrumpir arbitrariamente el servicio y apropiarse ilícitamente de las líneas para uso propio. Esa es la parte buena. La parte mala fue que aunque la PUC estuvo absolutamente acertada con su resolución, como este ataque violento se había llevado a cabo bajo la ley de quiebras, el PUC no tenía autoridad para aplicar las sanciones, ya que Northpoint ya no existía y por tanto no había nadie a quien PUC pudiera obligar a seguir con la prestación de servicios.

La desconexión forzada trastocó a ACC, pero solo durante algún tiempo. Había surgido una nueva amenaza, la mafia de Nueva Jersey, que según parece eran los homólogos vivos de la serie de éxito de la HBO, *Los Soprano,* una saga de criminales que viven en Nueva Jersey y que retrata la vida de un jefecillo de la mafia y su banda.

El «negocio de la basura» era la tapadera de Tony Soprano, pero a Anthony Rotundo, de la familia DeCavalcante, que se supo que era un fan de la serie gracias a unas cintas piratas encontradas por el FBI —¡Vaya personajes! ¡Vaya interpretación!— aparentemente no le era tan fácil encontrar una tapadera y aparece nombrado en una condena federal RICO (Ley contra Organizaciones Corruptas) de finales de 1999, donde se le acusa a él y a 40 de sus socios de asesinato, conspiración, extorsión y juego ilegal.

ACC alega que la mafia del norte de Jersey cometió los crímenes siguientes contra ella: extorsión, timos financieros, recaudación de cheques sin fondos por valores que van entre 25.000 y 50.000 dólares, robos a gran escala de dinero y servicios por valores que van desde 25.000 a 120.000 dólares y robos a gran escala de ordenadores simplemente no pagando por ellos. La lista se amplió luego un tanto.

Yo contacté con Jack Shulam, jefe ejecutivo y director de tecnología de ACC, y le pregunté directamente si ACC había interpuesto denuncias criminales o civiles; el me respondió lo siguiente: «No voy a responder a esa pregunta». Lo que quería decir es que es mejor no comentar nada sobre los litigios, las pruebas y las investigaciones criminales una vez están en curso.

Jack Shulman también lanza una llamada a todos aquellos que piensan que la mafia es cosa del pasado. «La mafia no ha muerto; simplemente se ha vuelto mucho más lista. Hoy en día, trabajan ofreciendo protección a, bien, IBM y Merrill Lynch. En el pasado se dedicaban a la basura, al transporte y al espectáculo».

Eso es precisamente lo que nuestra búsqueda confirmó. La Mafia es en la actualidad altamente tecnológica y a perseguido el dinero hasta Wall Street, Internet (porno, juego, fraudes online, etcétera), la banca, el contrabando de armas, la transferencia ilegal de tecnologías, el contrabando de personas y mucho más; todo eso además de sus crímenes habituales.

La nueva Mafia se caracteriza por un enfoque corporativo discreto y por unas redes y conexiones globales interrelacionadas, la misma estructura que aterrorizó a las autoridades cuando empezaron a comprender la verdadera naturaleza del terrorismo internacional. Esta vez es mucho peor. La nueva Mafia compra y vende a funcionarios, y opera desde paraísos seguros distribuidos por todo el mundo.

En un artículo titulado «New Face of the Mafia in Sicily. Hifh Tech transformation —with global tentacles» (La nueva cara de la Mafia en Sicilia. Transformación tecnológica con tentáculos globales), que fue escrito originalmente para el *San Francisco Chronicle*, el 8 de enero de 2001, y reimprimido online en AmericanMafia.com, Frank Viviano describe el surgimiento de la nueva Mafia siciliana, que en Sicilia se llama la Cosa Nuova (la cosa nueva, la nueva organización). Dice que esta nueva Mafia, que surgió de las cenizas de la antigua, es tan inteligente económicamente hablando que aunque la economía oficial de Sicilia es tercermundista, de algún modo hay dinero suficiente para que haya un concesionario de coches en prácticamente cada manzana de algunos barrios de Palermo y consiguen que Sicilia vaya en cabeza en el consumo de determinadas exquisiteces gastronómicas.

Al señor Shulman le parece más pertinente y más inquietante que no se evitara que la Cosa Nuova se apropiara de la Universidad de Messina. El señor Viviano escribe: «El 18 de octubre, cientos de policías italianos protegidos con máscaras y con sus uniformes antidisturbios invadieron la Universidad de Mesina, una de las principales instituciones educativas del sur de Italia. Cuando el humo se disipó, 79 miembros académicos y de la plantilla habían sido formalmente acusados por pertenecer al crimen organizado. Se espera que el número aumente de forma significativa a medida que el caso se desvela».

Las investigaciones revelaron que los sobornos, la intimidación y el chantaje habían llevado a los arrestados a tragar, y que la mayoría pertenecían a los departamentos de tecnología y ciencia. El artículo sigue adelante y señala que el secuestro de prácticamente toda una universidad fue la consecuencia involuntaria de unas buenas intenciones y una mala situación económica. Las personas que solían dejar los estudios en el instituto, ahora tenían títulos universitarios. Y querían trabajos de alta tecnología en una región que llevaba mucho tiempo desprovista de ella.

Es excitante estar en ACC, con su hiper avanzada tecnología, los ataques de rivales comerciales gigantescos, la interferencia gubernamental tanto manifiesta como encubierta (para más informació, véanse las webbs de la Comp AmericaOnline.com: www.aliensci.com y www.roswell internet.com), los intentos de defraudar a la compañía con trabajaos realizados por esta, la Mafia, los piratas informáticos, un entorno mercantil duro y un jaleo que venía del pasado —los continuos ataques sobre el TCAP y la difamación de los ejecutivos de ACC, incluido Jack Shulman.

«En el supuesto de que seas una persona real y no uno de los alias de Shulman, deberías mirar [...] para encontrar información sobre el estrafalario Jack y el TCAP imaginario.—Newsboy» (un e-mail no solicitado enviado al escritor tras su visita a la web Comp AmericaOnline.com conocida como RoswellInternet.com).

Novena parte

Otras dimensiones

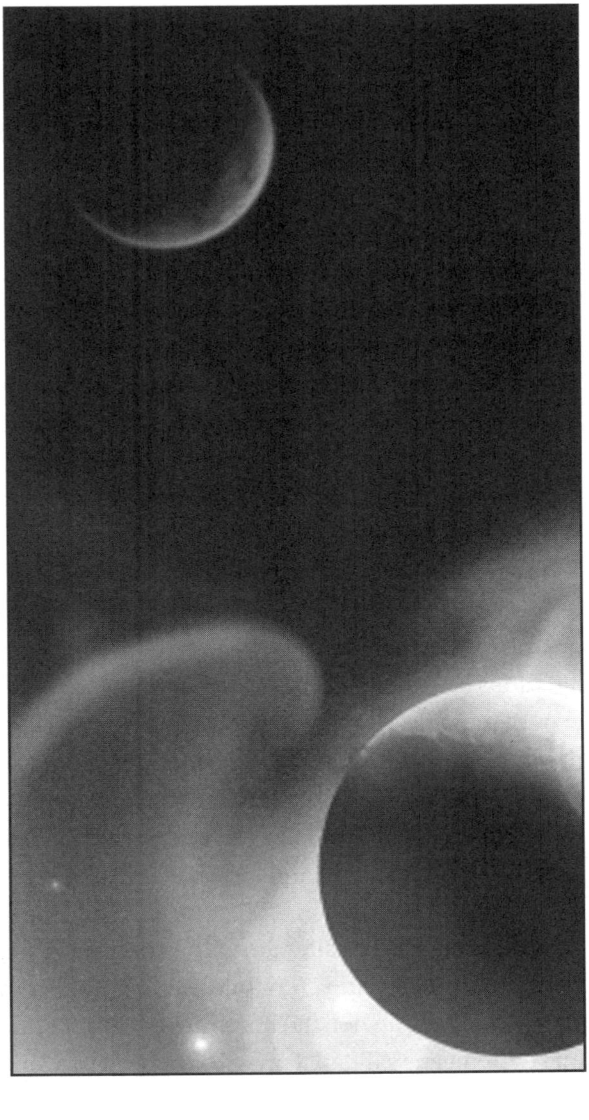

La idea de que existen un tiempo y un espacio absolutos debe ser reemplazada por una visión más real del Universo, que existe en un 'aquí' inmenso, en el que 'aquí' representa todo el tiempo y todo el espacio en un solo instante.

32 Estados alterados

Estudios recientes arrojan nueva información sobre la capacidad interior de la conciencia humana

Patrick Marsolek

Es posible que haya visto algún documental en el que aparece una persona en trance andando descalza con paso ligero por una alfombra de carbones al rojo vivo sin que le salga ninguna ampolla. O que haya oído hablar de personas hipnotizadas que no sienten ningún dolor cuando les clavan una aguja en el brazo; la persona hipnotizada puede incluso tener los ojos abiertos y estar observando el proceso. Es la clase de fenómenos que suelen asociarse con el trance y otros estados alterados de la conciencia.

Durante varios cientos de años, los pensadores occidentales han recelado de dichos estados. Pero esta visión podría estar cambiando. En la actualidad, los neurocientíficos, los físicos, los psicólogos y los psiquiatras, los médicos y los parapsicólogos están intentando comprender cómo funcionan este tipo de fenómenos y si tienen o no algún valor.

Un estado alterado de la conciencia (EAC) suele definirse como cualquier estado mental que sea percibido por un individuo, o por un observador, como significativamente distinto a un estado de conciencia despierto y normal. Estos estados alterados de conciencia pueden ir desde un estado de ensoñación corriente hasta experiencias de éxtasis místico o experiencias extracorpóreas sufridas por personas que han estado clínicamente muertas. Una persona puede saber si está en un estado alterado por cualquiera de los signos siguientes: alteraciones del pensamiento, pérdida de la noción del tiempo, pérdida de control, cambios en la expresión de las emociones, cambios en la imagen o sensación corporal y percepciones distorsionadas.

Todos los estados alterados de la conciencia son desviaciones de nuestra conciencia normal. Charles Tart, que escribió *Altered States of Consciousness* (Estados alterados de la conciencia) hace más de 30 años, sugería que esta conciencia normal debería en realidad llamarse «trance consciente». Y debería llamarse así porque nuestra forma de percibir la realidad es a partir de una serie de creencias y condicionamientos culturales. Cada vez que una creencia nos parece absoluta o inalterable estamos en trance. La forma «encantada» en la que vivimos podría explicar por qué nos cuesta tanto comprender el trance y los estados alterados de la conciencia. Tanto los partidarios como los escépticos están firmemente atrincherados en sus creencias. ¿Podemos entender estos estados alterados fuera de las creencias? Echemos un vistazo a diversas vías de investigación científica que reúnen lo que sabemos objetivamente acerca del cerebro y lo que sabemos subjetivamente a partir de nuestra propia experiencia.

Los neurólogos pensaban que todo aquello que vemos, oímos, sentimos y pensamos está creado o se consigue mediante la intervención del cerebro. Actualmente algunos están intentando descubrir los apuntalamientos neurológicos de las experiencias espirituales y místicas. El doctor Andrew Newberg ha estado confeccionando el mapa de los cerebros de las personas que meditan en estados místicos; lo ha hecho con indicadores radioactivos introducidos en el cerebro en momentos críticos, que luego fotografía. Señala que lo que realmente destacaba en las fotografías eran las zonas más tranquilas del cerebro: «Un grupo de neuronas en el lóbulo parietal superior, hacia la parte superior y posterior del cerebro, se habían puesto oscuras». Esta región, denominada zona de la asociación y la orientación, nos sitúa en el tiempo y en el espacio. Para funcionar necesita una aportación sensorial. En determinados estados alterados de la conciencia se calma, y no podemos distinguir entre nosotros y el mundo; percibimos que todo está conectado e interrelacionado.

Esta actividad, o falta de actividad, muestra que el funcionamiento del cerebro está relacionado con dichos estados. ¿Significa eso que la naturaleza de dichas experiencias es mecánica? No necesariamente. Imagine que fotografía su cerebro mientras se come una naranja. La actividad neurológica del cerebro, por grande que fuera, no conseguiría anular la realidad de la naranja. Newberg dice lo siguiente: «No hay forma de determinar si los cambios neurológicos que se asocian con las experiencias espirituales implican que el cerebro es el causante de dichas experiencias [...] o si lo que hace el cerebro es percibir una realidad espiritual».

En investigaciones afines, Michael Persinger, de la Universidad Laurentian de Canadá, utiliza un aparato para proyectar un campo magnético débil sobre la cabeza de la gente con el fin de influir en sus lóbulos temporales. Ello produce experiencias descritas como místicas, extracorpóreas o incluso apariciones. En un estudio realizado a una mujer que por la noche recibía la visita del «Espíritu Santo» se descubrió que la causa era un reloj que tenía en la mesita de noche. Los latidos «magnéticos» generados por el reloj (eran) parecidos a las estructuras que provocan ataques eléctricos en las ratas epilépticas y en los humanos sensibles». En otro experimento un periodista que había visto una aparición decía experimentar «ataques de miedo» y percibir una aparición visual, que según él se parecía mucho a la de la primera experiencia. Persinger sugiere que este tipo de experimentos pueden ayudar a los investigadores a comprender qué variables medioambientales dan lugar a los sucesos originales de este tipo de fenómenos.

En otro artículo demuestra aparentemente su teoría. Estableció una correlación entre varias experiencias atribuidas a Jesucristo y a María que se habían producido en Marmora, Ontario, en Canadá, y el lugar donde se encontraba una mina de magnetita que se había estado llenando de agua. Observó que los epicentros de los movimientos sísmicos locales también se habían desplazado y ahora estaban más cerca de la cantera. «La mayoría de mensajes atribuidos a seres espirituales por parte de individuos 'sensitivos' se produjeron uno o dos días después de que la actividad geomagnética aumentara», afirmaba. Este estudio parece ofrecer una explicación casual y no paranormal de algunas experiencias espirituales.

Algunos investigadores creen que cuando ciertas áreas del cerebro, como el área de la orientación, se calman, indican una regresión desde el funcionamiento máximo hasta un estado más primitivo, irreflexivo pero consciente. Laurence O. McKinney escribe que el estado de «percepción desinteresada sería experimentada como un estado de gracia por un religioso occidental, y como un samadhi o un satori por un hindú o un budista». Pero dice que este estado autoinducido es «de hecho un estado de conciencia inferior». McKinney cree que estas experiencias pueden ser positivas, que los «momentos de pérdida moderada del ego son instructivos, no destructivos, porque fueron hechos con un fin determinado [...]. Cada vez que repetimos algo que nos encanta hacer de forma reflexiva, aumentamos nuestras redes crecientes de energía asociativa». ¿Son esos estados una regresión hacia un funcionamiento más primitivo que es beneficioso solo porque está dirigido por un estado de conciencia superior del funcionamiento cognitivo normal?

El neurocientífico Rhawn Joseph cuestiona suposiciones como esta: «¿Por qué desarrollaría el sistema límbico neuronas especializadas o redes neurales [...] para experimentar o alucinar con espíritus, ángeles y las almas de los vivos y de los muertos si dichas entidades no tienen ningún fundamento en la realidad? Podemos oír porque existen sonidos que pueden ser percibidos y porque desarrollamos un tejido cerebral especializado que analiza dicha información. Primero fueron los sonidos y luego desarrollamos células nerviosas especializadas que podían analizar las vibraciones, y luego los sonidos. Asimismo, si no hubiera nada que contemplar visualmente no habríamos desarrollado los ojos o la corteza visual, que analiza esta información. Los estímulos visuales son anteriores a las neuronas, que se desarrollaron para procesar estos signos. ¿No deberían ser aplicables estos mismos principios evolutivos al sistema límbico y a la experiencia religiosa?».

La investigación sobre los epilépticos del neurocirujano Wilder Penfield mejoró significativamente nuestra comprensión de la relación existente entre el cerebro y la mente. Descubrió que dado que el cerebro no tiene receptores del dolor, podía estimular directamente el cerebro de un paciente consciente. Así por ejemplo, si estimulaba un punto, la persona movía el brazo, si estimulaba otro esta de repente percibía un olor a limón. Penfield dirigió gran cantidad de experimentos que demostraban que las distintas experiencias estaban localizadas en distintas áreas del cerebro. Descubrió que el contenido de la conciencia depende en gran medida de la actividad neuronal del cerebro, esta actividad «siempre se produce dentro de la radiancia dominante y envolvente de una mente autónoma». Su investigación no consiguió demostrar donde residía la mente dentro del cerebro. En un momento posterior de su carrera llegó a decir que aunque todos sus experimentos partían del supuesto de que el cerebro genera la mente, en realidad probaban exactamente lo contrario.

Les Fehmi, psicólogo e investigador neurofeedback de Princeton, también está estudiando el valor de la experiencia subjetiva, así como lo que sabemos de los mecanismos físicos que se producen en el cerebro. Promueve un enfoque abierto de conciencia indicado por las frecuencias alfa sincrónicas del cerebro. Primero

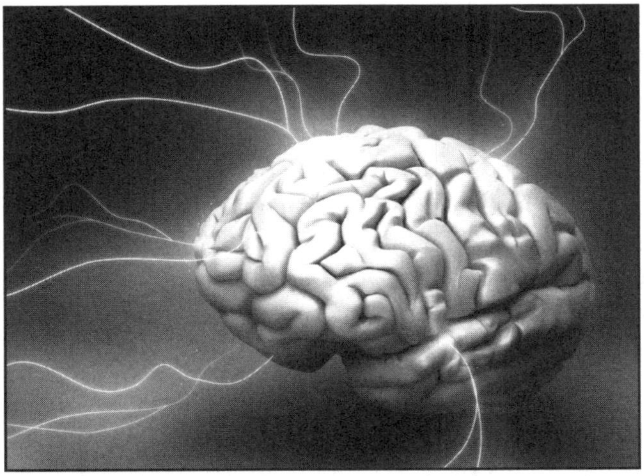

Los neurólogos pensaban que todo aquello que vemos, oímos, sentimos y pensamos está creado o se consigue mediante la intervención del cerebro. Actualmente algunos están intentando descubrir los apuntalamientos neurológicos de las experiencias espirituales y místicas.

experimentó con estas frecuencias alfa en su persona; lo intentó y fracasó. «En el instante de la rendición experimenté una sensación profunda e intensa de decepción. Por suerte, cuando me rendí todavía estaba conectado a mi EEG (electroencefalograma) y seguía recibiendo feedback. Fue sorprendente observar que entonces producía una cantidad 5 veces mayor de alfa que antes del acto de rendición». Tras aprender a abrir su enfoque y a crear las ondas alfa, «se sentía más abierto, ligero, libre, más enérgico y espontáneo. Surgió una perspectiva más amplia, que me permitía experimentar una comprensión más total y sutil. A medida que me dejaba ir, me sentía más unido a la experiencia sensorial, más intuitivo [...]».

Fehmi descubrió que imaginar el espacio era uno de los métodos para obligar al cerebro a dejar de comprender y avanzar hacia el enfoque abierto. Este estado se experimenta como «un vasto espacio tridimensional, la nada, el vacío, el silencio y la atemporalidad. El alcance de nuestra atención no solo se expande, sino que además se experimenta con una mayor absorción. Así, el trasfondo de nuestra experiencia es cosificado, captado como una sensación más pronunciada de la presencia, una conciencia unificada y centrada, una identificación con una vasta conciencia en la que todos los objetos flotan, como yo mismo». Esto recuerda mucho a los informes sobre meditaciones conseguidas mediante la relajación del área de orientación del cerebro. Puede intentar experimentar esta sensación de enfoque abierto ahora mismo si lo desea. Mientras lee, sea consciente del espacio que hay entre las letras de la página pero sin dejar de prestar atención a las palabras y al significado de dichas palabras. ¿Puede ser consciente también del espacio que hay entre su persona y el papel? ¿Es capaz al mismo tiempo de ser consciente de los sonidos que hay a su alrededor? Deje que todo eso le acompañe mientras presta atención a las palabras y al significado de las palabras que lee.

Fehmi cree que es importante nuestra forma de prestar atención. Si alguien tiene siempre un enfoque objetivo limitado, empezará a experimentar estrés, independientemente del contenido de su atención. El propio Fehmi tenía siempre un enfoque limitado; por eso sufrió una ruptura tan grande. Finalmente cedió y pasó a tener un enfoque abierto. Si consideramos el enfoque limitado que tiene nuestra sociedad nos será más fácil comprender el uso extendido de las drogas y la fascinación que despiertan la meditación y los estados espirituales de éxtasis. Dichos métodos nos ayudan a aliviar la tensión resultante del enfoque limitado en nuestro trance consensual.

El alivio que sentimos al alterar nuestra atención y nuestra conciencia es algo más que un sentimiento de bienestar. Está demostrado que el enfoque abierto de Fehmi, los trances hipnóticos y otros estados de éxtasis provocan la remisión de muchos síntomas relacionados con el estrés, el dolor crónico, el insomnio, e incluso los problemas de piel y de vista. Los resultados serán más espectaculares con aquellos que hayan tenido un enfoque extremadamente limitado. Con un poco de práctica, la mayoría de la gente puede experimentar cambios duraderos.

Aunque muchos de esos cambios son subjetivos y difíciles de medir, algunos estudios están demostrando que nuestra atención puede cambiar físicamente el cerebro. Susan Greenfield ha demostrado que el hipocampo de los taxistas londinenses aumenta en proporción con la duración de su empleo, posiblemente porque tiene que ver con su capacidad memorística. En otro estudio parecido observó que practicando ejercicios con cinco dedos en el piano durante cinco días, el área del cerebro relacionada con los dígitos mejoraba. El simple hecho de imaginar los movimientos produce un cambio análogo en el cerebro, un cambio físico que puede medirse, algo todavía más extraordinario.

Si podemos demostrar que la imaginación cambia la estructura del cerebro, resulta más creíble que un estado alterado pueda generar otros fenómenos paranormales. La capacidad de controlar el dolor y resistir las quemaduras de la que hacen gala las personas que andan sobre el fuego o que están hipnotizadas podría ser una capacidad natural, aunque rara vez utilizada, de la conexión cuerpo-mente. Los parapsicólogos Russell Targ y Jane Katra dicen que la interconexión demostrada en la física cuántica explica las capacidades psíquicas tales como la visión remota y la curación a distancia. Nuestra capacidad para controlar nuestro cerebro y nuestra mente nos pone en contacto con la experiencia y el fenómeno de la no separación. Eso es esencialmente lo mismo que los místicos han estado diciendo durante miles de años: que la separación entre la mente y el cuerpo, entre nosotros y los demás, incluso los fenómenos del espacio y el tiempo, son meras ilusiones. El entrenamiento realizado por Fehmi para conseguir un enfoque abierto, junto con la meditación y otras prácticas para alterar la conciencia podrían ser más poderosos tanto psicológica como fisiológicamente de lo que pensamos. Targ y Katra afirman lo siguiente: «La elección sobre dónde centramos nuestra atención es en última instancia nuestra forma de libertad más poderosa. Nuestra elección de la actitud y el enfoque influye no solo en nuestras percepciones y experiencias, sino también en las experiencias y los comportamientos de otros».

Si ha estado usando la atención para alterar su conciencia mientras leía este artículo, es posible que tenga una idea de lo fácil que es cambiar la conciencia. Su experiencia puede parecer completamente distinta al estado de trance de alguien que anda sobre el fuego o de un chamán, pero tiene mucho que ver. Es tan solo una cuestión de grado. Si es capaz de apreciar realmente el valor de estos estados moderados controlados, se mostrará más dispuesto a valorar otros estados que le son menos familiares, que resultan más alterados. Los chamanes y curanderos indígenas llevan milenios utilizando estos estados más extremos, para satisfacer necesidades sociales y personales perfectamente válidas. Incluso científicos como Edison y Einstein utilizaban su habilidad para deslizarse en un estado de trance natural para conseguir avances creativos. Einstein llegó a decir incluso que algunas de sus fórmulas no habían salido ni de la investigación ni de los cálculos, sino de «entidades psíquicas en forma de imágenes más o menos claras».

Muchas de las personas que meditan, de los pacientes hipnóticos y de las personas que practican el enfoque abierto y que utilizan estos estados alterados de la conciencia afirman que sienten que tienen un mayor control de sus vidas. La experiencia directa sacada de dichos estados les proporciona una flexibilidad que reduce la influencia que el trance consensuado tiene sobre su mente. Hace un siglo Williams James dijo: «La sensación mística de aumento, unión y emancipación no tiene un contenido intelectual específico por sí mismo [...]. Así pues, no tenemos derecho a invocar su prestigio tan claramente a favor de cualquier creencia especial». El trabajo de estos investigadores que se dedican a estudiar la mente y el cerebro nos está ayudando a entender sin la necesidad de creer; tanto el conocimiento fisiológico como el conocimiento psicológico que poseemos tienen su valor. Es liberador descubrir que no necesitamos ser creyentes o escépticos, sino que podemos explorar nuestros estados de conciencia con una mente más clara y flexible. Podemos disfrutar e incluso sorprendernos con lo que descubramos.

33 EN BUSCA DEL CAMPO UNIFICADOR

La autora Lynne McTaggart está buscando por todo el mundo los estudios más exóticos sobre el descubrimiento de una fuerza secreta

Cynthia Logan

La periodista de investigación Lynne McTaggart puede parecer un duendecillo (podría hacer sin problemas de Peter Pan y de Campanilla, o de Puck en *El sueño de una noche de verano),* pero no te dejes engañar por su sonrisa traviesa. Sus enormes ojos afables lo ven todo, incluso lo que otros no son capaces de ver. Su interés entusiasta por una serie de temas distintos, unido a su inteligencia innata, su determinación y su habilidad para transmitir información compleja de forma simple y clara, configuran un perfil profesional que le ha sido muy útil (y también a sus lectores). Y a ello hay que añadir que siempre está dispuesta a desempeñar un buen papel. En los años setenta, se hizo pasar por madre soltera para conseguir la historia de su primer libro, *The Baby Brokers: The Marketing of White Babies in America* (»Los traficantes de bebés: el comercio de bebés blancos en América»), que trataba sobre el mercado negro de la adopción en los Estados Unidos. «Dedique varios años a destapar redes internacionales de tráfico de bebés», dice de la «exclusiva» que habría intimidado a reporteros menos intrépidos. Su siguiente libro, *What Doctors Don´t Tell You* («Lo que los médicos no te cuentan»), hablaba de prácticas que las altas esferas de la medicina convencional preferiría que usted no conociera; y su última obra, *The Field: The Quest for the Secret Force of the Universe,* («El Campo: en busca de la fuerza secreta que mueve el Universo»), revela descubrimientos científicos revolucionarios que cambiarán su vida para siempre.

McTaggart, a la que le gusta escribir desde que tenía siete años, recuerda que Bob Woodward y Carl Bernstein, autores de *All the President's Men* (Todos los hombres del presidente) le impresionaron mucho por haber destapado el caso Watergate. «Yo era tan solo una adolescente y vi cómo acababan con un presidente; demostraron que la prensa tenía el poder y la obligación de investigar a fondo, de velar por los derechos humanos.» A McTaggart, nacida en Ridgewood, Nueva

Jersey, siempre le han gustado las buenas historias; se siente influenciada por autores como Tom Wolf y Joan Didion, que según ella combinan la narrativa con la literatura no novelesca, la investigación exhaustiva y el «reportaje por saturación». Estudió en la Medical School of Journalism de la Universidad Nortwestern y luego en el Bennington Collage, donde se especializó en literatura y aprovechó unos «períodos de trabajo» de nueve semanas que contaban como créditos. «Trabajaba como ayudante de redacción en la revista *Playboy* en una época en que esta publicaba buenas historias. Fue a principios de los años setenta, una época en la que había muchas historias sugerentes y rompedoras. Al año siguiente trabajé en el *Atlantic Monthly.* Fueron sin duda dos experiencias muy distintas. Después de graduarse, McTaggart fue directora editorial del sindicato del *Chicago Tribune/New York News* y colaboró en el *Saturday Review.* «Las historias relacionadas con temas de salud me irritaban mucho», afirma. «Me convertí en una detective holística.»

A mediados de los ochenta, después de trasladarse a Inglaterra, McTaggart enfermó misteriosamente y decidió poner en práctica sus habilidades detectivescas. «Fui desde la medicina convencional a la medicina alternativa, pero nadie conseguía que mejorara», recuerda. «Me di cuenta que debía investigar por mi cuenta y encontré la persona que podía ayudarme.» Estaba emocionada porque finalmente había dado con uno de los precursores de la medicina nutricional. «Trabajamos conjuntamente para curar mi dolencia» (la proliferación de *Candida albicans,* una dolencia actualmente mucho más conocida), afirma. Junto a su marido y socio, Bryan Hubbard, McTaggart empezó a publicar un boletín informativo llamado *What Doctors Don't Tell You* (el libro, *Lo que los médicos no nos dicen: los riesgos de la medicina moderna,* salió en 1999), que sigue funcionando y es muy famoso. «Está basado en la investigación», afirma. «Analizamos a fondo las publicaciones médicas; están llenas de historias increíbles que muestran que sus herramientas no funcionan.» También publicaron *PROOF!* («Pruebas»), que analiza las pruebas que sustentan la medicina alternativa. «Sometimos la medicina alternativa al mismo análisis que habíamos usado para la medicina convencional», dice. Dicho análisis incluía mandar productos «de marca» a laboratorios independientes para determinar si servían para lo que aseguraban que servían. «Parecemos una especie de enciclopedia de lo que funciona y de lo que no funciona», afirma McTaggart ante el aumento de subscripciones a su boletín informativo.

Mientras trabajaba, McTaggart «se topaba continuamente con estudios científicos sólidos que demostraban que métodos como la homeopatía, la acupuntura y la curación spiritual funcionaban». Ella, que creía en la medicina alternativa o complementaria, se preguntaba de dónde procedía la «energía sutil», y si existían cosas como los campos de energía humana. Se dijo que «si cosas como la homeopatía y la curación a distancia funcionaban, ponían en entredicho todo aquello que creemos acerca de la realidad. La desacreditadora que hay en mí no se sentía satisfecha». Así pues, puso todo su talento al servicio de la ciencia, consiguió que HarperCollins le diera «un adelantó sustancioso» («nos ayudó mucho que se vendiera en tres países antes de su publicación») y me dediqué a conocer y entrevistar a 50 científicos «fronterizos». «Empecé una búsqueda personal para averiguar si había algún trabajo fronterizo dentro de la ciencia que pudiese ofrecer una explicación. Viajé por todo el mundo, y me reuní con físicos y científicos importantes de los Estados Unidos, Rusia, Alemania, Francia, Inglaterra y América Central y del Sur. Sus teorías y experimentos apuntaban a una nueva ciencia, a un punto de vista radicalmente distinto del mundo.».

Asistió a reuniones y estudió revistas, digiriendo los conceptos (¡tuvo que leer y descifrar cientos de artículos y libros científicos!) y aprendiendo su lenguaje. «A la mayoría de científicos no les gusta vagar más allá de sus datos experimentales ni tampoco sintetizar», señala. «Avanzan pasito a pasito y a menudo les cuesta tener una visión de conjunto del asunto. Se comunican por medio de ecuaciones, el lenguaje de la física. Quería contar sus historias y meter la ciencia en ellas sin que se notara». *The Field: The Quest for the Secret Force of the Universe* constituye uno de los primeros intentos de sintetizar una serie de investigaciones dispares en un todo cohesivo. El conocido autor Wayne W. Dyer dice: «En él McTaggart presenta las pruebas irrefutables de lo que los maestros espirituales llevan diciéndonos durante siglos».

El «campo» al que se refiere es el campo del punto cero, un campo subatómico de energía cuántica que existe en lo que se ha considerado hasta la fecha un vacío, espacio vacío. (De hecho, los científicos ya conocían este factor «del campo del punto cero», pero habían sustraído esta energía cuántica adicional de los cálculos porque creían que no era importante.) Este es el «campo unificado» del que habla Deepak Chopra y se parece un poco, según McTaggart, «a 'la Fuerza' de *La Guerra de las Galaxias*». Consiste en los micromovimientos de todas las partículas del Universo, y es una fuente de energía vasta, inagotable y sobrecargada que se encuentra en el telón de fondo del espacio vacío que hay a nuestro alrededor. «Para que se haga una idea de la magnitud de esa fuerza», sugiere McTaggart (cuyas analogías prácticas y creativas proporcionan sólidos trampolines a lo largo de todo el libro), «la energía que hay en una sola yarda cúbica (unos 91 cm^3) de espacio 'vacío' sería suficiente para hacer hervir todos los océanos del mundo». Con una crisis energética de combustibles fósiles que nos amenaza, los científicos de las principales universidades, como Princeton y Stanford, y de muchas instituciones prestigiosas europeas, se han dado cuenta de que el campo del punto cero tiene una trascendencia enorme.

Los astrofísicos han llamado al campo del punto cero «almuerzo cósmico gratis». Si consiguen aprovechar esta fuente de energía ilimitada, podrían ser capaces de crear la propulsión WARP antigravedad y los coches funcionarían sin combustibles fósiles. Podríamos viajar más allá de nuestro sistema solar en un futuro previsible (tanto la NASA como el British Aerospace están investigando si es posible reciclar la energía en el espacio vacío). ¡Si incluso el niño malo de *Los increíbles* menciona la energía del punto cero!, señala McTaggart. Pero para ella lo más importante es que la existencia del campo del punto cero implica que toda la materia del Universo está interconectada mediante las ondas cuánticas, que se extienden a través del tiempo y el espacio y pueden seguir hasta el infinito, relacionando una parte cualquiera del Universo con cualquier otra parte del Universo. Como una telaraña invisible, el campo conecta todas las cosas del Universo. «La idea del campo quizás ofrezca una explicación científica a la creencia espiritual de que existe algo llamado fuerza vital.»

A ella esa posibilidad le resulta reconfortante: «Es como si, en el nivel más insignificante de la realidad, una memoria del Universo de todos los tiempos estuviera contenida en un espacio vacío con el que cada uno de nosotros está siempre

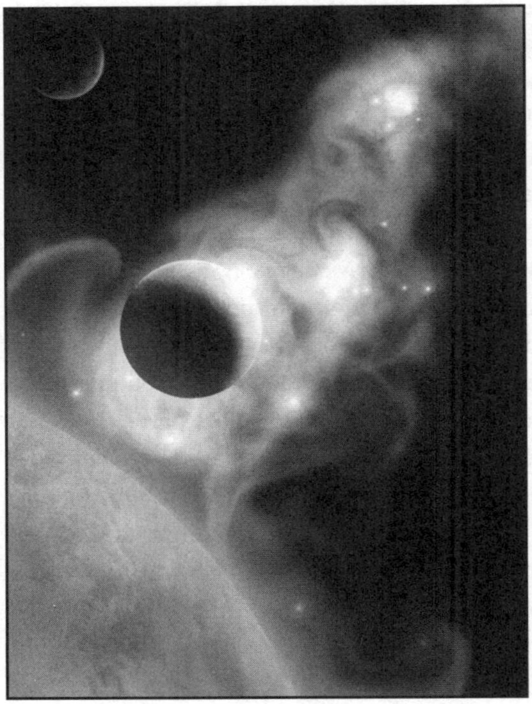

Los micromovimientos de todas las partículas del Universo son una fuente de energía vasta, inagotable y sobrecargada que se encuentra en el telón de fondo del espacio vacío que hay a nuestro alrededor.

en contacto», una visión mucho más reconfortante que el paradigma reduccionista y separatista que hemos heredado de la ciencia moderna establecida. Así pues, McTaggart se sintió relativamente reconfortada escribiendo *The Field*, pero todavía le quedaban algunos escollos que superar. «La idea que más me costó entender fue la noción de que este campo energético gigante opera fuera del espacio y del tiempo, y que los humanos pueden ejercer efectos sobre el mundo que les rodea fuera del espacio y del tiempo. Da la impresión de que dado que las partículas subatómicas pueden interactuar por todo el espacio y el tiempo, lo mismo podría hacer la materia que ellas componen. La idea de que existen un tiempo y un espacio absolutos debe ser reemplazada por una visión más real del Universo, que existe en un 'aquí' inmenso, en el que 'aquí' representa todo el tiempo y todo el espacio en un solo instante.».

McTaggart escribe: «En lo más elemental, no somos una reacción química, sino una carga energética. Todas las cosas vivas son una fusión de energía en un campo de energía [...] este campo energético palpitante es el motor central de nuestro ser y nuestra conciencia, el alfa y el omega de nuestra existencia». El campo es, dicho de otro modo, nuestro cerebro, nuestro corazón y nuestra memoria. Actualmente muchos científicos postulan que el cerebro humano se parece más a una radio que a un ordenador. Las propias investigaciones de McTaggart indican que «una carga de cuestiones medioambientales paralizan esa radio, atascando el mecanismo de recepción». Asimismo, señala la conexión existente entre la contaminación medioambiental y la pérdida de memoria. «Muchos pesticidas ejercen efectos negativos sobre el cerebro ...y existe una conexión importante entre el mercurio de los empastes de amalgama y el alzhéimer».

De entre todas las implicaciones físicas y metafísicas de estos descubrimientos múltiples, ninguno es tan excitante para McTaggart como el que sugiere cambios relacionados con la salud. Esa es, después de todo, su gran pasión. Así afirma: «Dentro de 50 años, la idea de utilizar medicamentos o la cirugía para curar a alguien nos parecerá una barbaridad». Opina que en vez de eso nos dedicaremos a manipular la energía cuántica de las personas, tal y como ya tratan de hacer una serie de investigadores que usan técnicas de lo más vanguardistas. En ese sentido cita a un grupo de médicos franceses que utilizan frecuencias moleculares para identificar patógenos y bacterias específicas, y a otro grupo que hay en Alemania que se dedica a medir las emisiones cuánticas para determinar la calidad de los alimentos.

La casa de McTaggart y Hubbard se encuentra cerca de Wimbledon; a McTaggart, que se autodescribe como «una persona relativamente deportista», le gusta montar en bicicleta y nadar. La pareja tiene dos hijas, Caitlin y Anya, y la familia está muy unida. «No trabajamos los fines de semana», afirma ella, «hacemos muchas cosas juntos». Toman alimentos orgánicos, integrales y no preparados, y a veces comida china para llevar; y (para los progenitores) un par de botellas de vino a la semana: «Creemos en el factor de la diversión», dice ella con una sonrisa. «Soy bastante estricta con el trigo; no entra en casa. Tomamos grandes cantidades de suplementos ya que está demostrado que los alimentos no son tan buenos, desde el punto de vista nutricional, como antes».

Recientemente, ella, Hubbard y su empresa, WDDTY, encabezaron el Health Freedom Movement, una organización sin ánimo de lucro dedicada a luchar contra las leyes europeas e internacionales que amenazan nuestra libertad de optar por la medicina natural. Al igual que la familia real, han optado por la homeopatía y la acupuntura para prevenir la salud. «Las terapias alternativas están vivas y prosperando en Inglaterra», afirma McTaggart, cuyo dentista no solo evita los empastes tóxicos a base de mercurio, sino que además comprende el sistema de meridianos chinos y la relación que tienen los dientes con este sistema. «En este país te puedes permitir ser un excéntrico; dispongo de una red increíble de médicos alternativos». Según McTaggart, actualmente en Inglaterra hay más personas que acuden a médicos alternativos que a médicos convencionales, y más de una tercera parte de los ciudadanos utilizan productos de limpieza no tóxicos en sus casas. «El sistema de salud británico está en quiebra porque todo el mundo cree que debería ser gratuito», señala. «Es fantástico que todos tengan asistencia médica, pero las listas de espera son larguísimas».

En cambio, a McTaggart le animan las largas colas que se formaron para ver la película independiente *What the Bleep Do We Know?* (¿Y tú que sabes?) allí donde se estrenaba; para ella es otro indicio más del cambio positivo que se ha producido en la conciencia colectiva. La película hace que los espectadores se enfrenten cara a cara con las implicaciones y las posibilidades de la física cuántica, y ofrece entrevistas con expertos y científicos destacados, justo la clase de cosas que le gustaría ver más a menudo.

34 LA CONEXIÓN MENTE-MATERIA

¿Apareció finalmente la prueba científica tan largamente buscada el 11 de septiembre de 2001?

John Kettler

Los metafísicos, los ocultistas y muchos teólogos llevan mucho tiempo sosteniendo que el pensamiento simple no existe: que un pensamiento es una cosa y ejerce un poder real, visión que algunos físicos están empezando a adoptar también. Así pues, en los círculos esotéricos y teológicos encontramos infinitas advertencias contra los pensamientos imprudentes, los pensamientos mal dirigidos y los pensamientos deliberadamente incorrectos. Vemos que las disciplinas y las prácticas están pensadas para en primer lugar centrar al individuo, despejar la mente y poder centrarse en el pensamiento deseado o incluso en la contemplación del vacío, un estado sin pensamiento en el que se tiene la mente completamente en blanco y tranquila.

En el extremo opuesto del espectro encontramos la mente colectiva enormemente agitada y excitada, una mente que está cualquier cosa menos centrada y en paz. Es esta mente, ya sea creada de forma artificial o dándose de forma natural, la que importa a los políticos, los propagandistas, las agencias de publicidad, las empresas de relaciones públicas, los estafadores y los profesionales de la salud mental de cualquier clase y calaña ética, por no mencionar una serie de operativos encubiertos que informan a todo tipo de gobiernos, grupos e individuos. Sorprendentemente, también se ha convertido en un campo inesperadamente fructífero para la investigación de fenómenos paranormales en poblaciones masificadas.

¿Cómo? Para responder esta pregunta, primero tenemos que profundizar un poco en la forma en que las investigaciones de fenómenos paranormales eran conducidas hace tiempo y en el camino que han seguido desde entonces.

LOS NÚMEROS ALEATORIOS Y LOS FENÓMENOS PARANORMALES

La gran búsqueda de la investigación de fenómenos paranormales —pruebas documentadas y repetibles de los fenómenos— pasa por construir y conducir primero un experimento tan irrefutable en todos y cada uno de los aspectos que permita excluir cualquier otra fuente de error potencial, accidental o de cualquier otro tipo. Con esa finalidad, se ha producido un esfuerzo progresivo por desarrollar un generador realmente aleatorio de acontecimientos, acontecimientos que luego pueden analizarse por medios estadísticos rigurosos en busca de indicios sobre fenómenos paranormales.

Los primeros trabajos, realizados por pioneros como J. B. Rhine de la Universidad Duke en los años veinte, se basaban en prácticas manuales como la de echar una moneda al aire o sacar una carta, procesos que más adelante se automatizaron y en última instancia se informatizaron. Ese trabajo condujo asimismo al desarrollo de las cartas de Zener, las que llevan las conocidas estrellas y cruces y demás, que se usan para tratar de «enviar» telepáticamente una imagen mental clara e intensa a la persona que actúa como «unidad receptora» telepática.

Pero con la llegada de los ordenadores todo cambió, ya que aumentó enormemente la velocidad y el número de pruebas que podían realizarse, así como el ritmo al que se podían analizar las pilas resultantes de datos mediante métodos estadísticos. Los propios ordenadores se usaban como generadores de números aleatorios (RNGs), pero pronto se descubrió que la «semilla» numérica usada para teclear la secuencia RNG influía en la aleatoriedad de los números que se generaban. Esto llevó a la búsqueda de fenómenos realmente aleatorios, que pudieran ser utilizados para el trabajo meticuloso planteado; uno de esos fenómenos resultó ser la desintegración radioactiva.

Hace años, la televisión pública *Nova* emitió un programa sobre fenómenos paranormales en el que un RNG accionado mediante esa desintegración se usaba para determinar la dirección de una luz que formaba parte de un círculo de luces apagadas. El índice de desintegración del material se conocía, pero el instante preciso de una desintegración determinada no, y era este momento desconocido el que se usaba para «conducir» la luz aleatoriamente alrededor del círculo en la dirección de las agujas del reloj o en dirección contraria. La tarea del sujeto que realizaba el experimento era hacer que la luz obedeciera su voluntad, hacer que se moviera en la dirección que el científico que realizaba el experimento había ordenado. Sorprendentemente, el sujeto hacía justo eso, conseguía que la luz se moviera según su voluntad en la dirección especificada durante un rato.

Los materiales radioactivos tienen desventajas administrativas, legales y de seguridad inherentes, de modo que recientemente se ha producido una migración hacia los RNGs especializados y protegidos electromagnéticamente, que utilizan distintos tipos de acontecimientos exóticos (el ruido de un resistor y las perforaciones cuánticas) como desencadenantes para generar los números aleatorios. Hay unos cincuenta aparatos como este en funcionamiento (unos pocos más o menos dependiendo del mantenimiento del ordenador) en todo el mundo destinados a la investigación científica y patrocinados por el Global Consciousness Project (GCP) de Internet, y su rendimiento está bajo el escrutinio más minucioso de todos los tiempos. Teóricamente, si funcionan correctamente y no han sido manipulados, son inmunes a la intervención humana y a otros tipos de intervención, pero varios incidentes globales traumáticos podrían haber demostrado lo que varias generaciones de investigadores individuales no podrían haber conseguido en sus laboratorios: la influencia de la mente colectiva sobre el mundo real.

En esta influencia, correctamente entendida, yace la esencia misma de la metafísica, la magia ritual (distinta a la magia teatral) y la oración —utilizando tan solo la energía del pensamiento para influir en esta realidad terrenal. Entre en la página del investigador Dean Radin del Institute of Noetic Sciences (del ex astronauta Edgar Mitchell), en Petaluma, California, y en su sorprendente artículo *Exploring Relationships Between Physical Events and Mass Human Attention: Asking for Whom the Bell Tolls*» («Análisis de las relaciones existentes entre los acontecimientos físicos y la atención colectiva humana: pregunta por quién doblan las campanas»), publicado en el *Journal of Scientific Exploration,** que podría perfectamente proporcionar la prueba que tanto tiempo llevamos buscando para demostrar los fenómenos paranormales.

¡CUANDO LOS RNG SE INCLINARON!

El artículo de Dean Radin no fue sino el último de una serie en curso de estudios sobre la conexión existente entre la mente y la materia; los primeros trabajos estaban dedicados a investigar los efectos antes, durante y después de «grupos de acontecimientos muy coherentes o centrados» para ver el rendimiento de los «generadores de números realmente aleatorios» (RNG) y basados en el ruido electrónico».

---

* *Journal of Scientific Exploration* 16, nº 4 (invierno de 2003): 533-47.

Su conclusión pueden sobresaltar: «Los resultados de estos estudios sugieren en general que la mente y la materia están entrelazadas de algún modo fundamental, y en particular que la mente colectiva centrada está asociada a fluctuaciones negentrópicas (antialeatorias) en los torrentes de datos realmente aleatorios». Dicho de otro modo, la mente colectiva centrada aparentemente influye en la aleatoriedad misma del rendimiento del RNG, algo teóricamente imposible dados su diseño y su aplicación.

No puedo imaginar un ejemplo mejor para analizar esta premisa que lo que aconteció en los Estados Unidos de América y el resto del mundo el 11 de septiembre de 2001 (gente perdida de unos 70 países cuando el World Trade Center recibió dos impactos y se desplomaron rápidamente), que no fue más que parte del horror de un día que vio miles de muertes traumáticas y escenas terriblemente devastadoras que fueron emitidas por televisión en todo el mundo casi instantáneamente. La hipótesis de Dean Radin era que una catástrofe así influiría en el flujo de datos del RNG y estaba en lo cierto. Su análisis y su investigación meticulosa demuestran que el 11 de septiembre de 2001 constituyó el mayor episodio negentrópico ocurrido en todo el año 2001. Es más, no ocurrió en unos pocos RNGs aislados, sino que fue grabado por toda la red, que es global (se detectó un grupo de RNGs que estaban funcionando mal). Tan solo se analizaron los RNGs que operaban dentro de los parámetros correctos. Para ser aceptado, cada aparato fue sometido a una serie de análisis agotadores, incluido un test de calibración que consistía en «un millón de pruebas de 200 bits».

Una cosa es afirmar o reivindicar que el 11 de septiembre de 2001 se produjo la mayor fluctuación negentrópica medida por el Global Consciousness Project de todo el año 2001, y otra muy distinta, con buena parte de las pruebas dependiendo de una gama de exámenes estadísticos meticulosos, decir que el acontecimiento *causó* el resultado observado; y es que pueden intervenir otros factores. ¿Escogió el investigador, pongamos por caso, una velocidad que hizo que los datos se mostraran de forma anómala a causa de dicha condición en concreto? Dean Radin abordó esta cuestión probando todo tipo de velocidades. ¿Fue un producto del procedimiento de muestreo? Volvió a realizar las pruebas usando una serie de métodos de muestreo, pero los resultados fueron los mismos. Lo mismo sucedió cuando intentó averiguar si las condiciones medioambientales inusuales, las condiciones diurnas (el día y la noche, con sus implicaciones en relación con las interferencias electrónicas), o incluso el uso de teléfonos móviles, podrían estar alterando sus datos. No encontró nada que justificara la desviación claramente marcada con respecto a la norma estadística en el comportamiento de los RNGs de la red GCP.

Para asegurarse de que no se estaba autoengañando al utilizar información obtenida después del acontecimiento, luego realizó múltiples listas, día a día, de acontecimientos comunicados durante el año 2001 por varias agencias informativas, anotando la cobertura que recibía cada acontecimiento. Con toda esta información adicional, volvió a aplicar el mismo enfoque estadístico a otros acontecimientos de atención colectiva, tales como el funeral de la princesa Diana, y descubrió que el resultado pronosticado coincidía con el resultado observado. Dicho de otro modo, los acontecimientos distintos al del 11-S que captaron la atención general generaron también fluctuaciones negentrópicas en la red de RNG, aunque de grado menor.

Contrariamente a lo que algunos puedan pensar, las investigaciones científicas no siempre consiguen responder inmediatamente las preguntas planteadas. De hecho, aunque sabemos producir y distribuir la electricidad, seguimos sin comprenderla realmente tras siglos de estudio. La situación de Dean Radin se parece en cuanto que cree haber encontrado una anomalía que parece ajustarse a su hipótesis sobre la mente y la materia. Ahora debe volver con sus colegas investigadores con los resultados obtenidos y realizar nuevas pruebas, para poder excluir realmente la casualidad o los peculiares efectos de algunas elecciones analíticas poco conocidas. Mientras lo hace, podemos permitirnos el lujo de dar un salto adelante y sopesar las implicaciones de lo que parece ser un descubrimiento realmente asombroso.

A un nivel muy profundo, la humanidad siempre ha actuado como si existiera un vínculo entre la mente y la materia, un hecho confirmado por rituales que datan de los albores de la historia y por las vigilias a la luz de las velas que se mantendrán esta noche en algún lugar del mundo. A veces tomamos la calle organizando motines y otras veces formamos piquetes pacíficamente, defendiendo públicamente nuestras creencias más preciadas. Nos juntamos en causas comunes tanto en lugares naturales como en estructuras hechas por el hombre mientras luchamos contra el lugar que ocupamos dentro del diseño divino, para rendir culto, conseguir consuelo y pedir lo que necesitamos o para centrar nuestra atención en metas individuales y colectivas. Disponemos incluso de grupos de oración en Internet que dan la vuelta al mundo entero.

Quizás ha llegado el momento de aprovechar el poder de la mente colectiva para el bien de todos.

35 LAS GRANDES IDEAS DEL DOCTOR QUANTUM

Fred Alan Wolf busca respuestas concretas a preguntas efímeras

Cynthia Logan

Entra en Google, teclea el nombre de «Fred Alan Wolf» y te encontrarás con la cifra semi astronómica de 2.410.000 resultados en 0,24 segundos, una cifra muy apropiada para este físico teórico que aparecía en la película independiente *What the Bleep Do We Know?* y que se denomina a sí mismo «Doctor Quantum». Wolf, que también escribe y da conferencias, se doctoró por UCLA en 1963 y se ha hecho famoso por simplificar la ciencia, explicando los conceptos complejos en términos comprensibles para todo el mundo. Su libro *Taking the Quantum Leap* (Dando el salto cuántico) ganó el Nacional Book Award (1982) y sigue vendiéndose prácticamente igual de bien que cuando se publicó por primera vez («mi libro, siento decirlo, es probablemente uno de los mejores libros que se han publicado; es especialmente bueno para las personas que están abiertas a su parte mística o consciente». La American Library Association lo considera uno de los mejores libros de todos los tiempos —*de todos los tiempos*— escritos sobre la ciencia). Wolf ha escrito también *Parallel Universes, The Dreaming Universe, La búsqueda del Águika (The Eagle's Quest), The Spiritual Universe, Mind into Matter, Matter into Feeling* y *El yoga del viaje en el tiempo (The Yoga of Time Travel: How the Mind Can Defeat Time)*. Su último libro es *Dr. Quantum's Little Book of Big Ideas.*

Wolf ha dado clases en la Universidad Estatal de San Diego, en varias universidades de París y de Londres, en la Hebrew University de Jerusalén, en el Birkbeck College y en el Hahn-Meitner Institute for Nuclear Physics de Berlín, y es conocido entre los académicos por sus articulos especializados. Actualmente está muy solicitado como conferenciante, para dar discursos de inauguración y como asesor, tanto por las industrias como por los medios de comunicación. Además de hacer una aparición memorable en *What the Bleep!?* (¿recuerda a un tipo ligeramente calvo y muy elocuaz, que llevaba gafas y una cuidada barba gris?), Wolf ha aparecido como médico residente en *The Know Zone,* del Discovery Channel, y en programas de entrevistas de radio y televisión, tanto en los Estados Unidos como en el extranjero.

Wolf, que se autodefine como «un introvertido haciendo de extrovertido», ha actuado como mago tanto en un escenario como «en primer plano», y también ha tocado la armónica delante de un auditorio. «Una parte de mí es en gran medida un artista», admite. Esto es así incluso en medios de comunicación como la radio, donde transmite su mensaje enérgico con puntos de inflexión que, aunque a veces resultan molestos, transmiten sus ideas de forma enfática y efectiva. La noción (una palabra que usa con frecuencia) de crear un personaje memorable que ayudara a la gente a comprender la complejidad de la física teórica se le ocurrió a principios de los ochenta, cuando Wolf y un primo suyo descubrieron al «Capitán Quantum», un personaje que iba a las conferencias ataviado con una capa. La revista *Future* creó un personaje de historieta que era Wolf caracterizado de capitán. Luego, cuando apareció *The Bleep,* el productor también quiso usarlo. El apodo, sin embargo, ya era la marca registrada de un juego de mesa, así que lo cambiamos por el de 'Dr. Quantum'», dice Wolf, que es copropietario de este nuevo nombre junto con los productores de la película. En la versión ampliada de la película *Bleep, Down the Rabbit Hole,* el doctor Quantum se dedica a viajar «haciendo cosas propias de los dibujos animados». Según Wolf, la segunda versión dura 45 minutos más que su antecesora. Así revela: «El argumento es el mismo y no se añadieron escenas nuevas. Lo que dicen algunos de los que intervienen se ha puesto al día y se han añadido otros oradores».

El tema central de la película es la idea de que nosotros creamos nuestra propia realidad a través de la conciencia y de la mecánica cuántica, un tema que Wolf respalda con una advertencia: «El pensamiento '*new age*' según el que 'todo lo que me ocurre lo he atraído yo hacia mí' es engañoso y de algún modo desafortunado, porque hay mucho más que eso. Va más allá del 'mantra motivador del que habla' (tienes que levantarte y hacer lo que tengas que hacer), que no tiene importancia en relación con el mensaje más profundo. Yo intento enseñar un conocimiento muy profundo de la física cuántica». Sus últimos pensamientos, recopilados en un CD que se incluye en *Dr. Quantum Presents: A User's Guide to Your Universe,* aborda los aspectos básicos de la mecánica cuántica, la naturaleza y el papel de la conciencia, la posibilidad de que existan universos paralelos, el reino de lo imaginario, la posibilidad de viajar en el tiempo por el espacio, y el sexo, la magia y el mundo chamánico, entre otros temas.

Wolf cree que el éxito de la película es el resultado de un cambio de actitud por parte del país hacia una posición intermedia. «No le parecería atractiva ni a la extrema derecha ni a la extrema izquierda», señala, y añade que «el hecho de ser de

Midwest (llanuras del Medio Oeste de EE.UU.) puede haber contribuido a mi propia tendencia de ver las cosas desde un punto intermedio». Pasó su infancia en Chicago y cuando tenía unos 10 años vio unas imágenes sobre la primera explosión atómica del mundo en el cine, en una sesión de tarde; allí nació su fascinación por la física. Estuvo muy metido en el deporte hasta que dejó el instituto, pero luego se dedicó a estudiar matemáticas y física en la Universidad de Illinois para más tarde ir a UCLA, donde, como ya hemos mencionado, se doctoró,

Hizo un máster con Richard Feynman, ganador de un premio Nobel, y conversó con uno de los padres de la física moderna, Werner Heisenberg (ganador del premio Nobel por su formulación del Principio de Indeterminación). Actualmente Wolf está investigando un modelo de conciencia que estudia la naturaleza de la observación. ¿Son mejores observadores algunos individuos que otros? Esta «teoría para medir la debilidad» relativamente nueva también encaja en el marco de la física cuántica, pero indica que nosotros podemos decidir qué es una observación y si es fuerte o débil. Según Wolf, las observaciones débiles acaban dándonos unos resultados que están influidos por lo que se medirá en el futuro; dicho de otro modo, las mediciones futuras parecen ejercer un efecto sobre las observaciones presentes.

Trabajando con fórmulas matemáticas en cuestiones como esta desde su casa de San Francisco, Wolf considera la relación existente entre la conciencia humana, la psicología, la fisiología, lo místico y lo espiritual. Menciona los diálogos mantenidos en la Antigüedad, y explica que entonces no existía separación entre la filosofía, la religión y la espiritualidad. Así sostiene: «Los griegos hablaban de la Tierra, el Aire, el Fuego y el Agua. También hablaban de la Quintaesencia ('la quinta esencia'), a la que llamaban *Physis,* que era el aspecto espiritual de todas las cosas y que es el término del que proviene la palabra *física.* Así pues, me parece que en nuestro estado actual de conciencia, podría construirse esta clase de puente, y podría ser bastante firme».

Wolf trata de construir y pasar por ese puente, y le gusta hacer que resulte simple y concreto. Es muy sencillo y terrenal (para mí un diamante de 24 quilates no tiene ningún valor. No me lo puedo comer, y ni siquiera me puedo limpiar el trasero con él), pero cree que el mundo físico tiene una base espiritual («las cosas cambian como consecuencia de la observación; ello nos lleva a preguntarnos qué entendemos por observar [...] y qué es la mente. En cuanto te metes en la mente, no puedes quedarte en el mundo físico, porque la mente no es el cerebro»). Las únicas respuestas que ha encontrado relacionadas con lo que ha descubierto en el campo de la física cuántica se encuentran en la literatura de los antiguos místicos, de gran riqueza. «No encuentro nada en la literatura de los místicos modernos; son excesivamente complejos y sus ideas parten de las ideas básicas que encuentro en la física cuántica. Los nuevos tipos se dedican a contar sus propias historias y no las relacionan con la ciencia». Por otro lado, señala la multitud de obras literarias nuevas escritas por «pensadores científicos y filósofos enormemente inteligentes que hacen circular la idea de que quizás la respuesta sea que en realidad no lo sabemos». Así dice: «consiste en que tenemos una ciencia que ha introducido una noción completamente nueva de lo que es nuestro mundo, y no hay forma de eludir la cuestión de que la observación influye en la realidad. No es algo mecánico [...] es algo mágico, y tiene algo de temor reverencial y de asombroso. Omitir esto es omitir parte del temor reverencial y del asombro que implica estar vivo».

Wolf vive la vida a tope (disfruta de sus sentidos tanto cuando está despierto como cuando está en un estado de ensoñación lúcida, y ha realizado el famoso acto de «andar por el fuego»), pero opina que todas las tradiciones espirituales en el fondo tienen la noción básica (de nuevo la palabra con N) de que esa realidad es ilusoria. La solución está en despertar del sueño en el que nos encontramos. Hay «gente que piensa que podemos llegar al quinto pino cósmico a través del Nirvana», pero Wolf no lo ve de ese modo. Pero en lugar de exponer en profundidad sus creencias (que no sabe es, al fin y al cabo, lo más que llega a decir), declara de manera sucinta: «La religión es una especie de recipiente que puede contener un elixir espiritual, pero que en la mayoría de casos no es más que un frasquito vacío».

En su opinión, la mayoría de la gente no recibe la experiencia espiritual estimulante que se supone que debe proporcionarles la religión. Su propia definición de una experiencia espiritual es parecida al fenómeno «¡ajá!», ese fogonazo repentino de iluminación. «He tenido muchos despertares de ese tipo. Muchos de ellos han tenido lugar durante mis viajes a otras partes del mundo. Una vez, en un templo budista en la India, tuve un despertar espiritual, lo crea o no, cuando una mosca se posó en mi pie. Mientras los budistas estaban salmodiando, de repente una mosca se posó en mi pie. Sentí como si mi conciencia y la de la mosca se hubieran convertido en una sola. Cuando bajé la mirada para ver dónde estaban salmodiando los budistas, vi un sinfín de monjes budistas regresando al principio de los días. Era como mirar a través de un espejo infinito y ocurrió todo en un abrir y cerrar de ojos; fue muy conmovedor».

Wolf tenía una estrecha relación con el difunto David Bohm, que era físico: «Cuando trabajaba en el Birkbeck College de Londres, mi despacho estaba al lado del de Bohm. Un buen día entró y me dijo que quería charlar y eso significaba básicamente que él hablaba y tú tenías que escuchar. Después de sufrir un ataque al corazón cambió por completo. Unos seis meses antes de que muriera, parecía tener una cualidad mística; había estado practicando la rendición, algo que todos debemos hacer antes de morir». Según Wolf, muchos científicos experimentan un despertar espiritual cuando alguien cercano a ellos muere. «De repente comprenden en qué consiste la vida, y empiezan a ver que el hecho de vivir para siempre no es más que una ilusión; aceptan que se les lleven los demonios cuando piensan que todo lo que hay ahí fuera es un universo pecaminoso y ateo, hecho de leyes y caos».

La muerte es algo en lo que el propio Wolf ha tenido que pensar ya que tanto su hijo como su madre murieron con tan solo seis meses de diferencia. Piensa que podría ser un retorno a lo que el llama el «Gran Elefante». «Es gracioso, la espiritualidad es como meter un elefante en una habitación, una cosa enorme que nadie es capaz de ver. El elefante es tu esencia espiritual, tu yo esencial. Es distinto a tu ego, o de la persona con la que te identificas en cuerpo y conciencia mental. Esta otra forma de conciencia en realidad puede estar dirigiendo el espectáculo, y no tenemos ni idea de quién o qué es. Las pruebas parecen apuntar a la conclusión de que solo existe un verdadero observador en todo el Universo. Y la muerte parece ser un retorno a este observador único, al que puedes llamar Dios, el alma del Universo o simplemente el Gran Kahuna, me da lo mismo. Pero eso es lo que parece que sucede».

A pesar de toda la muerte y la destrucción que asola al mundo, Wolf cree que la situación está mejorando. En su opinión, la gente es excesivamente pesimista. «Las cosas han mejorado, aunque los miedos han empeorado. Creo que buena parte de la mejora se debe a nuestra administración sensata del dinero y el comercio; creo que estamos avanzando en la dirección correcta. Debemos derrumbar las barreras comerciales —no sé si eso es una idea republicana o demócrata. Estamos avanzando hacia una sociedad internacional y creo que eso es bueno».

Ha viajada mucho y nota cambios radicales y positivos tanto en la India como en México. Su libro *The Spiritual Universe* ha sido traducido en dos dialectos chinos y ha sido bien recibido en ese enorme mercado emergente. Sin embargo, no todo el mundo valora su opinión acerca del mundo.

En ese sentido me viene a la mente Michael Shermer, un columnista que trabaja para el *Scientific American* y un crítico profesional: «Me gusta como persona, aunque no está de acuerdo con nada de lo que digo». En un ensayo titulado «Quantum Quackery», Shermer se mete con *What the Bleep Do We Know?* con sentido del humor y espíritu vengativo. Así escribió: «En la película aparecen unos científicos *new age* cuyas citas jugosas y cargadas de jerga constituyen poco más de lo que Murria Gell-Mann, ganador del premio Nobel y físico del California Institute of Technology, describió en una ocasión como 'una chorrada cuántica'».

Wolf nos invita a madurar esta idea: «Creo que es interesante hablar con los escépticos». Él y Amit Goswami, físico cuántico de la Universidad de Oregón, están de acuerdo en la mayoría de puntos, pero tienen sus diferencias. Wolf señala asimismo que la mayoría de científicos tienen «problemas de lenguaje» (Candace Pert, a quien se atribuye el descubrimiento del receptor narcótico del cerebro y autora de *Molecules of Emotion* («Moléculas de emoción»), bromea diciendo que los científicos usarían antes el cepillo de dientes de otro que su terminología). Wolf afirma: «Preferimos querernos a nosotros mismos y nuestras propias ideas en lugar de querer las de otro. Lo hacemos todos; no puedes ser un verdadero científico y no hacerlo». Wolf entiende perfectamente a los que le critican, pero además los acepta. «Creo que muchas de las cosas que digo deberían ser consideradas con escepticismo. No pretendo poseer la verdad absoluta, me limito a expresar ideas, intentando ser todo lo claro que puedo». Y esté o no de acuerdo con su «matriz de posibilidad», el Dr Quantum ofrece mucho material de reflexión; y una cosa está clara: no es ni soso ni aburrido.

DÉCIMA PARTE

EL FUTURO

Todo cambio tiene lugar a través de un episodio dramático.

36 Análisis más profundos de la grieta del huevo cósmico

El nuevo libro de Joseph Chilton Pearce investiga la biología de la trascendencia

Cynthia Logan

¿Piensa que los vendedores de telemárketing son molestos? Dichos vendedores (y no digamos ya las llamadas informatizadas) pueden sacar de sus casillas al más educado de nosotros, pero no son nada comparadas con lo que tuvo que soportar una familia hace 50 años. La mujer de la casa se despertó a media noche porque alguien estaba golpeando insistentemente la puerta; finalmente abrió y se encontró con el ahora famoso Joseph Chilton Pearce (*The Crack in the Cosmic Egg, Magical Chile, Evolution's End)* plantado frente a su puerta. Pearce iba de puerta en puerta vendiendo artículos de plata, y, alentado por un estado que él denomina «comportamiento anticonflictivo», sentía un poder del que, según él mismo admite, se aprovechaba.

Una madre furiosa, una hija somnolienta y un padre desconcertado se reunieron alrededor de la mesa del comedor, donde había una serie de magníficas piezas de plata; entonces Pearce notó que la adrenalina se le disparaba, seguro de que iba a vender algo. Pearce recuerda: «A medida que la mujer se iba encolerizando y gritaba a su marido «¡echa a esta rata miserable!», me embargó el regocijo y la excitación y empecé a reír hasta que se me saltaron las lágrimas. Cuanto más me reía, más se enfadaba la madre y más perplejos estaban los otros dos; cuanto más perdían el control, más vulnerables se volvían». ¡Pearce salió de la casa cogido del brazo de los progenitores, que le imploraban que volviera a visitarles otro día, con un largo pedido y un pago hecho a cuenta! «Me di cuenta de que una persona corriente cuando se encuentra en un estado conflictivo de incertidumbre, duda y miedo (que era también mi estado habitual) no solo está indefenso frente al comportamiento no conflictivo, sino que además se siente seriamente atraído por él».

Pearce había descubierto a la temprana edad de 22 años que «la estructura de la realidad es negociable», tras tener tres experiencias de «desfallecimiento» durante las que él se había encontrado en un lugar distinto que su cuerpo. Después, mientras iba a la universidad durante el día y trabajaba durante ocho horas por la noche seis noches a la semana, descubrió que podía acceder al estado «no conflictivo» a voluntad. Básicamente, su cuerpo completamente despierto hacía funcionar la máquina de comprobar cheques que le habían asignado mientras su conciencia estaba en otra parte, proporcionándole unas horas de sueño que necesitaba desesperadamente. Se trataba de un arreglo estelar: de entre los muchos trabajadores que procesaban cada noche miles de cheques, ¡Pearce era el único que no cometía ni un solo fallo!

Tales experiencias (entre otras) alimentaron su *best seller* de los años setenta, *The Crack in the Cosmic Egg*, que empezó a escribir en 1958 y salió a la venta en 1970. La «grieta» hace referencia a lo que Carlos Castañeda llama «un centímetro cúbico de casualidad» y Deepak Chopra «el boquete», una diminuta ventana de tiempo (hablamos de nanosegundos) durante la que podemos deslizarnos a un estado mental que nos proporciona una perspectiva trascendente. Parece paradójico, pero Pearce dice que al aceptar la muerte por completo tenemos acceso a un vasto campo de vida que los grandes seres han descrito a lo largo del tiempo. Además, en su último trabajo, *The Biology of Transcendence*, afirma que estamos literalmente hechos para sobrepasar nuestras actuales capacidades y limitaciones evolutivas, y explica la interacción dinámica de lo que él denomina el «cerebro cabeza» (el intelecto) y el «cerebro corazón» (la inteligencia): «La inteligencia está conectada con las raíces intuitivas más profundas, la matriz de nuestro ser».

«Es el lado oscuro y misterioso de la vida. Y la inteligencia es esencialmente femenina por naturaleza, si es que resulta adecuado usar este tipo de polaridad. Es subjetiva e interior. Por su parte, el intelecto es objetivo. Es exterior y se acciona desde fuera. El intelecto esta centrado en el cerebro y es analítico, lógico y lineal. Se lo cuestiona todo constantemente. Se dedica a desmontar las cosas y le encanta volver a juntar las piezas de un modo distinto. Es ingenioso. Este intelecto, que está centrado en el cerebro y es objetivo, es una forma altamente específica de inteligencia que constituye el último logro de la evolución.» Sin embargo, dice, está pensado para servir conjuntamente con el corazón y puede desbaratarse si las estructuras cerebrales inferiores requieren más atención de lo sugerido por la naturaleza.

La interpretación biológica actual de la estructura del cerebro incluye cuatro centros neuronales: el posterior o «reptil»; el medio o «límbico» (que tiene ese nombre por su unión en forma de extremidad con el cerebro inferior); el anterior o neocórtex; y los lóbulos prefrontales, que según Pearce sostienen nuestra capacidad para la trascendencia. La ciencia emergente de la neurocardiología postula que hay un quinto centro en el corazón.

Pearce, a quien le interesa el corazón desde hace mucho tiempo por ser «mucho más que una bomba para bombear», descubrió en 1995 el HeartMath Institute de Boulder Creek, en California. Pearce explica: «Habían estado reuniendo información procedente de todas partes del mundo, incluido un enrome y grueso volumen de estudios médicos procedente de la Universidad de Oxford que se titulaba *Neurocardiology.* ¡Los descubrimientos que se han realizado en este campo son, créame, mucho más impresionantes que el descubrimiento de la no-localidad en la mecánica cuántica!».

Pearce resume los tres principios fundamentales de la nueva disciplina: 1) el 60-65 por ciento de las células del corazón son células neurales, idénticas a las del cerebro; 2) el corazón es la principal estructura glandular endocrina del cuerpo, y produce hormonas que influyen profundamente en el funcionamiento del cuerpo, del cerebro y de la mente; 3) el corazón produce dos vatios y medio de pulsaciones eléctricas con cada latido, creando un campo electromagnético idéntico al de la Tierra. Su *Biología* incluye muchas «gráficas/tablas HeartMath» y explica con toda suerte de detalles el procedimiento conocido como «Freeze-Frame», una técnica pensada para acceder a la inteligencia del corazón cuando estamos sometidos a mucho estrés.

Pearce cree que acceder a esta inteligencia es vital en nuestra elección entre lograr la trascendencia o perpetuar la violencia cultural que amenaza con aniquilar el planeta. Así pues, dice: «Nuestra violencia hacia nosotros mismos y hacia el planeta es una cuestión que eclipsa y pone en ridículo todas nuestras grandes aspiraciones. Estudios recientes demuestran que la respuesta a la violencia cultural patológica se encuentra en el modo en que el cerebro en desarrollo está codificado o programado para los comportamientos pacíficos o violentos en el recién na-

Pearce dice que al aceptar la muerte por completo tenemos acceso a un vasto campo de vida que los grandes seres han descrito a lo largo del tiempo.

cido/bebé/niño y en el modo en que éste nace y es criado». Según Pearce, la propia fisiología del cerebro muestra las tendencias de una persona —el libro contiene una imagen escaneada sorprendente del cerebro de un individuo «normal» y del de una persona violenta; las imágenes son claramente distintas.

Pearce, que nació en Pineville, en Kentucky, en 1926, fue un amante apasionado de la iglesia episcopal durante su infancia y «el acólito 'más entregado' de la diócesis del Suroeste de Virginia». Le ofrecieron una beca para el mejor colegio privado del sur (del que se pasaba a la universidad y finalmente al seminario), pero su madre se interpuso. «Me recordó que la nuestra era una familia de periodistas, que tanto sus hermanos como su padre, y también mi padre, habían sido editores y escritores», recuerda. Luego se interpuso la Segunda Guerra Mundial y Pearce pasó los últimos años de su adolescencia en el Ejército del Aire, desesperándose abiertamente durante lo que él llama una película sobre «por qué combatimos» que mostraba atrocidades pensadas para incitar a los futuros pilotos y bombarderos al «asesinato en masa que se espera de todo buen aviador».

En su tiempo libre, leyó la visión sobre la historia de Will y Ariel Durant. «A la luz de esa información y de los horrores que había visto en la pantalla, me convertí sumisamente en ateo. A escondidas, sin embargo, conservé mi amor por Jesús y por una imagen romántica de él que albergaba desde hacía tiempo, una especie de asunto secreto del corazón que había ido creciendo con los años. Con respecto a Dios tenía serias dudas; con respecto a Jesús, el más grande de los seres humanos y un modelo a seguir para todos nosotros, no tenía ninguna.»

Tras la guerra, Pearce siguió estudiando en una serie de instituciones excelentes, como el Juilliard, el Kings College, el Conservatorio de Los Ángeles, la USC, el William and Mary College, la Universidad de Indiana y el Geneva Theological College, consiguiendo tanto licenciarse como hacer un máster en humanidades, especialidad que enseñó como profesor en la universidad hasta 1963. Desde entonces, ha publicado siete libros y ha dado conferencias en las principales universidades de los Estados Unidos y también en muchas de Inglaterra, Australia, Nueva Zelanda, la India, Canadá, Japón, Italia, Bélgica y Tailandia.

A los 35 años, y tras la muerte repentina de su mujer, Pearce se quedó al cargo de sus cuatro hijos. Tras una experiencia paranormal muy intensa que le dejó «prácticamente incapaz de funcionar en su vida normal», una serie de «milagros» le permitieron no perder su trabajo como profesor en la universidad, ocuparse de sus cuatro hijos y seguir trabajando en su libro. Se casó de nuevo y tuvo otra hija, que ahora tiene 22 años. En la actualidad, Pearce vive en las Blue Ridge Mountains de Virginia, disfruta de sus 12 nietos y da las gracias por el hecho de que muchos de ellos hayan nacido en casa, al igual que la mayoría de sus hijos. En su opinión, el parto natural, la leche materna y el Waldorf (una institución concebida por Rudolf Steiner, un visionario al que Pearce venera), la única forma de escolarización estructurada que no cree que deba ser completamente arrasada, son cruciales para el desarrollo espiritual, y algo sobre lo que ha escrito profusamente. «De mis siete libros, cuatro tratan sobre el desarrollo del niño, y son utilizados en distintos cursos universitarios», afirma.

Pearce, un hombre bajito, ha sido un gran defensor de los niños y una voz destacada dentro del movimiento del desarrollo humano, una voz muy reclamada a lo largo de los años. Como miembro de la facultad del Instituto Jung de Suiza, habló sobre «The New Paradigm of Human Development» (El nuevo paradigma del desarrollo humano) en la séptima conferencia anual de Transpersonal Psychology, que tuvo lugar en la India; la Universidad de Oxford le invitó para hablar del impacto que las actuales prácticas obstétricas están teniendo sobre el desarrollo de la inteligencia; el gobierno de Canadá patrocinó un curso con americanos nativos sobre la prevención de la violencia y del abuso de estupefacientes. Sony Corporation patrocinó un ciclo de conferencias que duraba siete días sobre el futuro de la educación en Japón y la comisión de prevención del crimen de Hawái le pidió que hablara allí sobre las actuales causas del crimen y la violencia; el estado de Luisiana patrocinó una conferencia sobre la crisis con la que se enfrentaba la familia en América. Tres departamentos distintos, de la Universidad de Harvard, de la de California y de la de Stanford respectivamente, han patrocinado conferencias sobre la educación mostrando su trabajo. El gobernador de California (anterior a Schwarzenegger) le pidió a Pearce que dirigiera dos sesiones especiales de planificación legislativa sobre los desafíos con los que se enfrentan los niños y las familias. Y el año pasado, dio una conferencia especial en la Universidad de Columbia sobre la educación en el siglo XXI.

A pesar de todo ello, Perace encuentra tiempo para jugar, algo que considera que tiene un valor especial y cuya ausencia resulta particularmente preocupante. Distingue entre cultura y sociedad y explica que la cultura es un «conjunto de conocimientos sobre estrategias de supervivencia aprendidas que transmitimos a nuestros jóvenes mediante la enseñanza y los modelos de conductas». Como tal, depende de nuestro cerebro posterior reptil, orientado hacia los instintos de supervivencia primarios y reflexivos preparados para la defensa. Una sociedad, por su parte, incluye lo que a menudo consideramos como «cultural»: las artes; el comportamiento refinado y civilizado; etcétera. Pone en tela de juicio lo que considera un abuso de la «sociabilización» de los niños, sobre todo de los niños pequeños a los que se les dice «¡No!» reiteradamente cuando empiezan a explorar el mundo que les rodea: «Experimentamos un gran conflicto e interiorizamos la vergüenza al oír órdenes negativas de forma reiterada procedentes de las personas de las que hemos aprendido a fiarnos sin reservas».

Como consecuencia de dicha enculturación consecuencia de la programación negativa, «todas las noticias que se imprimen suelen ser noticias negativas», señala Pearce. «Si no hay algo negativo que atraiga nuestra atención, no le prestamos atención, se trate de un periódico, de la televisión, de política, de economía, de ecología, de salud, de educación o de religión.» Cree asimismo que la ausencia de juego festivo, afectivo y reconfortante y del amamantamiento durante los primeros meses de vida, provocan una serie de anomalías en el cerebro que se asocian con la depresión, la agresividad, la falta de control impulsivo, el abuso de estupefacientes, la obesidad y la violencia.

La vuelta a la inteligencia («femenina») del corazón y a la atribución de poderes a las mujeres, especialmente en relación con la reproducción, el parto y la alimentación, constituye el «cogollo» en el que confía Pearce para el futuro de la humanidad. Él lo llama «la Resurrección de Eva», que tal y como dice Glynda Lee Hoffman en *The Secret Dowry of Eve* (La dote secreta de Eva), es anterior a Adán. «Cualquier biólogo lo afirmaría», bromea Pearce, quien también cita a Platón: «Dadme una madre nueva y yo os daré un mundo nuevo». Las madres satisfacen lo que él denomina el «modelo imperativo de la naturaleza».

Así dice: «El desarrollo requiere un modelo que lleve al cerebro a destapar una capacidad. Si no hay modelo, el desarrollo no se produce. El carácter, la naturaleza y la calidad del modelo determinan el carácter, la naturaleza y la calidad de la inteligencia en desarrollo. Debemos ser como queramos que sean nuestros hijos».

Aunque Pearce tropezó y se adhirió a Swami Muktananda, estuvo relacionado con la Fundación de Yoga SYDA durante 12 años y considera que muchos individuos progresistas han encarnado la trascendencia, regresa al héroe de su niñez siempre que intenta describir a qué aspiramos: «Como modelo de una nueva inteligencia evolutiva, Jesús aceptó y sigue aceptando un destino muy duro a manos de la cultura de la supervivencia que engendra y es engendrada por la religión y el mito. Pero la cruz para nosotros simboliza tanto la muerte como la trascendencia: nuestra muerte en la cultura y nuestra trascendencia más allá de ella. Si sacamos la cruz de su halo mítico de estado-religión y de cuento de hadas bíblico, resulta ser la «grieta» de nuestro huevo cósmico cultural, una abertura a la nueva mente de la naturaleza, donde yace nuestra verdadera supervivencia».

Aunque no tiene página web, encontrará algunas de las ideas de Pearce en la web que Michael Mendizza tiene para *Touch the Future* (ttfuture.org—select «Joseph Chilton Pearce»).

37 Desde el Apolo hasta el punto cero

¿Desde cuándo un paseo por la Luna no es el punto más álgido de la vida?

J. Douglas Kenyon

Edgar Mitchell, uno de los astronautas del Apolo 14 e investigador en potencia de fenómenos paranormales, creció en el rancho que su familia tenía cerca de Roswell, en Nuevo México, en los años cuarenta, algo que sin duda marcó su destino. Así por ejemplo, de camino a la escuela pasaba por delante de la casa de Robert Goddard, un científico solitario especializado en astronáutica cuyos poco conocidos experimentos de los años veinte habían inspirado los misiles balísticos alemanes de la Segunda Guerra Mundial y preparado el terreno para la misión lunar que realizaría el propio Mitchell un cuarto de siglo más tarde. Había también aviones disponibles para volar, una oportunidad que este futuro piloto no dejó escapar (voló por primera vez él solo a los 14 años). De joven, Mitchell observaba y se quedaba maravillado ante los resplandores misteriosos que llenaban el cielo por la noche en White Sands, mientras se tramaba en secreto una era atómica. Y más adelante, otro episodio, quizás todavía más extraño, el supuesto accidente de un platillo volante a pocos kilómetros de donde vivía, también le dejarían intrigantes pistas sobre las que reflexionar en un futuro —medio siglo después— durante el proceso de dar a conocer lo que sabía.

Mitchell, uno de los pocos seres humanos que ha visto la Tierra como un «extraterrestre» y uno de los doce —al menos que nosotros sepamos— que han pisado otro cuerpo celeste, y Dwight Williams, acaban de terminar su nuevo libro, *The Way of the Explorer* (Nueva York: Putnam, 1996), en el que relatan las muchas experiencias que han tenido en el espacio y en la Tierra, experiencias que hacen que el Universo sea un lugar mucho más maravilloso y misterioso de lo que los titanes de la ciencia establecida —y también la mayoría de los astronautas colegas suyos— están dispuestos a admitir.

En el libro, Mitchell explica con toda suerte de detalles su intento de comunicarse telepáticamente desde la Luna con sus colegas de la Tierra, intento al que se dio mucha publicidad, pero que pretendía ser totalmente científico; y luego describe los resultados del experimento, que fueron positivos y «espectaculares», pero que no se comunicaron. Pero fue en el viaje de regreso a la Tierra durante esa misión, en 1971, cuando tuvo su experiencia más significativa con el infinito, una experiencia que iba a cambiar su vida para siempre y que le conduciría a algunas de sus conclusiones revolucionarias a la par que polémicas.

Así escribe: «[...] mientras miraba más allá de la Tierra, hacia la magnífica vista, de repente me di cuenta de que la naturaleza del Universo no era como me habían enseñado. Mi idea de la distinción particular y el movimiento relativamente independiente de esos cuerpos cósmicos se quebró. Experimenté un progreso de discernimiento junto con una sensación de armonía omnipresente, una sensación de interconexión con los cuerpos celestes que rodeaban nuestra nave».

Para Mitchell, la experiencia, que más tarde describiría como una especie de epifanía, fue tan intensa y conmovedora que supo que su vida había cambiado irremediablemente para siempre. Aunque siguió durante algún tiempo con el programa espacial y fue miembro de la tripulación de reserva del Apolo 16, no tardó en fundar, a principios de los setenta, para poder investigar muchas de las cuestiones que le preocupaban, el Institute of Noetic Sciences.

Mitchell, que se doctoró en aeronáutica y astronáutica por el MIT, era perfectamente consciente de las limitaciones de la ciencia Occidental en relación con los problemas desconcertantes como la conciencia y la realidad no física. Sus propias observaciones han proporcionado gran cantidad de información que no encajan con las opiniones imperantes sobre lo que es posible.

Mitchell no tardó en conocer a Norbu Chen, un americano adiestrado en el budismo tibetano que, para su sorpresa, consiguió curar a su madre los problemas de vista crónicos que tenía y que a partir de entonces le proporcionó gran cantidad de material para la investigación. Más tarde conoció a Uri Geller (el vidente israelí que se iba a hacer famoso por su habilidad doblando cucharas), y posteriormente patrocinó numerosos experimentos para intentar verificar la verdad de lo que estaba sucediendo. (Mitchell insiste en que nadie ha conseguido desacreditar a Geller, en contra de lo que se ha dicho, y que en realidad son los que intentan desacreditarle los que nos deben una explicación.)

Sus propias investigaciones, más los resultados de algunos de los experimentos más exóticos de la ciencia fronteriza, han llevado a Mitchell, en un esfuerzo por encontrar pruebas de la «interconexión no local de las cosas», a ofrecer en su libro lo que él llama un modelo «diádico» para explicar las cosas. Llega a la conclusión de que el Universo está formado por parejas inseparables denominadas díadas, que surgen en el tiempo y el espacio desde un «punto cero» —la fuerza inteligente autogeneradora del Universo, donde toda la información está almacenada y no se pierde nunca, y con la cual es posible estar en resonancia y así, en teoría, tener acceso a todo el conocimiento—, otra forma de describir lo que algunas religiones denominan iluminación.

El *punto cero,* sobre el que él dijo hace poco que «(tiene) cero dimensiones, como en las matemáticas, es un punto, y no una línea, o un sólido —tan solo fluctuación cuántica—, que funciona como un espejo y crea una imagen virtual, que no es más que resonancia acumulada». Fascinado por los trabajos de Nikola Tesla, John Keeley y otros que han intentado, aparentemente con éxito, aprovechar una fuente de energía disponible a nivel universal, Mitchell cree que es posible corroborar sus ideas. Así pues, dice prudentemente: «Si están en lo cierto, y son muchos los que creen que sí lo están, (su fuente energética) sea probablemente lo que nosotros llamamos un campo del punto cero, con propiedades de interconexión no locales».

En concreto hubo un experimento que desempeñó un papel clave en relación con sus ideas. Alan Aspect, físico de una universidad de París, demostró que las partículas subatómicas que se originaban en la misma fuente, aunque estuvieran separadas por grandes distancias, conseguían mantener la relación cuántica apropiada entre ellas, independientemente de los cambios que pudiesen tener lugar en una u otra. Eso significa que existe algún tipo de comunicación entre las partículas a grandes distancias que no está limitada por la velocidad de la luz.

No hace mucho, Mitchell aceptó compartir sus ideas conmigo. Fui a verle a su casa de Florida, donde vive con su tercera mujer, Sheila, y su hijo adolescente,

Richard Hoagland, investigador espacial, lanzó la acusación de que los astronautas del Apolo 12 y el Apolo 14 en realidad se encontraron unas ruinas en medio de la Luna y que las fotos fueron sistemáticamente manipuladas para tapar las pruebas.

Adam. Tras calmar a uno de sus perros, ponernos cómodos y servirnos una infusión de hierbas, el ex explorador espacial me habló de su libro, de sus teorías, de cómo el gobierno había encubierto el tema de los ovnis, de los misterios antiguos y de otros temas polémicos.

A pesar del experimento de Aspect, con los años ha ido perdiendo el contacto con sus colegas astronautas, aunque de vez en cuando habla con alguno de ellos por algún asunto concreto. «Muchas de las personas que se dedicaban a lo mío, después de mi vuelo», dice soltando una risita, «venían a mi despacho y me decían 'Cuéntame lo que estás haciendo, es excitante', pero al entrar miraban furtivamente y al irse cerraban la puerta intentando no hacer ruido».

Edgar Mitchell sabe muy bien qué es que te cierren la puerta en las narices cuando intentas que la mayoría acepte tus ideas, pero se resiste a criticar. Admite que encuentra resistencia en algunos círculos, pero prefiere hacer ver a los demás que es difícil conseguir pruebas verificables en ese campo: «Estamos tratando con niveles de la naturaleza que son extremadamente sutiles, y requieren una gran cantidad de sofisticación y de dinero». Si existe algún problema, prefiere decir, es con el sistema que utilizan las revistas profesionales para decidir qué es lo que vale la pena y lo que no vale la pena publicar. Con respecto a esta cuestión, se muestra dispuesto a decir que el sistema es «atroz [...]. Demasiados editores, francamente, no tienen las capacidades necesarias para juzgar correctamente y por eso intentan quitarle importancia a este tipo de cosas. Si a ellos les gusta, se lo pasan a alguien a quien creen que también le va a gustar. El proceso de revisión por parte de especialistas está terriblemente politizado». Una vez más, vigila lo que dice e insiste que en teoría no se opone al proceso.

La dificultad, como ocurre con la mayoría de áreas del funcionamiento humano, reside en la hipocresía: «Hablamos de la belleza de la ciencia, de su objetividad, pero dejamos que nuestras emociones, nuestro sentimiento de superioridad, etcétera —nuestra falibilidad humana— se interpongan en prácticamente todo lo que hacemos, incluido el proceso de revisión por parte de especialistas». ¿Diría él que en muchos casos a los individuos les preocupa más mantener sus propias prerrogativas que decir la verdad? «¡Por supuesto!» El reino de las ideas ha evolucionado como la mayoría de campos políticos, afirma. «Hemos dejado de quemar a las brujas en una estaca, pero no hemos dejado de perseguirlas».

En cuanto al papel que el gobierno ha desempeñado en relación con la difusión de la información, sin embargo, se muestra dispuesto a criticar su actitud de encubrimiento, sobre todo cuando se trata de temas relacionados con el famoso incidente del «ovni estrellado» que se produjo en Roswell en 1948. «Para comprobar su actitud solo tiene que preguntar por algo amparándose en la ley de libre acceso a la información», se queja, «y recibirá páginas suprimidas. Dicho de otro modo, si quiere saber más acerca de ello, una respuesta distinta a que lo de Roswell fue un globo meteorológico, y hace preguntas relacionadas con eso, recibirá únicamente las viejas respuestas de siempre, censuradas una y otra vez de un modo completamente inapropiado para el tema».

Mitchell dice que tenía 17 años cuando ocurrió el incidente de Roswell y no conoció personalmente a ninguno de los protagonistas, pero sus padres sí. Hace poco, sin embargo, ha estado en contacto con muchos de los que aparentemente estuvieron muy cerca de la fuente, entre ellos Jesse Marcel Jr. Mitchell tiene claro que muchos siguen teniendo miedo a hablar. No pide información de primera mano sobre el caso, sino que se limita a pedir lo siguiente: «que las personas que tienen experiencias de primera mano sean eximidas de cualquier juramento exigido por motivos de seguridad y que se garantice que no serán demandadas, y que cualquier información que tenga que ver con la existencia de visitantes procedentes del espacio pueda darse a conocer». Es optimista y piensa que algún día eso se hará realidad.

En 1996, en el programa de la NBC *Dateline,* Mitchell dijo que había «conocido gente de tres países distintos que afirmaba haber tenido encuentros cercanos (del tercer tipo) mientras desempeñaban sus obligaciones profesionales». En el programa se burló de la explicación oficial de las Fuerzas Aéreas que afirmaba que lo de Roswell había sido un globo meteorológico. «La gente que estaba allí asegura que eso es una tontería». ¿Pensaba que era posible que los extraterrestres hubieran estado en nuestro planeta? «Por lo que yo sé ahora y he vivido, creo que las pruebas son muy claras, y mucha de la información es considerada confidencial (por el gobierno)». También dijo que la información que había recibido de oficiales estadounidenses que por entonces ocupaban cargos importantes era que el gobierno había cogido secretos de ingeniería del ovni. *Dateline* no consiguió obtener ninguna respuesta oficial sobre el tema más allá de las notas de prensa habituales, en las que se declaraba que «no existen pruebas que indiquen que los avistamientos clasificados como 'no identificados' sean extraterrestres».

En cuanto a la idea de que los conocimientos científicos modernos no son más que el redescubrimiento de conocimientos antiguos perdidos, Mitchell piensa que es cierto solo en parte. «Lo que la ciencia moderna ha logrado es especificidad y una nueva forma de observar y medir los detalles que los antiguos no tenían. Ellos de algún modo percibían intuitivamente la gran envergadura de las cosas. Pero no podían saber los detalles. Para ponerlo todo junto necesitamos la ciencia», dice.

Ante la evidencia de que los antiguos tenían un conocimiento científico avanzado, como la ingeniería y la alineación precisa de los monumentos antiguos y el conocimiento astronómico implícito en su comprensión de fenómenos como la precesión de los equinoccios, parece que Mitchell se inclina hacia la explicación que incluye a astronautas antiguos, algo nada sorprendente. Fascinado por el trabajo de Zecharia Sitchin, a Mitchell le gustaría ver que se hace algún esfuerzo serio para validar las teorías que afirman que la civilización en la Tierra fue implantada por los extraterrestres.

Las preguntas sobre un asunto relacionado, sin embargo, topan con un tema espinoso. Hace poco Richard Hoagland, investigador espacial, lanzó una acusación en una conferencia de prensa que tuvo lugar en Washington D.C.: que los astronautas del Apolo 12 y el Apolo 14 en realidad se encontraron unas ruinas en medio de la Luna y que las fotos fueron sistemáticamente manipuladas para tapar las pruebas. Mitchell ridiculiza esta afirmación. El gran acontecimiento fue televisado en directo en todo el mundo (lo que hace que dicha manipulación fuera virtualmente imposible), señala, y añade que Hoagland había cometido un error no llamándole para que lo corroborara o hiciera algún comentario al respecto (algo que podría haber hecho sin problemas). «Le habría hecho caso (a Hoagland) si hubiera insistido y se hubiera mantenido firme diciendo 'eh, echemos un vistazo, hay algo que vale la pena observar detenidamente'. Pero si va a dedicarse a decir que ocurrió algo durante mi vuelo y que nos perdimos algo, o que estamos encubriendo algo, ha meado fuera de tiesto, porque no encubrimos nada, no nos perdimos nada. No había nada allí. Son solo chorradas». Mitchell, sin embargo, está dispuesto a conceder que podría haber algo de cierto en las conjeturas de Hoagland, tal y como detalla en su libro M*onuments of Mars*. Mitchell opina que el análisis estadístico aporta razones en contra de la existencia de una formación puramente natural en la llanura de Cydonia. Hace tiempo que apoya una misión a Marte para poder esclarecer estos enigmas.

Mitchell no sabe lo que puede esperar de la exploración interplanetaria futura, pero todavía tiene menos claro qué es lo que puede esperar del «país no descubierto» que se encuentra más allá de la frontera llamada muerte. Cree que tiene lugar algún tipo de supervivencia de la identidad, pero sospecha que «el mecanismo no se parece mucho a lo que solemos pensar. En opinión de Mitchell, el conocimiento y la experiencia acumulados de un individuo —prefiere considerarlo información— permanecen intactos en un campo del punto cero universal, desde donde pueden ser accesibles a otros individuos que tengan la resonancia apropiada; algo que, según él, explica las informaciones que respaldan la reencarnación. En la mente de Mitchell existen muy pocas diferencias entre dicho fenómeno y la noción clásica del alma, aunque no cree en la existencia no carnal fuera del mundo tridimensional: el *software* precisa del *hardware*. Así explica: «Ahora mismo un ser humano es un organismo que tiene conciencia de sí mismo, y cualquier cosa anterior a dicho instante —el ahora mismo— es memoria. Es tan solo información que hay en tu memoria o quizás incluso en otro sitio. Lo que proponemos es que la experiencia —en forma de información— simplemente no se pierde. Así que en principio, cualquiera que pueda reivindicar esta información —esta información total— es esencialmente dicha persona».

Para Mitchell, el punto cero equivale a Dios: inteligente, organizador y que utiliza la información para evolucionar. «Si nosotros en el Universo somos organizadores e inteligentes, y somos un producto del Universo, entonces el Universo es organizador e inteligente y eso es también lo que consideramos que es la divinidad».

El futuro de Edgar Mitchell promete ser «más de lo mismo». Lo que significa más libros e investigaciones sobre el vasto potencial de la conciencia, quizás juntamente con algunos artículos periodísticos de vanguardia.

Mitchell se ha asociado con el productor de Hollywood Robert Watts (entre sus trabajos están las principales películas de Lucas y Spielberg, incluidas las sagas de «La guerra de las galaxias» y de «Indiana Jones») y con otros para fundar North Tower Films. El objetivo es crear el tipo de material que sirve para concienciar a la gente, un material que pueda ayudar a catalizar los cambios que necesita nuestro pequeño planeta. Mitchell piensa que los medios de comunicación pueden desempeñar un papel predominante en dicho proceso, «tanto como los científicos», pero señala que para ello «los medios de comunicación (deben) volver a los reportajes objetivos».

Un mundo en el que la ciencia, el gobierno y los medios de comunicación desempeñen su función sin prejuicios: parece un buen objetivo al que aspirar. Edgar Mitchell lo tiene claro, la Luna fue solo un trampolín hacia el infinito, tanto hacia fuera como hacia dentro. Con un poco de suerte, el resto de la humanidad tendrá pronto acceso a ese tipo de cosas, sin que interfieran las instituciones oficiales de la civilización. De lo contrario, dichas instituciones acabarán quedando tan anticuadas como los aviones hechos de madera y tela.

BIBLIOGRAFÍA Y COLABORADORES

BIBLIOGRAFÍA

Capítulo 1: Desacreditar a los desacreditadores

- Moody, Raymond. *Vida después de la vida.* Círculo de Lectores, 2007.
- Ring, Kenneth. *El proyecto Omega: experiencias cercanas a la muerte, encuentros con ovnis y la mente planetaria.* J. C. Ediciones S. A., 1995.

Capítulo 2: Análisis de la «ciencia del vudú

Park, Robert L. *Ciencia o vudú.* Grijalbo, 2001.

Rosemblum, Art. «An Interview with Dr. Randell L. Mills of Black Light Power, Inc.» *Infinite Energy* 17 (Dic. 97/Ene. 98): 21-35.

Zubrin, Robert. *The Case for Mars.* Nueva York: Dell, 1977.

Capítulo 4: La inquisición – El proceso de Immanuel Velikovsky

Velikovsky, Immanuel. *Worlds in Collision.* Nueva York: Dell, 1977.

Capítulo 5: La alta tecnología de los antiguos

Radka, Larry Brian. *The Electric Mirror of the Pharos Lighthouse and Other Ancient Lighting.* Parkersburg, WV: Einhorn Press, 2006.

Capítulo 6: Un científico examina la Gran Pirámide

Fix, William. *Pyramid Odyssey.* Nueva York: Smithmark Publishing, 1978.

Capítulo 7: Los dogón según los físicos

Temple, Robert K. G. *Misterio de Sirio.* Mr Ediciones, 1982.

Capítulo 8: Los astrónomos de Playa Nabta

Bauval, Robert, y Adrian Gilbert. *El misterio de Orión: el revolucionario descubrimiento que reescribe la historia.* Publicciones y Ediciones Salamandra S. A., 1995.

Brophy, Thomas. *The Origin Map: Discovery of a Prehistoric, Megalithic, Astrophysical Map and Sculpture of the Universe.* Lincoln, NE: Writers Club Press, 2002.

Wendorf, Fred. *Holocene Settlement of the Egyptian Sahara.* Nueva York: Kluwer Academic/Plenum Publishers, 2001.

Capítulo 9: Tesla, un hombre para tres siglos

wwwaetherometry.com

Capítulo 10: Tom Bearden lucha por la ciencia revolucionaria

Bearden, Thomas. *Excalibur Briefing.* N.I.: Strawberry Hill Press, 1980.

Capítulo 11: Evitar la gravedad

Clarke, Arthur C. *3001, odisea final.* Nuevas ediciones de bolsillo, 2001.

www.projectearth.com

Capítulo 12: El poder de Nocturnia/La Noche

Verne, Julio. *Viaje al centro de la Tierra.* Editorial la Muralla S. A., 1980.

Capítulo 13: Las guerras meteorológicas

Begich, Dr. Nick, y Jeane Manning. *Angels Don't Play This HAARP: Advances in Tesla Technology.* Anchorage: Earthpulse Press, 1995.
www.cheniere.org/misc/brightskies.htm
www.mosnews.com/news/2005/09/08/kgbkatrina.shtml
www.nexusmagazine.com
www.rense.com/general 18/mn.htm

Capítulo 16: La señora Curie y los espíritus

Blum, Deborah. *Ghost Hunters: William James and the Search for Scientific Proof After Death.* Nueva York: Penguin, 2007.

Capítulo 17: Los militares místicos de la India

Hatcher-Childress, David. *Antigravity and the World Gris.* Kempton, IL: Adventures Unlimited Press, 1987.
www.indiadaily.com/editorial/2251.asp

Capítulo 18: ¿Está obsoleta la teoría del *Big bang*?

Arp, Halton. *Controversias sobre las distancias cósmicas y los cuásares.* Tusquets Editores, 1992.

Capítulo 19: Los ciclos del peligro

Benton, Michael J. *When Life Nearly Died: The Greatest Mass Extinction of All Time.* Londres: Thames & Hudson, 2005.
Hoyle, Fred. *Obra completa.* Ediciones Orbis, 1987.

Capítulo 20: Vibraciones curativas

Gerber, Richard. *La curación vibracional.* Ediciones Robinbook S. L., 2001.
www.soundstrue.com

Capítulo 21: El mal en la medicina cardíaca

McGee, Dr. Charles T. *Healing Energies of Heat and Light.* Coeur d'Alene, ID: Medipress, 2000.
McGee, Dr. Charles. *Heart Frauds: Uncovering the Biggest Health Scam in History.* Colorado Springs: Picadilly Books, 2001.

Capítulo 22: La medicina energética en la sala de operaciones

Motz, Julie. *Manos de vida: la experiencia de una sanadora en prestigiosos hospitales nos revela los secretos de usar nuestra fuerza energética por la curación y la transformación interior.* Editorial Edad S. A., 1999.

Capítulo 23: El hemisferio derecho y el hemisferio izquierdo del cerebro

Shlain, Leonard. *El alfabeto contra la diosa.* Editorial Debate, 2000.
Shlain, Leonard. *Art and Physics: Parallel Visions in Space, Time, and Light.* Nueva York: HarperPerennial, 2007.
Shlain, Leonard. *Sex, Time and Power: How Women's Sexuality Shaped Human Evolution.* Nueva York: Viking, 2003.

Capítulo 24: La visión por rayos X y mucho más

www.baytoday.ca

www.baytoday.ca/content/news/details.asp?c=6657
www.baytoday.ca/content/news/details.asp?c=8267

Capítulo 25: Paracaidistas paranormales
Morehouse, David. *Psychic Warrior.* Nueva York: St. Martins Press, 1998.
Targ, Russell y Harold E. Puthoff. *Mind Reach.* Nueva York: Dell, 1978.

Capítulo 26: Descubrimientos psíquicos desde la Guerra Fría
Ostrander, Sheila y Lynn Schroeder. *Manual de experimentos parapsíquicos.* Mr Ediciones, 1984.
Ostrander, Sheila y Lynn Schroeder. *Supermemoria: Cómo desarrollar la memoria y prevenir su envejecimiento.* Grijalbo, 1992.

Capítulo 27: Cuando la ciencia choca con lo psíquico
Hibbard, Whitney S., Raymond Worring y Richard Brennan. *Psychic Criminology.* Springfield, IL: Charles C. Thomas Publishers, 2002.

Capítulo 28: Los siete sentidos de Rupert Sheldrake
Sheldrake, Rupert. *De perros que saben que sus amos están camino de casa y otras facultades inexplicadas de los animales.* Ediciones Paidós Ibérica S. A., 2001.
Sheldrake, Rupert. *El séptimo sentido.* Vesica Piscis, 2005.
Sheldrake, Rupert. *Siete experimentos que pueden cambiar el mundo: una guía para revolucionar la ciencia.* Ediciones Paidós Ibérica S. A., 1995.
www.sheldrake.org

Capítulo 29: Telepatía telefónica
Sheldrake, Rupert, y Pamela Smart. «Testing for Telephaty in Connection with E-mails.» *Perceptual and Motor Skills* 101, 771-86.
www.abc.net.au/rn/inconversation/stories/2006/1754367.htm#
www.bbc.co.uk/radio4/science/thematerialworld_20060907.shtml
www.earthboppin.net/talkshop/feelers
www.sheldrake.org/Articles&Papers/papers/telephaty/index.html
www.sheldrake.org/D&C/Controversies/Times_editorial.html
www.sheldrake.org/D&C/Controversies/Times_report.html

Capítulo 31: La lucha por la tecnología alienígena
«New FACE of the Mafia in Sicily. High-tech Transformation-With Global Tentacles» en internet; ir a AmericanMafia.com y hacer una búsqueda por el título.
www.aliensci.com
www.roswellinternet.com

Capítulo 32: Estados alterados
Tart, Charles. *Psicologías transpersonales.* Ediciones Paidós Ibérica S. A., 1984.

Capítulo 33: En busca del campo unificador
McTggart, Lynne. *El campo: en busca de la fuerza secreta que mueve el Universo.* Editorial Sirio S. A., 2007.
McTaggart, Lynne. *Lo que los médicos no nos dicen: los riesgos de la medicina moderna.* Terapias Verdes S. L., 2005.

Capítulo 34: La conexión mente-materia

Radin, Dean. «Exploring Relationships Between Physical Events and Mass Human Attention: Asking for Whom the Bell Tolls» *Journal of Scientific Explanation* 16, nº 4 (invierno 2003): 533-47.

Capítulo 35: Las grandes ideas del doctor Quantum

Pert, Candace. *Molecules of Emotion: The Science Venid Mind-Body Medicine.* Nueva York: Simon & Schuster, 1999.

Wolf, Fred Alan. *Dr. Quantum Presents: A User's Guide to Your Universe* (Audio Book) (Audio CD). Louisville , CO: Sounds True, 2005.

Wolf, Fred Alan. *Taking the Quantum Leap: The New Physics for Non-Scientists.* Nueva York: HarperPerennial, 1989.

Capítulo 36: Análisis más profundos de la grieta del huevo cósmico

Pearce, Joseph Chilton. *The Biology of Transcendente: A Blueprint of the Human Spirit.* Rochester, VT: Park Street Press, 2004.

Pearce, Joseph Chilton. *The Crack in the Cosmic Egg.* Rochester, VT: Park Street Press, 2002.

Pearce, Joseph Chilton. *Evolution's End: Claiming the Potencial of Our Intelligence.* Nueva York: HarperOne, 1993.

Pearce, Joseph Chilton. *Magical Child.* Nueva York: Plume, 1992.

www.ttfuture.org

Capítulo 37: Desde el Apolo hasta el punto cero

Mitchell, Edgar y Dwight Williams. *The Way of the Explorer.* Nueva York: Putnam, 1996.

COLABORADORES

Amy Acheson, ya difunta, trabajó como investigadora y periodista *free lance,* y estudió el catastrofismo planetario durante 40 años. Durante varios años antes de su muerte, ella y su marido, Mel Acheson, colaboraron con Wallace Thornhill y Dave Talbott en el boletín informativo THOTH, que presenta las teorías convergentes de Thornhill y Talbott.

Peter Bros mostró desde muy temprana edad su desacuerdo con la explicación establecida de que los objetos caen porque está en su naturaleza caer y se dedicó a poner en duda los conceptos corrientes y fragmentados de la ciencia empírica. Siguió un programa de estudios científicos avanzados en el Bullis Preparatory School, se licenció en Inglés por la Universidad de Maryland y se sacó un doctorado en jurisprudencia en Georgetown. El resultado de todo ello es *The Copernican Series,* una obra que ocupa varios volúmenes y que expone una imagen consistente de la realidad física y del lugar que ocupa la humanidad en el Universo.

John Chambers hizo un máster de Inglés en la Universidad de Toronto y pasó tres años en la Universidad de París. Entre sus traducciones está «Phase One: C.E.Q. Manifesto» en *Québec: Only the Beginning.* Ha publicado numerosos artículos sobre temas que van desde los viajes oceánicos en barco y la proliferación de centros comerciales hasta la abducción alienígena, y ha escrito *Victor Hugo's Conversations with the Spirit World* (1998 y 2008). Siete ensayos suyos aparecieron en *Forbidden Religión: Suppressed Heresies of the West* (Bear & Company, Rochester, Vermont). Es el director de New Paradigm Books Publishing Company (www.newpara.com).

Walter Crutteden es el director del Binary Research Institute, un gabinete formado por expertos en arqueoastronomía que se encuentra en Newport Beach, California. Se dedican a la astronomía, la mitología y los artefactos de culturas antiguas, con especial énfasis en la teoría de la historia y los ciclos de la conciencia. Ha escrito *Lost Star of Myth and Time* (St. Lynn's Press), un estudio sobre las culturas antiguas de todo el mundo y sus creencias a lo largo de un vasto período de tiempo. Anteriormente Cruttenden había escrito y publicado el galardonado documental *The Great Year,* que está narrado por James Earl Jones. En él analiza el mito y el folklore de las culturas antiguas e intenta encontrar el mensaje que dichas culturas dejaron para la humanidad moderna.

William P. Eigles es director de la Internacional Remote Viewing Association, que promueve la investigación y la educación relacionada con la percepción paranormal validada científicamente, y también es el director editorial de su publicación trimestral, *Apertura.* Estudió ingeniería biomédica en Canadá y derecho en Colorado, y trabajó en la industria de la informática y las telecomunicaciones durante 14 años. Actualmente trabaja como asesor noético, es decir, utiliza la astrología, la visión remota, la hipnosis traspersonal y otras habilidades intuitivas para ayudar a la gente en su trayectoria vital para comprender y predecir acontecimientos mundiales.

Mark H. Gaffney es investigador, escritor, poeta, ecologista, activista a favor de la paz y jardinero orgánico. Fue el principal organizador del primer Earth Day (Día de la

Tierra) en la Universidad Estatal de Colorado, en abril de 1970. Su primer libro, *Simona: the Third Temple?* (1989), fue un estudio pionero sobre el programa israelí de armamento nuclear. Su último libro, *Gnostic Secrets of the Naassenes,* fue finalista del Narcissus Book Award, en 2004. Este libro ha sido traducido al portugués y al griego. En la actualidad está escribiendo un libro que trata sobre los acontecimientos del 11 de septiembre de 2001. Si lo desea puede visitar su página web: www.gnosticsecrets.com.

William Hamilton III es un diseñador de software que ha trabajado en el campo de la informática durante más de 30 años. Entre 1961 y 1965 trabajó para los U.S. Air Force Security Services, donde recibió el grado superior en tecnología electrónica. Se especializó en psicología en la Universidad Estatal Cal de Los Ángeles y se licenció en ciencias físicas por el Pierce College en 1987; también estudió informática en la Universidad de Phoenix. Ha estado afiliado o lo está en la Foundation for Research in Parapsychology (1960-1961), la Understanding, Inc. (1957-1961), la World Federation of Science and Engineering (años setenta), la MUFON (desde 1976 hasta la fecha) y la Skywatch Internacional (desde 1997 hasta la fecha). Ha sido miembro de varias asociaciones de Coeficiente de Inteligencia Alto, entre ellas MENSA (1983), GLIA (2002) y IHIQS (2005).

Frank Joseph es un escritor prolífico entre cuyos libros, publicados por Bear & Company, Rochester, Vermont, están *The Destruction of Atlantis, Survivors of Atlantis* y *The Lost Treasure of King Juba.* Ha sido el director editorial de la revista *Ancient American* desde 1993, es miembro de la Midwest Epigraphic Society de Ohio e ingresó en la Savant Society de Japón en 2000. Vive en Colfax, Wisconsin.

Len Kasten trabaja por su cuenta como escritor, periodista e investigador y sus artículos han aparecido en diversas publicaciones alternativas. Se graduó por la Universidad de Cornell, es el presidente de la American Philosopher Society y lleva más de 25 años involucrado en actividades *new age.* Fue el editor de la revista *Horizons* y ha escrito más de 40 artículos para *Atlantis Rising.* Actualmente reside en Arizona.

J. Douglas Kenyon se ha pasado los últimos cuarenta años derribando barreras para defender ideas que desafiaban lo establecido. Utilizando los medios de comunicación de distintas formas, ha promovido sistemáticamente puntos de vista que habían sido ignorados durante mucho tiempo por la prensa imperante. Fundó la revista *Atlantis Magazine* en 1994, que desde entonces se ha convertido en una «revista que registra» los misterios de la Antigüedad, la ciencia alternativa y las anomalías inexplicables. Es el editor de *Forbidden History* y *Forbidden Religion* (Bear & Company, Rochester, Vermont), unos libros que nos obligan a reflexionar y que recogen el trabajo de investigadores revolucionarios (Gram. Hancock, John Anthony West, Zecharia Sitchin, y col.) y desafían el statu quo imperante.

John Kettler colabora asiduamente en *Atlantis Rising* con temas de actualidad. Sus trabajos han sido filmados en el documental ganador de un premio de la Academia *The Panama Deception.* Además, es un escritor prolífico al que también podemos oír en programas de radio y conocer a través de Internet. Anteriormente había trabajado como analista militar para Hughes and Rockwell, pero en la actualidad vive en Woodland Hills, en California, y dedica su tiempo a una serie de proyectos editoriales, empresariales y de asesoria.

David Samuel Lewis es un periodista especializado en estudios alternativos relacionados con el origen de la vida, la civilización y la existencia humana. Publica *The*

Montana Pioneer, una revista mensual de noticias y de temas de interés humano que se distribuye por el suroeste de Montana. Colabora asiduamente en *Atlantis Rising* con artículos que tratan sobre teorías alternativas relacionadas con la historia, la ciencia, el origen de la humanidad y la conciencia. Nació y se crió cerca de Filadelfia, pero actualmente vive en Livingston, Montana.

Cynthia Logan es una escritora *free lance* especializada en entrevistas a profesionales destacados de la comunidad médica, científica, espiritual y artística. Intenta establecer un puente entre las nuevas ideas y el pensamiento dominante y su trabajo ha sido presentado en la revista *Atlantis Rising* desde su concepción. Vive en Bozeman, Montana, donde colabora asiduamente con distintas revistas regionales y trabaja de directora editorial para *The Bozote,* una publicación bimestral sobre arte y espectáculos.

Eugene Mallove, ya fallecido, era editor jefe de la revista bimestral *Infinite Energy* (fundada en 1995) y presidente de la fundación sin ánimo de lucro New Energy (fundada en 2003). Se licenció en ciencias, hizo un máster científico (de ingeniería aeronáutica y astronáutica) en el Massachussets Institute of Technology y se doctoró en ciencias de la salud medioambiental por la Universidad de Harvard. Tenía una amplia experiencia en ingeniería de alta tecnología. Entre 1987 y 1991 fue redactor jefe científico de la MIT News Office. Ha escrito tres libros: *Fire from Ice: Searching for the Truth Behind the Cold Fusion Furor* (1991), *The Starflight Handbook: A Pioneer's Guide to Interstellar Flight* (1989) y *The Quickening Universe: Cosmic Evolution and Human Destiny* (1987). Mallove trabajó como asesor técnico de la película *El Santo* de 1997 y como productor del documental titulado *Cold Fusion: Fire from Water* en 1999.

Jeane Manning es socióloga y lleva muchos años investigando los sistemas de energía del salto cuántico que podrían reemplazar al petróleo, y las implicaciones que dichos sistemas tienen para la humanidad. Ha escrito *The Coming Energy Revolution* y es coautora de libros no literarios como *Angels Don't Play This HAARP,* que escribió con Nick Begich. Estos libros han sido publicados en seis idiomas. También ha participado como conferenciante en varias conferencias sobre energía en Europa. Como columnista de *Atlantis Rising* informa sobre avances importantes bimestralmente.

Patrick Marsolek es el director de Inner Workings Resources, donde investiga sobre arqueología, estados alterados de la conciencia, hipnosis, intuición y diálogo. Es hipnoterapeuta clínico, ha escrito *Transform Yourself: a Self-Hypnosis Manual* y ha realizado una serie de Cds sobre autohipnosis y relajación. Da clases y conferencias sobre autoatribución de poder, autorrealización y el desarrollo de capacidades ilimitadas; también dirige excursiones de estudio intuitivas experienciales a lugares sagrados. Para más información o para contactar con él, véase www.innerworkingsresources.com.

Susan B. Martinez, doctora en antropología (Universidad de Columbia), es escritora *free lance* y experta independiente especializada en la «Nueva Ciencia» de *Oahspe,* sacada de su «Book of Cosmogony and Prophecy». Ha escrito *The Psychic Life of Abraham Lincoln* y trabaja como revisora de libros para la Academy of Spirituality and Paranormal Studies. Como espiritualista, ha escrito artículos sobre el Oscurecimiento. Actualmente es una dimitificadora de mitos como no hay otra igual, y escribe para refutar teorías como la de la Edad de Hielo, el calentamiento global y la reencarnación.

Robert M. Schoch, que es miembro de la facultad a tiempo completo del College of General Studies de la Universidad de Boston desde 1984, se doctoró en geología y geofísica por la Universidad de Yale. Schoch ha sido muy citado en los medios de comunicación por sus investigaciones pioneras referentes a la nueva datación de la Gran Esfinge de Egipto, así como por su trabajo sobre culturas y monumentos antiguos en países tan diversos como Perú, Bosnia, Egipto y Japón. Schoch ha aparecido en muchos programas de radio y televisión y aparece en el documental *The Mystery of the Spinx.* Schoch ha escrito, él solo o junto a otros autores, libros técnicos y populares, entre ellos la triología que escribió con a R. A. McNally: *Voices of the Rocks* (1999) (*Escrito en las rocas: grandes catástrofes y antiguas civilizaciones – 2002- Anaya), Voyages of the Pyramid Builders* (2003) (*Los viajes de constructores de pirámides: en busca de una civilización perdida* – 2003 – oyeron) y *Pyramid Quest* (2005) (*El misterio de la gran pirámide de Keops: los secretos de la gran pirámide y el nacimiento de la civilización* – 2008 – Editorial Edad). Su página web es www.robertschoch.net.

Laird Scranton trabaja como diseñador de software independiente. A principios de los años noventa empezó a interesarse por la mitología y el simbolismo de los Dogón. Ha estudiado cosmología, lenguaje y mitos antiguos durante casi diez años y ha dado conferencias en la Universidad de Colgate. Ha escrito *The Science of the Dogón* y *Sacred Symbols of the Dogón.* También aparece en la serie de DVDs de John Anthony West llamada *Magical Egypt.*

Nota sobre *Atlantis Rising*

Atlantis Rising es una revista bimestral que presenta información de investigadores vanguardistas que trabajan en el campo de los misterios antiguos, la ciencia futura, las anomalías inexplicadas, la investigación de fenómenos paranormales y las energías alternativas.

Para suscribirse a *Atlantis Rising,* contáctese con:

Atlantis Rising
P.O. Box 441
Livingston, MT 59027
800-228-8381

O visite su página web
www.atlantisrising.com

HISTORIA enigmas

Otros títulos de esta colección:

Más allá del Egipto faraónico
Violaine Vanoyeke
Los verdaderos inventos de los egipcios.

¿De dónde viene el limón, el kohl o la distribución del día en veinticuatro horas? ¿Los egipcios conocían ya los baños de espuma, el dentífrico y las virtudes de las plantas? ¿Sabían fabricar perfume y tintes para el pelo?

Desde las matemáticas hasta la agricultura, pasando por la cirugía y la astrología, el floreciente pueblo egipcio es famoso por sus innumerables invenciones y sus grandes descubrimientos. Pero aunque fueron los protagonistas de importantes inventos, también fueron los herederos de otras civilizaciones. Este libro permite descubrir cómo, porqué y cuándo aparecieron algunas de las tradiciones o algunos de los objetos que hoy nos son tan familiares. Una obra que promete sorpresas reveladoras.

Misterios de América
Frank Joseph (editor)
Una visión nueva y heterodoxa que podría cambiar la historia del mundo.

Según la historia oficial, Cristóbal Colón descubrió América, pero algunos investigadores han descubierto que tenía en su poder cartas de navegación vikingas anteriores en cientos de años a su nacimiento. Más aún, antes que los marinos escandinavos por sus costas caminaron mercaderes egipcios, náufragos romanos, monjes irlandeses o exploradores chinos.

¿Por qué, entonces, se mantienen ocultos estos hechos? ¿Acaso se debe a la desidia de los historiadores académicos... o a algunos intereses particulares?